LES ACCIDENTS PROFESSIONNELS

Enjeux sociaux et médicaux de la loi du 10 avril 1898

Médecine à travers les siècles

Collection dirigée par le Docteur Xavier Riaud

L'objectif de cette collection est de constituer « une histoire grand public » de la médecine ainsi que de ses acteurs plus ou moins connus, de l'Antiquité à nos jours.
Si elle se veut un hommage à ceux qui ont contribué au progrès de l'humanité, elle ne néglige pas pour autant les zones d'ombre ou les dérives de la science médicale.
C'est en ce sens que – conformément à ce que devrait être l'enseignement de l'histoire –, elle ambitionne une « vision globale » et non partielle ou partiale comme cela est trop souvent le cas.

Dernières parutions

Philippe SCHERPEREEL, *André Vésale et Ambroise Paré. Destins croisés d'un anatomiste et d'un chirurgien à la Renaissance*, 2019.
Mathilde LONGUEVILLE, *Art dentaire en Préhistoire. Etat des connaissances et reconstitution expérimentale*, 2019.
Morgane MORICE, *Reconstitutions faciales chez les momies égyptiennes*, 2019.
Gérard TERRIER, *Us et coutumes de la salle de garde*, 2019.
Xavier RIAUD, *Adn, dents et maladies*, 2019.
Philippe SCHERPEREEL, *Eugène-Louis Doyen. Chirurgien génial et scandaleux de la Belle Époque*, 2018.
Maxime COURNAULT, *Un ordre pour les chirurgiens-dentistes en France. 24 septembre 1945*, 2018.
Pierre AUBRY, avec la collaboration de Bernard-Alex GAÜZERE, *Jean et Charles-Guillaume Viguerie. La chirurgie toulousaine aux XVIIIe et XIXe siècles*, 2018.
Gérard ALEXANDRE, *Histoire d'os. Mémoire d'un chirurgien orthopédiste (1959/2017)*, 2018.
Michel A. GERMAIN, *Les sarcomes osseux chez l'enfant. Une longue histoire*, 2018.
Philippe SCHERPEREEL, Marc DECOULX, Gérard BISERTE †, *Histoire de la faculté de médecine et des hôpitaux de Lille*, 2018.
Jacques CHABANNES, *La neurochirurgie en Auvergne. Quarante années fondatrices (1953-1993)*, 2018.
Michel A. GERMAIN, Frédéric Chopin (1810-1849). *Un musicien de génie atteint d'une maladie rare, la mucoviscidose*, 2018.
André Julien FABRE, *Médecins et politique. Galerie de portraits de médecins politiciens à travers les âges*, 2018.
Jacques VASSAULT, *Contribution à l'histoire de l'asile d'aliénés d'Évreux. Tome II : Les pratiques*, 2018.

Isabelle CAVÉ

LES ACCIDENTS PROFESSIONNELS

Enjeux sociaux et médicaux de la loi du 10 avril 1898

Les préludes à la médecine du travail

L'Harmattan

Du même auteur
dans la même collection

Les médecins-législateurs et le mouvement hygiéniste sous la Troisième République (1870-1914), 2015

État, santé publique et médecine à la fin du XIXe siècle français, 2016

5-7, rue de l'Ecole-Polytechnique, 75005 Paris
http://www.editions-harmattan.fr
ISBN : 978-2-343-16355-0
EAN : 9782343163550

INTRODUCTION

La médecine du travail prend ses marques d'histoire bien avant notre ère industrielle occidentale. En 450 avant J.-C., Hippocrate, père de la médecine note, déjà, que la maladie de l'asthme était plus fréquente dans certaines professions que dans d'autres, en particulier, chez les tailleurs d'habits, les pêcheurs et les métallurgistes. Au XVIe siècle, Philippus Theophrastus Aureolus Bombastus von Hohenheim dit Paracelse (1493-1541), alchimiste, astrologue et médecin suisse est le premier auteur à avoir abordé la question des maladies professionnelles. Dans son ouvrage *De la maladie des montagnes (des mines) et d'autres maladies semblables* (Von der Bergsucht, 1533-1534), trad. in *Œuvres médicales choisies*, trad. B. Gorceix, PUF, 1968, p. 141-192, il décrit les risques professionnels liés à l'extraction des minerais et au travail des métaux sous l'angle de la prévention. Au XVIIe siècle, Bernardino Ramazzino (1633-1714) professeur de médecine à Padoue, en Italie, s'intéresse aux accidents du travail et préconise bon nombre de mesures d'hygiène et de sécurité dans un traité des maladies des artisans : « *De morbis artificum diatriba* » (1713) qui, pendant deux siècles, servira de référence. L'ouvrage fut traduit en français, commenté et enrichi par le chimiste français et député à la Convention nationale Antoine-François Fourcroy (1755-1809) en 1777. Au XVIIIe siècle, Percivall Pott (1713-1788), chirurgien britannique, identifie que la suie est la substance chimique responsable d'un cancer professionnel, celui du *cancer du scrotum* des petits ramoneurs de Londres, qui en contact permanent des conduits de cheminée étroits, enduits de résidus de combustion de houille grasse, accumulaient au niveau de la peau fine du pli des bourses des particules fines de suie. Les jeunes ramoneurs pouvaient commencer à travailler dès l'âge de 5 ans, le cancer se déclarait vers l'âge adulte de 30 ans[1]. Il faudra attendre 1840 la loi anglaise qui interdit le ramonage aux enfants de

[1] Cf. P. POTT, *Chirurgical Observations*, London, Hawes, Clarke and Collins, 1775.

moins de dix ans, juste une année qui précède la première loi française sur la réglementation du travail industriel des enfants et des filles mineures en 1841. Quand fut instaurée cette législation sanitaire, les médecins anglais constatèrent toujours l'existence de la maladie qui se déclarait plus tardivement chez l'adulte vers la quarantaine d'âge[2]. Outre-Atlantique, Benjamin Franklin (1706-1790), fort connu pour avoir été l'un des pères fondateurs des États-Unis d'Amérique, est avant tout un physicien qui découvrit le premier, « le saturnisme », une maladie fort décriée par les hygiénistes pendant tout le XIXe siècle et reconnue première maladie du travail avec la loi relative au régime de réparation des maladies professionnelles promulguée bien plus tardivement au *Journal officiel* le 25 octobre 1919 (jurisprudence française) en étudiant la toxicité du plomb diagnostiquée chez les cristalliers et les céramistes. En France, Amédée Lefebvre, directeur de l'École de médecine navale de Rochefort aurait fait cette même découverte, quelques années plus tard, notant des cas de marins intoxiqués par la contamination de l'eau à bord des navires par les tuyaux en plomb[3]. Le XIXe siècle fondement caractéristique de nos sociétés occidentales en matière d'industrialisation et de modernisation va connaître bon nombre d'études scientifiques, médicales, économiques et sociales, tantôt commanditées par les académies nationales (en sciences, médecine, pharmacie, sciences morales et politiques…), parfois conduites de façon isolée par des scientifiques (philanthropes) qui vont toutes et tous contribuer à l'amplitude de la mouvance hygiéniste en Europe[4] et particulièrement en France avec le rayonnement des travaux de recherche en matière de microbiologie par Louis Pasteur[5] dont des retombées seront inattendues armant le pays d'une politique de santé et d'hygiène publiques dès 1870. Celle-ci dotée d'une très forte juridiction printanière sanitaire fera bénéficier aux salariés et à leurs familles, d'une part, d'une couverture d'hygiène et de sécurité professionnelle première en cas d'accident ou de mala-

[2] H. A. WALDRON, "A brief history of scrotal cancer", *British Journal of Industrial Medicine*, 1983, vol. 40, p. 390-401.

[3] La toxicité du plomb avait été signalée, sous l'Antiquité, par des médecins grecs (Nicandre de Colophon), romains (Aulus Cornelius Celsus) et l'architecte de Jules César, Vitruve qui déconseillaient l'utilisation des conductions d'adduction d'eau en plomb mais l'époque de vie n'a pas pris en compte ces principes de préconisation.

[4] P. Bourdelais, *Les hygiénistes, enjeux, modèles et pratiques*, Paris, éditions Belin, 2001.

[5] C. SALOMON-BAYET (dir.), *Pasteur et la révolution pastorienne*, Paris, Payot, collection « Médecine et sociétés », 1986.

die, et d'autre part, d'une protection nouvelle d'assurances sociales couvrant la maladie, la vieillesse, le chômage ou les accidents en milieu professionnel. C'est également toute une somme de progrès techniques remarquables et de percées scientifiques (surprenantes pour certaines d'entre elles) accumulés pendant tout le XIXe siècle, partis en lutte contre bon nombre de fléaux de santé publique et d'une volonté clairement affichée par la médecine et parfois par les dirigeants politiques, d'appréhender au mieux, les maladies et les malades ou de contrôler les populations sanitaires, puis les études scientifiques méconnues pendant longtemps des hygiénistes, véritables détectives privés des problématiques de salubrité publique se mettant au service gratuit de l'État — éléments d'histoire auxquels il convient d'ajouter une médecine légiste pionnière — de ce brillant XIXe siècle salvateur qui commence à consigner de façon systématique toutes ses observations à l'écrit (statistiques, nosologies des maladies, études de portée médico-sociales légales en criminologie étendant, ainsi, les champs de la recherche médicale à la psychopathologie, à la psychiatrie, à la psychologie, etc.). Et enfin d'une histoire sur laquelle la société pourra désormais compter sur la détermination progressive de l'action certaine des ouvriers éprouvés, des femmes, enfants aux corps meurtris et aux âmes étiolées à vouloir changer le sort funeste de leurs propres conditions au travail. Ces derniers tableaux sont autant de scènes annonciatrices de la médecine professionnelle française dans la seconde partie du XIXe siècle. La loi du 10 avril 1898 relative aux accidents professionnels qui résume principalement la problématique abordée dans ce livre, illustre parfaitement les démarches conceptuelles des législateurs, à penser avec beaucoup de difficultés mais aussi de lenteur, la jurisprudence prélude à la médecine du travail qui va en découler. 1880-1898 correspondra à la durée précise d'incubation de ce grand texte de référence sociale, voire syndicale, sous la IIIe République. Curieusement, les députés et les sénateurs du corps médical ou les hygiénistes et parfois les médecins au profil hygiéniste, sont peu présents lors des discussions parlementaires. Tout au long de ce livre, nous essaierons de comprendre pourquoi les médecins se retrouvent en arrière-plan des débats relatifs à cette loi, d'appréhender le contexte réglementaire et les difficultés de fonctionnement des deux chambres législatives et surtout d'accéder à toutes ces questions d'enjeux professionnels cruciaux propres à l'ambiance animée du mouvement ouvrier de la période, grâce à cette enquête de reconstitution au long cours (avec les archives de nature parlementaire et médicale de première main) des revues professionnelles d'hygiène et de santé publiques authentiques (récupérées dans le cadre d'une thèse doctorale en sciences humaines[6]) présentant le duel magistral entre les travailleurs et les chefs d'entreprise d'un côté, et les limites d'une jurisprudence d'un autre côté, qui suggère pour celle-ci, la part ombragée du médical même si les finalités prioritaires renvoient à la demande de reconnaissance soldée par une indemnité financière immédiate de la ou des victimes. Au-delà de cet aspect stricto sensu pratico-pécuniaire de la question, nous trouverons dans cet épisode social l'histoire des corps et des âmes de travailleurs blessés, mutilés, des individus contrariés, devant vivre au présent avec le handicap, privés de certaines de leurs fonctions vitales, des familles endeuillées, etc. Deux décennies de réflexion et de discussion auront été nécessaires à ces hommes de loi, à ces petits ou grands chefs d'entreprise, d'industries et de manufactures envers et contre leurs salariés (hommes ou femmes ou enfants ou vieillards, tous les travailleurs actifs au présent et au passé…), à ce corps médical à qui incombe la charge des responsabilités pour régler le curseur des impacts physiques ou psychiques sur les victimes en termes de jurisprudence. Nous comprenons en si peu de lignes le grand défi socioprofessionnel historique que cela va poser à bon nombre d'acteurs de la société qui permet le passage à l'œuvre forcé de la juridiction sanitaire, et par conséquent, la place que va prendre la médecine nouvelle au quotidien des salariés à une époque qui ne laissait en rien présager des bénéfices d'usage et de fonction des professionnels de la santé au travail qui sont devenus à l'ère du XXIe siècle les principaux témoins d'une démarche citoyenne collective ou individuelle immédiate à défendre, la sacro-sainte « sanitad » (« du bon état physiologique d'un être vivant » ; origine étymologique du Xe siècle dans *Passion*, éd. D'Arco Silvio Avalle, 464) des citoyens salariés. La discussion de santé publique et politique est ouverte et les juridictions sont de mise, comme ce fut déjà le cas au XIXe siècle, avec des souffrances physiques et des cadences de production peut-être comparables à celles d'aujourd'hui tout au moins en matière de pénibilités temporelles et de résistances nerveuses à l'effort, à la capacité de concentration sur la durée, même si aujourd'hui les outils et les méthodes employés à l'exécution des tâches ont gagné en confort au cours du temps. Cependant, de nos jours, les acteurs de part et d'autre du monde économique, politique, financier, piégés dans l'engrenage du marché concurrentiel à l'échelon planétaire, n'ont pas pris en compte la redoutable perversité (au sens

[6] À l'EHESS de Paris (en 2000-2013).

non édulcoré du terme. Il ne s'agit pas ici d'une mode populaire du langage) des organisations et des méthodes sophistiquées mises en place sur les lieux de production au regard de la santé humaine. C'est pourquoi, depuis 1848, des hommes et des femmes ont sans cesse combattu pour réclamer des droits à la santé au travail contre la souffrance physique ou morale, la maltraitance et la réparation lorsqu'un dommage est causé sur autrui. Ce livre comprend deux parties principales : la première partie consacrée à la protection de l'ouvrier (hygiène et sécurité des travailleurs dans le cas de la loi de 1893) et la seconde partie relative aux accidents professionnels (loi de 1898). La bibliographie d'ouvrages et les chronologies qui figurent à la fin du livre en références actualisées sont une invitation à la découverte de cette très belle histoire de la médecine du travail qui dépasse les graves réalités actuelles du terrain professionnel. Je ne sais pas si le plan de réforme gouvernemental, par décret en 2004, sur la substitution des termes de « médecine du travail » en « santé au travail » puis l'annonce du 2e plan santé-travail qui avait été formulé, pour la période 2010-2014, la loi du 20 juillet 2011 réformatrice de la discipline ainsi que l'arrêté du 28 décembre 2015 abrogeant diverses dispositions relatives à la surveillance médicale renforcée des travailleurs et en s'appuyant enfin sur la loi du 8 août 2016 relative au travail, à la modernisation du dialogue social et à la sécurisation des parcours professionnels (avec notamment l'article 104) interrogeant le renforcement de l'attractivité de la carrière du médecin au travail, l'amélioration de l'information des étudiants en médecine sur le métier de médecin du travail, la formation initiale des médecins du travail, ainsi que l'accès à cette profession par voie de reconversion, présentent beaucoup d'effets sur le mieux-être des individus en matière de souffrances et de maladies professionnelles. En effet, il devient extrêmement urgent que la société revoie sa propre capacité d'organiser le monde du travail sans devoir à panser ses plaies profondes au quotidien fort coûteuses en sacrifices humains, d'une situation au moins égale en désastre moral pour la société qui se rapporte aux travailleurs chômés (comme « accidentés de la vie ! ») privés d'activités vitales et d'intégration sociale normative nécessaire à l'équilibre de l'individu vivant en collectivité.

PARTIE I

LA PROTECTION DE L'OUVRIER AU TRAVAIL

La loi de 1893 relative à l'hygiène et à la sécurité des travailleurs dans les établissements industriels

INTRODUCTION

Dans la seconde partie du XIXe siècle, les lois de 1874 et 1892 sur la réglementation du travail des enfants et des femmes ne mettent pas fin au travail législatif en matière de conditions de travail. Avec l'essor du machinisme que rend possible l'usage accéléré de la machine à vapeur depuis le milieu du siècle, les accidents se font de plus en plus fréquents, privant l'ouvrier de son travail donc de son salaire. Et par conséquent, l'employé se retrouve sans grands moyens de subsistance. Le recensement de 1876 établit pour l'industrie minérale, usinière et manufacturière, une population d'environ 1 400 000 employés, ouvriers et journaliers des deux sexes[7]. Les statistiques parlementaires indiquent que 68 % des accidents représentent des cas fortuits et de force majeure. 20 % des accidents sont imputables aux ouvriers et 12 % aux employeurs[8]. Au début de la IIIe République, la législation sur les accidents du travail n'existe pas et le système de protection sociale au bénéfice d'un individu blessé ou en incapacité de travailler n'est pas encore développé. L'hygiène et la sécurité représentent deux questions majeures qu'il faut traiter afin de prémunir les ouvriers contre les risques d'accident et de sanctionner les établissements ou les employeurs qui ne souhaiteraient pas protéger la santé et la vie d'autrui. Deux thèmes qui tiennent à cœur les hygiénistes du XIXe siècle et qui ne manqueront pas d'interpeller les médecins lorsqu'ils auront abordé ces questions déposées pour la première fois au Parlement, en 1882, d'autant que les institutions mises en place comme les conseils d'hygiène publique et de salubrité locaux, à

---

[7] Source : Sénateur Blavier, proposition de loi relative à la responsabilité des accidents dont les ouvriers sont victimes dans leur travail, Impression n° 7 (session parlementaire de 1886) annexe au procès-verbal du 26 janvier 1886.

[8] *Op. cit.* le sénateur Blavier, Impression n° 7, séance du 26 janvier 1886.

l'échelon de la commune, du chef-lieu de canton ou du département, ont pour mission première la surveillance des établissements classés depuis 1810 en fonction de leur caractère d'insalubrité, d'incommodité et même de dangerosité. Tant que la santé et l'hygiène publiques ne sont pas représentées dans les hautes instances administratives, tant qu'il n'existe pas de législation en la matière, l'action hygiéniste reste stérile faute de pénalités[9]. Le *Journal officiel de la République française* publie pourtant un bulletin d'informations des accidents provoqués par l'emploi des chaudières à vapeur à partir de 1873[10]. Malgré les efforts des hygiénistes et les moyens de publication officielle, les accidents n'attirent même pas l'attention ou si peu à l'occasion des congrès internationaux d'hygiène (Genève, La Haye, Vienne, Paris) (1878, 1888), Rouen (1884) malgré l'intérêt que leur portent les hygiénistes et cliniciens, pharmaciens, biochimistes, ingénieurs agronomes, ingénieurs sanitaires et juristes, architectes et urbanistes, élus locaux et hommes politiques, tous membres adhérents de la *Société de médecine publique*, l'une des institutions d'hygiène publique fondée, à Paris, le 29 juin 1877, pour défendre hautement les questions sanitaires de la société (toutes activités confondues) à caractère de santé publique sous la houlette du pharmacien hygiéniste Apollinaire Bouchardat (1809-1886) professeur d'hygiène à la Faculté de médecine de Paris. En 1883 est fondée également l'*Association des industriels de France* par E. Muller, professeur à l'École centrale de Paris et ancien président de la Société des ingénieurs civils fabricants de produits céramiques pour préserver les ouvriers des accidents du

---

[9] Cf. Gérard JORLAND, *Une société à soigner. Hygiène et salubrité publiques en France au XIXe siècle.* Chapitre 12 : « Une institution centralisée », Paris, éditions Gallimard, 2010, p. 290.

[10] Décret du 25 janvier 1865 qui affranchit les chaudières à vapeur de la plupart des formalités préventives. Dans ce bulletin, le lecteur peut prendre connaissance de tous les accidents des machines à vapeur survenus au cours de l'année donnant à rendre compte de la date, de la nature de l'établissement où l'appareil était placé, de la nature de la forme et de la destination de l'appareil, des circonstances de l'accident, des suites et de la cause présumée de l'accident. Comme l'illustre l'exemple suivant, le 2 février 1873, il est survenu un accident à la fabrique de sucre à Muille-Villette (département de la Somme). Un chauffeur et un ouvrier sont morts de leurs brûlures. Les dégâts matériels sont insignifiants. Cet accident est lié à une chaudière horizontale à deux houilleurs dont la capacité est de 17 m^3 125 avec une surface de chauffe de 65 m^2. Construite en 1855, non réparée ni éprouvée depuis, la grille était placée sous les houilleurs et la partie inférieure du corps principal. La seconde partie du corps principal s'est ouverte suivant sa génératrice inférieure sur une longueur de 0 m 70. Source : *Journal officiel*, Textes officiels, 30 juin 1873, p. 7406.

travail[11]. Le but de cette association est de prévenir les accidents qui peuvent frapper les ouvriers dans les travaux mécaniques, dans les industries chimiques, sur les divers chantiers de construction et de travaux publics ou agricoles, en réfléchissant sur les moyens les plus efficaces de lutte et de prévention, en les élaborant avec une inspection fréquente des établissements à contrôler et la diffusion d'une documentation issue des réunions de l'Association et des rassemblements dans le cadre, par exemple, des Congrès nationaux ou internationaux (en référence précise par exemple à la manifestation du Congrès des Industriels de France en 1888) qui pourrait contribuer à alimenter une jurisprudence en la matière. L'association comprend des inspecteurs-conseils spécialisés en matière d'accidents dont il faut compter les inspecteurs départementaux du travail des enfants. À l'issue de leur passage dans les établissements, les inspecteurs rédigent et expédient une note de commentaires et d'avis aux industriels qui souscrivent à l'association. Dans son étude comparative sur la mortalité par professions à Paris, en Angleterre et en Suisse, le médecin hygiéniste statisticien Jacques Bertillon note que les professions les plus dangereuses et les plus insalubres sont celles qui conduisent l'individu à absorber des substances nuisibles ou qui exposent au saturnisme : les fabricants de limes, les peintres, les potiers, les plombiers, les imprimeurs... les professions qui exposent à l'absorption du phosphore, du mercure et autres poisons minéraux ou végétaux ou encore celles qui mettent l'homme en contact avec des matières corrompues comme les bouchers ou les tanneurs[12]. Ainsi comme le commente le Docteur Bertillon, les mineurs de charbon et de fer auraient un taux de mortalité extrêmement favorable sans les nombreux

---

[11] Parmi lesquels nous pouvons noter des représentants et des administrateurs des manufacturiers et des fabriques, des ingénieurs civils et du matériel roulant, des mines, des ponts et chaussées, des délégués des Chambres syndicales de Paris, des inspecteurs départementaux du travail des enfants, des enseignants à l'Institut agronomique de Paris, des avocats, des greffiers à la Cour de cassation de Paris, des délégués syndicaux de corps de métiers comme le président de la Chambre syndicale des imprimeurs-typographes de Paris ou de la Chambre syndicale des entrepreneurs de maçonnerie, des présidents des Sociétés industrielles de France, des professeurs de l'Académie nationale de médecine, des ouvriers.

[12] Cf. les travaux d'étude du docteur en médecine, Jacques Bertillon, célèbre démographe du XIXe siècle, portant sur la morbidité et la mortalité des individus par professions entre 1885 et 1889. « De la morbidité et de la mortalité par professions, études d'une nouvelle table de mortalité par professions, calculée d'après les Annuaires statistiques de la Ville de Paris, 1885-1889 », *Revue d'hygiène et de police sanitaire*, novembre 1890, tome XIII, p. 982.

accidents qui les déciment. La situation est similaire pour les pêcheurs en mer et les carriers dont les causes de mort sont parfois très multiples. À propos des professions sédentaires, il commente :

> « Parmi elles, il en est de très favorisées, et d'autres au contraire qui sont très frappées par la mort. L'état sanitaire de ces professions paraît dépendre notamment de ce que beaucoup d'entre elles sont exercées dans l'air confiné ; il dépend aussi de ce que ceux qui les exercent sont recrutés parmi les plus faibles de la population. Parmi les professions sédentaires où la mortalité est faible, il faut citer les *fruitiers*, les *épiciers*, etc. ; au contraire les *marchands de nouveautés*, les *marchands de poisson*, etc. sont soumis à une mortalité moyenne. Les *tailleurs* sont soumis à une mortalité élevée qui paraît moindre pour les *cordonniers*, les *horlogers*, les *graveurs*, etc. Les *banquiers, changeurs et leurs employés* seraient soumis, d'après les quatre tables, à une mortalité supérieure à la moyenne, mais nous n'avons cependant admis ce résultat qu'après enquête. »

Quant aux professions libérales, il ajoute :

> « En général, l'exercice de ces professions suppose une certaine aisance ; aussi sont-elles presque toutes soumises à une mortalité faible. Les *prêtres*, les *magistrats*, les *instituteurs publics* ont une mortalité des plus modérées. Les *avocats*, les *officiers ministériels* et leurs clercs, les *architectes*, les *ingénieurs*, ont une mortalité inférieure à la moyenne. Les *médecins* de Paris ont une mortalité très faible, tandis qu'en Suisse et en Angleterre leur mortalité dépasse la moyenne après celle des *carriers* ; ce qui ne saurait surprendre si l'on réfléchit à l'insalubrité de leur profession notamment destinée à parcourir des distances considérables dans les campagnes dans des petites voitures peu couvertes aux intempéries climatiques. À ce titre, le taux de mortalité est comparable à celui des cochers. Il en est de même en Suisse. La phtisie n'est pourtant pas beaucoup plus répandue parmi eux que dans l'ensemble de la population. Mais s'ils ne profitent pas eux-mêmes de leurs connaissances en hygiène, ils en font profiter leurs enfants, car dans aucune profession (excepté les instituteurs) la mortalité des enfants de 0 à 1 an, n'est aussi faible. »[13]

Bien évidemment, tous les corps de métiers ne sont pas mécanisés comme à l'usine ou dans les ateliers de fabriques. Et tous les individus ne décèdent pas du seul fait que leur profession nécessite l'utilisation d'un outillage quelconque ou pas. Cependant, quelles que soient les contraintes, les risques encourus par l'activité, l'employé, l'ouvrier, le salarié est appelé à se prémunir de toute forme de danger ou d'inconfort matériel qui pourrait le mettre en péril en dehors de toute

---

[13] *Revue d'hygiène et de police sanitaire*, tome XIII, novembre 1890, Paris, G. Masson, p. 1012-1018.

manipulation d'outils ou de machines d'usage nécessaires à ses activités. Les conditions d'hygiène et de sécurité sont des mesures fondamentales pour éviter les outrages aux hommes de type dégâts de santé, voire mort de l'individu. L'hygiéniste Napias donne des chiffres de nature troublante à propos des utilisateurs de scies circulaires comptabilisant 13 % des accidents en 1886 (tout type de secteurs et toute forme d'activités confondues) observés dans le département de la Seine contre 10 % en 1887. Cherchant à garantir la sécurité des salariés, les hygiénistes élaborent des systèmes de sécurité. Le docteur en médecine Napias (élu membre de la section d'hygiène à l'Académie de médecine en 1887) fait les observations suivantes au sujet de ces dangereux outils tranchants :

> « On a imaginé divers couvre-scies qui rendent des services utiles mais qui ne suffisent pas encore, car il est arrivé plusieurs fois que des ouvriers, voulant retirer avec la main la sciure qui s'accumule sous la table sans arrêter la scie, se soient fait couper le bras. Il convient donc de garantir les scies en dessous de la table, et le moyen proposé par l'Association des industriels consiste à mettre un écran en tôle ou en bois qu'on fixe avec des vis sous la table, en dehors de la partie mobile, à cinq centimètres de la lame et descendant cinq centimètres plus bas que la plus grande lame employée. »[14]

Depuis la création de la haute instance de la santé publique dans le pays, le *Comité consultatif d'hygiène publique de France* créé en 1848 pour éclairer les autorités sur les mesures concrètes de réglementation à prendre, les articles publiés dans le Recueil de ses travaux en même temps que les actes officiels de l'Administration sanitaire ne cesseront dès lors d'en comprendre, relatifs à l'hygiène industrielle et professionnelle tous rédigés par les membres du Comité consultatif eux-mêmes[15]. Les rapports d'étude aborderont deux thèmes aussi variés que la décoration des jouets d'enfants et les substances qu'il est interdit d'employer pour leur coloration, les eaux provenant des sucreries, la soudure des boîtes de conserve alimentaires ou encore l'interdiction des préparations plombiques dans la fabrication des toiles cirées et vernies destinées à doubler les voitures d'enfants ou de malades, les conditions d'emploi des détenus au triage des plumes et bien d'autres

[14] H. NAPIAS, « L'association des industriels pour préserver les ouvriers des accidents du travail », *Revue d'hygiène et de police sanitaire*, volume X, Paris, G. Masson, p. 846.
[15] Revue publiée à la demande du ministre de l'Agriculture et du Commerce, Librairie J.-B. Baillière & Fils.

sujets. Ces rapports pourront servir à l'instruction des dossiers de préparation parlementaire à la demande des ministères concernés. Les rapports d'étude ne suffisent pas à décrire les abus, les absences de réglementation ou le manque de garanties de sécurité et d'hygiène des fabriques. Les années 1880 sont marquées par l'esprit de contestation de la classe ouvrière revendiquant de meilleures conditions matérielles. Depuis l'émergence de la loi du 30 juin 1881 sur la liberté de réunion publique et la loi Waldeck-Rousseau du 21 mars 1884 sur la reconnaissance de la liberté syndicale, les ouvriers se sont organisés en coalitions et rassemblements, osant désormais exprimer leurs revendications de classe. Les démarches sont d'autant plus porteuses qu'elles vont être appuyées par la classe politique socialiste qui reçoit pleinement les plaintes de la population travailleuse et qui va se saisir de la question sociale conformément à ses devises de « fraternité », de « solidarité », de « générosité » et de « paix ». Les socialistes cultivent un idéal de société égalitaire par l'organisation de la production et la substitution à la propriété capitaliste de la propriété sociale. La doctrine socialiste de base reste, fondamentalement, une critique du système de la propriété privée. Plus qu'engagés dans des coalitions spontanées à la sortie des usines pour leurs propres revendications sur leurs conditions matérielles de travail, les ouvriers trouvent une représentation de leurs idéaux de vie dans les groupes politiques socialistes et radicaux pour les plus déterminés d'entre eux, souhaitant une révolution qui permettrait le renversement des classes dominantes. Pour l'heure, ils s'estiment satisfaits de voir finalement leurs revendications portées et entendues au Parlement, dès 1880, à propos des conditions de réglementation du travail dénonçant très ouvertement l'absence de sécurité et d'hygiène dans les établissements de production, où les ouvriers passent la plupart de leur existence et où ils risquent tôt ou tard d'être confrontés à un accident ou une maladie qui les condamnerait à une exclusion de la société tant que le système de protection sociale n'est pas complètement instauré avec un système d'assurance contre les aléas de la vie.

CHAPITRE I

Loi du 12 juin 1893 sur l'hygiène et la sécurité des travailleurs dans les établissements industriels

1/ Présentation de la loi – Douze années de travaux parlementaires

Les discussions de la loi du 12 juin 1893 relative à l'hygiène et la sécurité des travailleurs dans les établissements industriels seront conduites sur trois législatures à l'initiative de pas moins de trois ministres du Commerce et de l'Industrie[16]. La première proposition de loi sera déposée à la Chambre des députés le 11 novembre 1882 et la loi sera promulguée au *Journal officiel* le 12 juin 1893. Douze années de réflexion seront nécessaires au vote de la loi. C'est, toutefois, une durée raisonnable en comparaison des autres lois sur les questions sanitaires et sociales du pays.

Au même titre que les deux lois portant sur le travail des enfants et des femmes, la question abordée sous l'angle juridique n'est pas simple. Il faut savoir que l'hygiène et la sécurité des salariés restent des thèmes sensibles pour les ouvriers au même titre que les salaires et la durée du travail. La question va être appuyée fortement au Parlement par les médecins législateurs puisqu'elle touche à la condition physique et morale même des individus au travail. Là encore, l'idée ne va pas d'elle-même bien qu'elle ait été admise, facilement, je pense, par la communauté des législateurs grâce à la question des accidents professionnels en termes de reconnaissance de responsabilités entre ouvriers et patrons qui est posée à la Chambre des députés depuis 1880 et nous allons voir en quoi ces questions professionnelles ouvrières ne sont pas faciles à traiter.

---

[16] La IIIe République définie sur la période 1870 à 1914 ne connaît pas moins de cinquante-trois ministres nommés au Commerce et à l'Industrie.

Le projet de loi relatif à la question de l'hygiène et de la sécurité des ouvriers au travail essuie deux échecs gouvernementaux : l'un en 1885 (à la troisième législature) et l'autre en 1887 (à la quatrième législature). Le projet de loi passera le 5 juin 1890 lors de la cinquième législature, inspiré des propositions de loi que le ministre Pierre Legrand en poste au Commerce n'hésite pas à reprendre au nom du gouvernement. Un échec de ce projet se joue le 3 mars 1885 à la veille des élections législatives au cours desquelles le ministre Pierre Legrand ne sera pas réélu. Il faut attendre deux années plus tard (le 13 janvier 1887) pour que l'idée soit relancée, au nom du gouvernement, par le nouveau ministre du Commerce et de l'Industrie Édouard Lockroy qui reprend deux propositions de loi : celle des députés Faure et Nadaud (le 10 décembre 1885) d'un côté et celle des députés Rouvier et Laur (le 29 décembre 1886) de l'autre côté qui ne valident pas la notion du projet de loi par le gouvernement. La prise en considération de l'initiative gouvernementale sera votée, définitivement, à la Chambre des députés seulement le 17 juin 1890 sous la direction du tout dernier ministre du Commerce et de l'Industrie, Jules Roche.

A/ L'initiative de deux députés : Félix Faure et Martin Nadaud

L'initiative de légiférer sur le sujet ne revient pas au gouvernement. Deux députés sont les auteurs de la loi. Il s'agit de Félix Faure député-industriel de Seine-Inférieure et de Martin Nadaud député ouvrier de la Creuse, deux législateurs, très déterminés à traiter la réglementation qui touche les questions ouvrières. Martin Nadaud est le promoteur de la loi de 1898 relative à la responsabilité des patrons dans les accidents du travail présentés au chapitre suivant. Félix Faure est un industriel prospère de Seine-Inférieure qui décide de se lancer en 1870 dans la politique comme officiant-conseiller à la municipalité du Havre. Entre 1881 et 1895, il est élu député de la Seine-Inférieure tout en occupant quelques postes comme celui de sous-secrétaire d'État au Commerce et aux Colonies (1881-1882), sous-secrétaire d'État à la Marine (1883-1885-1888), ministre de la Marine en 1894-1895 devenant Président de la République française, le 17 janvier 1895, pendant quatre ans jusqu'au 16 février 1899. En tant que député, il s'affiche en 1881 « Union républicaine », en 1885 « républicain progressiste ». Martin Nadaud, ouvrier-député de la Creuse fera l'objet d'une présentation biographique plus approfondie au chapitre suivant concernant les accidents du travail. Il faut simplement préciser que c'est un homme politique de très fortes convictions idéologiques pour la défense des ouvriers et du peuple. Issu de la classe ouvrière, il rejoint les rangs socialistes à la Chambre des députés.

Ces deux députés seront les premiers mandataires à déposer une proposition de loi sur le sujet le 28 octobre 1882 puis le 10 décembre 1885. Les mesures sont prises en considération. Seulement, il n'est nommé aucune commission d'examen sur le sujet. La loi de 1893 va découler des débats parlementaires qui ont eu lieu dans les deux chambres sur la condition générale ouvrière avec la discussion sur le travail des femmes et des enfants portant sur la santé de ces derniers, l'interdiction du travail de nuit et les tâches trop lourdes, le repos obligatoire et la durée journalière d'ouvrage. Ainsi en révisant la loi du 19 mai 1874 sur l'hygiène et la sécurité des enfants, le contexte est favorable à cette thématique. Les deux députés, Félix Faure et Martin Nadaud, déclarent que l'ensemble des établissements industriels présente des causes d'insalubrité et de danger pour tous les individus employés. Travailleurs enfermés dans les espaces limités, aspiration des poussières, exposition à de hautes températures, procédés de fabrication mécanique dangereux, manipulation de matières toxiques ou explosives sont autant de facteurs menaçant le salarié au quotidien. Pourtant, une législation de salubrité intérieure existe déterminant même le mode d'assainissement que l'industriel doit employer[17]. Cependant, Félix Faure et Martin Nadaud soulignent que c'est par une interprétation abusive du décret du 15 octobre 1810 et de la loi de 1848 qui a institué les conseils d'hygiène que l'intervention préfectorale a pu s'exercer et elle ne peut qu'être arbitraire en l'absence d'un texte formel. Ce texte – précisent-ils – n'existe ni dans le décret du 15 octobre 1810 (relatif aux manufactures et ateliers polluants) ni dans les ordonnances du 14 janvier 1816 (nomenclature des établissements industriels) et du 31 janvier 1872 (dénombrement de la population). La proposition vise à combler la lacune. L'article 14 de la loi du 19 mai 1874 demande aux inspecteurs de veiller « à ce que les ateliers soient tenus dans un état constant de propreté et convenablement ventilés ; à ce qu'ils présentent toutes les conditions de sécurité et de salubrité nécessaires à la santé des enfants ; à ce que les roues, courroies, engrenages soient séparés des ouvriers de telle manière que l'approche ne soit possible que pour les besoins du service [...] ». La loi s'applique aux

[17] En référence à l'ordonnance royale du 9 février 1825 relative à la classification des établissements industriels dangereux, insalubres et incommodes. Voir aussi les réflexions et les travaux de Grognier (1824), Monfalcon, de Polinière (1845) et Glénard (1860), Lacassagne (1891) tous membres experts de Conseils d'hygiène.

mineurs de moins de seize ans ou aux filles mineures. La plupart des établissements ne sont soumis à aucun contrôle. Le nombre des inspecteurs est d'ailleurs insuffisant. Les prescriptions de l'article 14 en ce qui concerne l'hygiène et la salubrité ne se réfèrent à aucun règlement. Les inspecteurs prennent des dispositions pour isoler les machines dangereuses et veiller à la santé des enfants, pas davantage ! Précédemment, le député Waddington voulait étendre les dispositions de l'article 14 de la loi du 19 mai 1874 à l'ensemble des usines et des manufactures. Il n'y eut pas de retour sur cette volonté. Martin Nadaud et Félix Faure souhaitent la réglementation des ateliers et l'organisation complète de l'inspection du travail. Il faut selon eux se garder d'une réglementation trop vague qui laisserait place aux interprétations individuelles des agents de contrôle. Ils sont confortés par l'existence de références intellectuelles en la matière comme le traité de Freycinet (ingénieur du corps des mines et plusieurs fois président du Conseil) sur l'assainissement industriel, les ouvrages du Docteur Napias sur l'hygiène industrielle et les travaux présentés au Congrès international d'hygiène de Paris, en 1878, qui pourraient constituer les éléments d'une législation en la matière[18]. Leur proposition de loi comprend neuf articles. Après avoir montré la détermination et l'action de ces deux hommes, revenons sur leur personnalité et le parcours politique de chacun d'eux.

Martin Nadaud, d'origine ouvrière, à qui nous devons l'initiative de la loi portant sur les accidents professionnels (1898) présentée au chapitre suivant, incarne la question ouvrière au Parlement, dès 1876, à partir du moment où il est nommé député représentant le département de la Creuse. Farouche défenseur de la condition ouvrière, il apprend de ses collègues des corps de métiers manuels la pénibilité de leurs conditions de travail et la dangerosité parfois permanente, dans lesquelles sont exposés ces derniers travaillant beaucoup, usant leurs forces physiques et nerveuses pour gagner parfois des maigres subsides devant nourrir une famille et payer un loyer. Très engagé pour avoir été précédemment député, en 1849, à l'Assemblée législative, son combat sur la question ne tient pas à sa deuxième carrière de député sous la IIIe République. Le 2 décembre 1851, après le coup d'État de Louis Napoléon, il est arrêté. Il part en exil, en Belgique, puis en Angleterre, où il continue sa réflexion et son combat pour améliorer le sort de la classe ouvrière. Il rencontre et s'entoure des socialistes.

[18] Une petite biographie de ce médecin est présentée en conclusion générale de ce livre.

Nous imaginons facilement l'emprise de ses convictions devant ses homologues législateurs, dans l'hémicycle de la Chambre des députés, sur ces questions, après ce parcours d'expériences concrètes avec ses pairs et la discussion sur ces questions avec d'autres penseurs engagés à réaliser une nouvelle société plus égalitaire entre les hommes et où la notion de classes n'existerait plus. N'insistons pas trop sur le parcours de cet homme dont le portrait détaillé va être donné dans les pages suivantes.

Son homologue député de la Seine-Inférieure, Félix Faure, présente un profil très différent. C'est un homme politique éminent qui a présidé la France entre 1895 et 1899. Négociant en cuirs dans la ville du Havre, il s'engage en politique pendant la guerre de 1870, en se présentant aux élections municipales qui le propulsent très rapidement troisième premier adjoint du maire de sa ville à l'âge de vingt-neuf ans ! Félix Faure tient le mandat de député de la Seine-Inférieure, sous-secrétaire d'État aux colonies puis sous-secrétaire d'État à la Marine et enfin ministre de la Marine (1894-1895) avant de terminer sa carrière politique en toute apothéose en tant que septième Président de la République française : le 17 janvier 1895. Déjà présent sur les questions de la marine à la Chambre des députés, il s'engage sur la question des accidents professionnels avec Martin Nadaud et le député Peulevey. Il n'est pas étonnant que nous le retrouvions là sur la question de l'hygiène et de la sécurité des ouvriers au travail, un sujet abordé à la Chambre au même moment où la question des accidents professionnels est débattue. Il s'engage aux côtés de Martin Nadaud à défendre la question parce qu'il a été confronté sur le plan local à ces hommes de classe modeste en tant que membre et président de la Chambre du commerce au Havre. Les archives de sa carrière politique déposées aux Archives nationales de France [19] livrent peu d'informations sur ses véritables motivations à légiférer sur le sujet qui nous intéresse maintenant. J'ai seulement noté les intentions et le ton du personnage à travers le discours de vice-président de la Chambre des députés prononcé au banquet du Syndicat du Commerce et de l'Industrie du Havre (le 4 novembre 1893), année de promulga-

[19] Archives nationales. Fonds Félix Faure (460 AP). Adresse électronique : http://daf.archivesdeFrance.culture.gouv.fr/sdx-222-daf-bora-ap/ap/fiche.xsp?id=DAF renvoyant à un succinct descriptif des 3,5 mètres linéaires d'archives sur le personnage (soit 22 cartons). Le fonds est consultable sous dérogation. N'ayant pas la bonne information d'accès dès le départ relatif à la dérogation de consultation sur la désignation des cartons, j'ai pu consulter quelques documents qui témoignent peu de son engagement prédestiné à répondre à la question ouvrière.

tion de la loi étudiée, dans lequel il partage et il encourage la défense des ouvriers au regard de leurs droits du travail et des conditions de vie[20].

B/ Garantir l'hygiène et la sécurité des travailleurs

Le premier article applique à tous les établissements industriels de quelque nature qu'ils soient (fabriques à bras, usines à moteur mécanique, chantiers ou ateliers fermés…) l'inspection des agents désignés par la loi. La réglementation doit être applicable à toutes les branches de l'industrie y compris les ateliers à domicile. Partout où les ouvriers et ouvrières sont employés à la tâche ou à la journée, le contrôle doit pouvoir s'exercer. Les articles 1 et 2 distinguent deux sortes de règlements : 1° Un règlement général applicable à toutes les industries contenant les prescriptions admises pour l'aération, pour l'éclairage et pour l'hygiène des ateliers et les prescriptions applicables aux usines à moteurs mécaniques (toutes les précautions à observer pour protéger des courroies, roues, engrenages…). Un délai de trois mois devrait suffire pour codifier les dispositions consacrées par l'expérience. 2° Quant aux règlements spéciaux prévus par l'article 3, il convient de laisser les établir au ministre et d'en limiter le nombre et l'objet pour leur assigner une date précise. Il reviendra aux conseils d'hygiène de contribuer à leur élaboration en soulignant les voies et moyens reconnus les plus efficaces pour combattre les dangers de certaines fabrications (plomb, arsenic, mercure, sulfure de carbone, cuivre, etc.). L'article 4 demande au préfet (ordonné dans ses fonctions de fonctionnaire à présider le conseil d'hygiène de son département ou de la localité désignée) le contrôle de toute création d'établissement industriel nouveau qui manquerait à cette réglementation d'hygiène et de sécurité. L'article 5 veille à la réorganisation de l'inspection du travail figurant dans la loi du 19 mai 1874. Les articles 6, 7, 8 et 9 déterminent les pénalités que peut faire encourir l'inexécution de la loi en autorisant le préfet à prononcer la fermeture d'un établissement non conforme à la suite de l'avertissement donné à son propriétaire. En cas d'appel au Conseil d'État, la décision doit intervenir dans un délai de deux mois.

[20] Carton 460AP/2. Archives nationales. Politique locale au Havre, écrits et discours, 1863-1893 sous forme de brochure publiée.

C/ Le premier projet de loi gouvernemental du 3 mars 1885

Pierre Legrand, ministre du Commerce, dépose un projet de loi le 3 mars 1885 reprenant l'argumentation de la proposition précédente de nos deux auteurs, s'appuyant sur la législation anglaise et rappelant l'existence des décrets-lois en la matière. L'argumentaire avancé dans le projet de loi a été inspiré des délibérations de la commission d'étude du Comité consultatif d'hygiène publique de France réunie l'année précédente. Le texte du projet de loi mentionne que le décret du 15 octobre 1810 s'est occupé uniquement des dangers, des incommodités ou dommages que les établissements industriels pourraient causer aux voisins ou aux cultures agricoles environnantes à l'établissement concerné. La loi du 9 septembre 1848 règle la durée journalière du travail et fixe un maximum de 12 heures de travail effectif. Elle ne vise aucune condition d'hygiène industrielle. Il rappelle, aussi, que la loi du 19 mai 1874 ne s'applique qu'aux locaux où des enfants sont employés. Aucun de ces décrets ni cette loi ne peuvent permettre d'imposer dans les usines, manufactures, ateliers, chantiers, mines, les dispositions que réclament la salubrité et la sécurité du travail. Une réflexion présentée aujourd'hui à la Chambre des députés a été soumise préalablement au Comité d'hygiène publique de France. Le projet de loi comprend deux aspects, la salubrité et la sécurité de l'atelier. Le Comité consultatif d'hygiène publique de France avait réclamé un corps spécial d'inspecteurs pour l'exécution de cette nouvelle loi. Le gouvernement s'est refusé au coût de cette mesure et a répondu qu'il se contenterait du corps d'inspecteur affecté à la loi du 19 mai 1874 relative à la réglementation du travail des enfants mineurs et des femmes dont l'effectif a été revu à la hausse. L'article 3 décrète que le Comité d'hygiène publique de France avec le concours du Comité consultatif des arts et manufactures et de la commission supérieure du travail établie auprès du ministère du Commerce, instituée par l'article 23 de la loi du 19 mai 1874, sera à l'uniformité de l'application de la loi. Le Comité d'hygiène compétent en la matière ne saurait se passer des conseils du Comité des arts et manufactures sur les difficultés techniques des mesures hygiéniques. Le concours de la commission supérieure émanant du ministère du Commerce statuerait sur la surveillance du travail des enfants et des filles mineures. Les autres articles du projet de loi statuent sur les pénalités en s'inspirant des articles de la loi du 19 mai 1874 portant sur le travail des enfants.

Curieusement, aucune suite n'est donnée à ce projet de loi, aucun rapport ne sera rédigé. Nous sommes dans la quatrième législature en fin d'année du 10 décembre 1885 seulement quelques mois après le dépôt du projet de loi ; les deux députés, Félix Faure et Martin Nadaud, réitèrent leurs propositions de loi de 1882 à peu près dans les mêmes termes que précédemment. Ils profitent peut-être de l'initiative du ministre du Commerce, Maurice Rouvier, pour faire entendre leurs causes. Un rapport de l'initiative parlementaire est présenté par le député Francis Laur le 19 avril 1886. Il insiste sur l'urgence de réglementer les ateliers et de réviser l'organisation de l'inspection du travail en référence à la loi du 19 mai 1874 sur la réglementation du travail des enfants en y ajoutant un plus grand nombre d'inspecteurs – parce que souligne-t-il – la plupart des établissements ne sont soumis à aucun contrôle et que le manque d'inspecteurs est criant[21]. La Chambre des députés n'a pas jugé bon de désigner une commission d'examen pour cette proposition. L'affaire reste sans suite.

Deux semaines plus tard (le 29 décembre 1885), le député Rouvier (ex-ministre du Commerce et de l'Industrie) se joint au député Laur pour déposer une proposition de loi relative à la salubrité et à la sécurité du travail dans les établissements industriels à la Chambre des députés reprenant la même argumentation et les mêmes articles que précédemment. Un rapport sommaire de la commission d'initiative parlementaire au nom du médecin Alcide Treille est présenté à la Chambre le 20 mars 1886. Le rapporteur précise que, dans les cas d'insalubrité des ateliers pour causes étrangères à l'industrie, la loi du 13 avril 1850 sur les logements insalubres n'autorise pas à agir puisque les ateliers ne sont pas considérés comme des logements permanents. Et pourtant, le rapporteur note que l'ouvrier y passe quelquefois plus de la moitié de sa vie dans l'atelier. Il rappelle à son tour que le rapport de Richard Waddington (distribué le 21 mars 1884) sur les conditions d'hygiène et de sécurité fut bien mis à l'ordre du jour, mais il ne vint jamais à être abordé en commission ou en hémicycle.

Un rapport du Comité consultatif d'hygiène publique à la demande du ministre du Commerce et de l'Industrie avait été rédigé par le docteur Napias, le 1er décembre 1884, contenant la législation étrangère et précisant que tous les pays européens s'étaient inspirés de la loi anglaise de 1878, le « Factory and Workshops Act » réglant à la fois la salubrité, la sécurité et le travail des enfants et des femmes. Le Comité d'hygiène avait joint à ce rapport un projet de règlement d'administration publique sur la protection du travail industriel. Maurice Rouvier, ministre du Commerce, déposa l'ensemble sur le bureau de la Chambre à la séance du 3 mars 1885. La distribution en fut faite

---

[21] Rapport à la Chambre des députés, I n° 696 du 19 avril 1886, p.3.

aux députés le 28 mars. Aucune commission d'examen ne fut nommée. Le projet de loi tomba de lui-même dans les oubliettes ! Les vacances parlementaires, les événements, les préoccupations politiques de l'époque contribuèrent à l'oubli. La fin de la législature approche et la Chambre ne s'en soucie toujours pas. Les chambres parlementaires connaissent quelques tribulations politiques perturbatrices et heureuses. Comme celle du 30 mars 1885, il y a une réaction anticolonialiste suite à l'incident de Lang Son au Tonkin (échec militaire) qui provoque la chute du président du Conseil Jules Ferry. Le premier gouvernement Henri Brisson est alors nommé le 6 avril de la même année en y faisant entrer quelques radicaux. Le 22 mai, la France apprend la mort de Victor Hugo. Le 6 juillet, Pasteur pratique la première vaccination humaine sur un petit enfant après avoir découvert le vaccin contre la rage la même année. Enfin, le 28 décembre 1885, la France connaîtra son quatrième Président de la République avec l'élection de Jules Grévy (1807-1891). La proposition de loi proposée aujourd'hui par Maurice Rouvier et Francis Laur n'est que la reproduction du projet de loi déposé par Maurice Rouvier alors ministre du Commerce dans la séance du 3 mai 1885. La nécessité de l'intervention de la loi dans les questions d'hygiène industrielle n'est plus à démontrer en dépit de la loi de 1850 sur les logements insalubres et celle de 1874 sur le travail des femmes et de l'hygiène industrielle[22]. Une fois de plus, la Chambre n'a pas nommé de commission pour examiner cette proposition.

[22] I. CAVÉ, *Travail industriel des enfants et des femmes : lois de 1874, 1892 – Histoire de la législation sanitaire et sociale de la société française*, Sarrebruck, Presses universitaires européennes, 2015.

CHAPITRE II

Analyse de la question soumise au Parlement. L'intervention du Comité consultatif d'hygiène publique de France

1/ L'IMPORTANCE DE L'ACTION DU COMITÉ CONSULTATIF D'HYGIÈNE PUBLIQUE DE FRANCE ENTRE DEUX ÉCHECS GOUVERNEMENTAUX

Nous l'avons vu précédemment, les hautes institutions d'hygiène publique jouent un rôle éminent dans la consultation des avis formulés à propos des questions d'hygiène et de santé publiques y compris, lorsque celles-ci deviennent de réelles préoccupations pour les législateurs à défendre les propositions de loi concernées. Ce sont des organisations consultatives qui peuvent être consultées par toutes les administrations ou les institutions publiques ou tout particulier qui en font la demande. Ce qui a été le cas en 1884 – le ministre du Commerce, de l'Industrie et des Colonies a demandé au Comité consultatif d'hygiène publique de France – de formuler un projet de loi relatif à l'hygiène et la sécurité des travailleurs. L'hygiène publique et la salubrité relèvent du domaine de l'administration publique. La direction et la tutelle de la santé publique sont confiées au ministre du Commerce et de l'Agriculture. Le système des institutions sanitaires qui relèvent de ce département et qui comprennent les médecins sanitaires installés en Orient, les agences et les conseils établis sur les principaux points du littoral, l'inspection des eaux minérales, les médecins des épidémies, les conseils départementaux et d'arrondissement et les commissions cantonales d'hygiène et de salubrité instituées par le décret du 28 décembre 1848, est complété par l'établissement au siège de l'administration centrale d'un Comité auquel viennent aboutir les travaux des conseils locaux et qui a pour mission d'éclairer l'autorité dans toutes les questions sanitaires. Le Comité consultatif d'hygiène publique de France est chargé de l'étude et de l'examen de toutes les questions qui lui sont soumises par le ministre en ce qui concerne :

– les quarantaines, la prévention des épidémies et l'amélioration des conditions sanitaires des populations manufacturières et agricoles, la propagation de la vaccine ;

– l'amélioration des établissements thermaux et les moyens d'en rendre l'usage de plus en plus accessible aux malades pauvres ou peu aisés ;

– les titres des candidats aux places de médecins inspecteurs des eaux minérales ;

– l'institution et l'organisation des conseils et des commissions de salubrité[23] ;

– la police médicale et pharmaceutique ;

– la salubrité des ateliers.

Le Comité consultatif d'hygiène publique de France indique au ministre de l'Agriculture et du Commerce les questions à soumettre à l'Académie nationale de médecine. C'est une structure composée de sept membres dont quatre docteurs en médecine et d'un secrétaire ayant voix consultative nommés par le ministre de l'Agriculture et du Commerce. Les membres se réunissent une fois par semaine sous la présidence de l'un d'entre eux désigné par le ministre. Et depuis le décret du 23 octobre 1856 complétant l'organisation du Comité consultatif d'hygiène publique, le cercle a été étendu à dix membres comprenant quatre docteurs en médecine, un ingénieur des ponts et chaussées ou des mines, un architecte et un chimiste. Un secrétaire ayant voix consultative est attaché au Comité. L'ordre et le mode des délibérations sont réglés par des arrêtés du ministre. Les membres du Comité ne pourront faire partie d'aucun autre conseil ou commission de salubrité ou d'hygiène publique soit de département, soit d'arrondissement. Cependant, le Comité consultatif d'hygiène publique de France est ouvert en séance délibérative aux administrateurs suivants :

1° au chef de la direction commerciale au département des Affaires étrangères ;

2° à l'inspecteur du service de santé militaire ;

3° à l'inspecteur général du service de santé de la marine ;

4° à l'un des membres du conseil d'administration des douanes ;

[23] Les rapports annuels des conseils départementaux d'hygiène publique et de salubrité sont soumis au Comité et examinés par lui dans leur ensemble. Ils font l'objet de rapports spéciaux adressés au ministre.

5° au chef de service de l'administration des postes chargé de la direction des paquebots ;

6° au directeur de l'administration générale de l'Assistance publique ;

7° au secrétaire perpétuel de l'Académie de médecine.

L'organisme est très structuré. Il tolère la présence aux séances délibératives du secrétaire général du ministère de l'Agriculture, du Commerce et des Travaux publics et du chef de la division du commerce intérieur, du chef du bureau de la police sanitaire et industrielle. Il est très important de préciser que le ministre, lui-même, peut en outre autoriser à assister avec voix consultative d'une manière permanente ou temporaire aux séances du Comité. Les fonctionnaires dépendants de l'administration du ministère peuvent participer à partir du principe que les attributions de ces derniers sont en rapport avec les questions de la compétence du Comité[24]. Nous comprenons à présent l'importance d'un tel organisme pour coordonner l'activité de santé publique et conseiller le gouvernement dans la formulation et la proposition de projets de loi.

En l'occurrence, dans une lettre du 5 mars 1884, le ministre du Commerce demande au Comité consultatif d'hygiène publique de France de préparer un projet de loi relatif à l'hygiène des manufactures, usines, chantiers et ateliers[25]. Une commission d'étude est alors constituée comprenant des hygiénistes de renom comme le professeur de médecine Brouardel, le conseiller d'État, Nicolas, le docteur en médecine Dubrisay, le docteur en médecine Dupré, l'architecte Faure-Dujarric (auteur de nombreux immeubles parisiens), le docteur en médecine Girard, le pharmacien Grimaux (élève à la Faculté de chimie de Paris), le professeur de chimie Alfred Naquet, l'inspecteur général des mines Jacquot et le docteur en médecine Napias qui est désigné comme rapporteur de la Commission. Dans un premier temps, la commission d'étude s'inspire de la législation qui existe sur le sujet souhaitant la compléter. Elle consulte ensuite les textes de loi établis en la matière dans les pays voisins et donne enfin son avis sur le sujet. Le projet de loi en cours d'élaboration au Parlement doit selon le Comité consultatif compléter la législation existante en matière notamment par le décret-loi du 15 octobre 1810 portant uniquement sur les

---

[24] Référence au décret du 23 octobre 1856 complétant l'organisation du Conseil national consultatif d'hygiène publique.

[25] Séance du 1er décembre 1884 « Recueil des Travaux du Comité consultatif d'hygiène publique de France et des actes officiels de l'administration sanitaire », Paris, Imprimerie nationale, 1884, tome XIV, p. 333.

dangers, les incommodités et les dommages qui pourraient résulter des établissements industriels sur les voisins proches ou les cultures agricoles environnantes. La commission d'étude pense que la future loi de 1893 doit être complémentaire à la loi du 9 septembre 1848 qui traite de la réglementation de la durée journalière du travail et de la fixation de l'obligation du travail définie à douze heures journalières sur des journées d'ouvrage qui pouvaient excéder les seize heures. De même que cette future loi doit reprendre la législation du 19 mai 1874 sur le travail des enfants (articles 13 et 14) explicitant que la salubrité et la sécurité doivent être généralisées et partagées par le plus grand nombre de travailleurs.

Les membres de la commission d'étude du Comité consultatif d'hygiène publique de France doivent évidemment tenir compte dans leurs suggestions des idées initiales (formulées en 1882), par les législateurs promoteurs de la question, tels que les députés Félix Faure et Martin Nadaud. Les membres de la commission décident de prendre en considération également la proposition du député Richard Waddington proposant d'établir un système d'inspection hygiénique des usines et des manufactures. En harmonie d'esprit, les membres de la commission recommandent comme les initiateurs parlementaires mentionnés ci-dessus de généraliser ces garanties de sécurité et d'hygiène pour que celles-ci ne soient pas restreintes à un nombre limité de types d'établissement. Le Comité consultatif d'hygiène publique de France par le biais de la commission d'examen, souligne la nécessité absolue d'instaurer cette loi envisageant la responsabilité des patrons à l'égard des travailleurs en cas d'accidents (ce qui donnera la loi ultérieure de 1898 portant sur la responsabilité des employeurs à l'égard des accidents du travail présentée au chapitre suivant), la couverture sociale en cas d'atteinte à l'intégrité de l'individu (ce qui donnera de façon précoce la loi du 15 juin 1883 portant sur les conditions d'assurances des ouvriers contre la maladie). Par ailleurs, ces membres du Comité consultatif d'hygiène publique de France tiennent pour l'occasion à étendre les mesures de la loi de 1874 relative à la protection des enfants et aux adultes, plus particulièrement celle des femmes. Ils déclarent ceci :

> « Ce que dès maintenant les hygiénistes pourraient désirer de voir ajouter à la législation relativement au travail des femmes, ce serait une disposition qui les éloignerait des fatigues et des dangers du travail dans le temps qui précède et dans le temps qui suit leurs couches. Quelque difficulté qu'on puisse rencontrer à appliquer une telle disposition réglementaire, il ne faudrait pas, ce nous semble, hésiter à l'inscrire comme un principe

utile. C'est la fonction sublime de la femme d'être mère ; il faut donc protéger la maternité. Ajoutons que c'est une chose bien inconséquente que de protéger les enfants à l'école ou à l'atelier et de risquer d'en laisser un si grand nombre mourir faute de soins aux premiers jours de la naissance. »

L'existence et le rôle de tel organisme ne suffisent pas toujours à imposer de telles initiatives gouvernementales. Il faut que les actions publiques coïncident avec les opportunités et les aléas inhérents de la vie institutionnelle parlementaire et politique du moment. Le projet de loi sur la sécurité et l'hygiène en atteste une nouvelle fois avec les deux échecs des initiatives gouvernementales : le projet du ministre du Commerce, Legrand, en 1885 et le projet du ministre du Commerce et de l'Industrie, Édouard Lockroy, en 1887. Le projet gouvernemental aboutira seulement le 5 juin 1890.

Les initiatives parlementaires sont loin d'être justifiées. Si les Chambres ne nomment pas des commissions d'étude sur un sujet donné, il devient alors facile de comprendre que le projet ou la proposition de loi n'ait pas été validé(e). Mais lorsqu'il n'a pas été formulé de rapport d'étude ou qu'un projet ou une proposition n'a pas été reconduit(e) sans que le Parlement en donne les explications, il est possible d'en déduire que l'activité du Parlement se ponctue en fonction des échéances et du renouvellement du personnel parlementaire. Ainsi lorsque Pierre Legrand, ministre du Commerce, a déposé son projet de loi dans la dernière année de la troisième législature en 1885 et que le projet de loi n'a pas été ensuite reconduit, nous pouvons tout simplement penser que le personnel n'était plus le même et qu'il faudra d'autres initiatives ou d'autres opportunités, d'autres hommes d'influence ou d'envergure politiques comme un Maurice Rouvier, député et sénateur (ex-ministre du Commerce et de l'Industrie en 1881-1885) accompagné du député Laur pour réinitialiser par une proposition de loi, le projet gouvernemental, le 29 décembre 1885 (juste au lendemain de la nomination du nouveau Président de la République qui est Jules Grévy). Dans tous les cas, on doit tenir compte des délais imposés par les procédures de fonctionnement des Chambres pour que les travaux législatifs arrivent à bon terme malgré les aléas quotidiens caractéristiques des institutions.

2/ Deuxième projet de loi gouvernemental : le 13 janvier 1887

De même, le *Comité consultatif d'hygiène publique de France* a donc joué un rôle considérable dans la dynamique d'instauration de la loi de 1893 portant sur l'hygiène et la sécurité des travailleurs. Malheureusement à l'occasion du changement du personnel parlementaire et ministériel, le projet de 1885 n'a pas été reconduit. Cinq jours après la mise en place de la cinquième et nouvelle législature, les deux députés à l'initiative de la loi Martin Nadaud et Félix Faure (Union républicaine en 1881, républicain progressiste à partir de 1885) relancent les discussions sur le sujet suivies par les députés Laur (républicain progressiste en 1885) et Rouvier (extrême gauche en 1871, Union républicaine à partir de 1876). Nous l'avons vu, ce dernier a été ministre du Commerce sous le gouvernement Gambetta en 1881-1882. Ce qui a pour conséquence le dépôt d'un projet de loi par le gouvernement à l'initiative d'Édouard Lockroy (extrême gauche en 1871, Union républicaine entre 1876 et 1885, Gauche radicale de 1885 à 1898, radical-socialiste à partir de 1902) le 13 janvier 1887 soit deux années après le premier projet gouvernemental avorté.

Connu pour avoir soutenu le projet d'édification de la tour Eiffel dans le cadre de l'Exposition universelle à Paris, en 1889, nommé ministre du Commerce et de l'Industrie au sein du cabinet ministériel Charles de Freycinet formé en janvier 1885, Édouard Lockroy fait partie des personnages très impliqués dans les institutions hygiénistes et de santé publique de cette France de la IIIe République nouvellement émergente. Ce projet de loi est renvoyé à la commission d'examen du travail dans les manufactures le 12 mai 1887. Le gouvernement entend combler les lacunes de la loi dans ce domaine. Il souhaite que les ouvriers d'industrie soient mis à l'abri, pendant leur travail, des maladies et des accidents si fréquents depuis l'extension de l'usage des machines. La loi que le ministre du Commerce et de l'Industrie vise à instaurer garantirait en priorité la salubrité des ateliers ; les conditions de salubrité spéciales à certaines industries et aux grands chantiers de travaux publics ou privés ; la sécurité du travail dans les ateliers du point de vue des machines. La surveillance serait assurée par les inspecteurs adjoints de l'hygiène publique. Le projet de loi comprend trois grands titres. Le premier mentionne la nature des établissements d'industrie soumis à l'inspection, l'objet des règlements qui devront être appliqués et les conditions de la salubrité et de la sécurité de ces établissements.

Le deuxième titre porte sur les fonctions des inspecteurs et inspecteurs adjoints de l'hygiène, leurs droits et leurs devoirs, ainsi que sur la procédure à suivre.

En réalité, ce projet de loi du 13 janvier 1887 n'est que la réplique du premier projet (déposé en 1885) par Rouvier, le ministre du Commerce et de l'Industrie précédemment en poste. La commission d'examen n'a pas présenté de rapport. Nul ne connaît les raisons de la démarche avortée. Encore une fois est-il possible de penser que ce projet de loi tombe en désuétude en raison des échéances législatives en octobre 1889 ? Les députés sont renouvelés ou reconduits. Des remaniements ministériels sont effectués. Les procédures de propositions ou de projets de loi suivent le mouvement et ne sont pas toujours reconduites elles-mêmes. Dans le cas présent, le projet de loi en échec est reconduit dans la législature suivante dès les lendemains des élections (le 19 novembre 1889) sous forme de proposition à l'initiative d'Édouard Lockroy qui réitère en son nom personnel (il n'est plus alors ministre du Commerce et de l'Industrie) la demande en formulant une proposition relative à la salubrité du travail et la sécurité des travailleurs dans les établissements industriels. Un rapport de la commission d'initiative parlementaire est rédigé par le député Armez (1er mars 1890). Et le 20 mars, ce rapport est renvoyé à la commission d'étude sur le travail des femmes dans les manufactures. Aucun rapport par la commission d'examen n'est connu à ce jour. Édouard Lockroy rattache le projet de loi à la réglementation du travail et à la sécurité des enfants en référence à la loi du 19 mai 1874 pensant à ce titre que si les ateliers sont insalubres, si les machines ou engrenages ne sont pas ouverts ou s'ils sont installés d'une façon dangereuse, il suffit à l'industriel menacé par le service d'inspection de renvoyer les enfants employés dans sa manufacture pour éviter toute forme de poursuites. En comparaison avec son projet de loi déposé antérieurement, l'ex-ministre Lockroy a ajouté à sa proposition quatre grands titres supplémentaires incluant la question de l'assainissement des logements et habitations insalubres puisque ces derniers peuvent constituer des locaux professionnels. Et bien entendu, il mentionne les conditions de salubrité à réglementer et la sécurité des travailleurs dans les ateliers et dans les usines.

Il relance le projet gouvernemental avorté avec une vision de la question plus répressive. Les établissements dangereux, incommodes et insalubres doivent être sanctionnés. Il trouve que la police industrielle fait défaut en déclarant ceci :

« Il y aurait un intérêt réel à ce que les inspecteurs soient munis du droit de dresser des procès-verbaux faisant foi en justice. Cette mesure est en effet le seul moyen d'obtenir une plus sûre et plus rapide exécution des règlements qui régissent les établissements classés, et de garantir dans le voisinage des grandes villes l'hygiène publique trop souvent compromise par le fonctionnement des ateliers insalubres. »[26]

Le 17 mai 1890 à son tour et de nouveau, Félix Faure dépose une proposition de loi à la Chambre des députés concernant l'hygiène et la sécurité du travail dans les manufactures, usines, mines, chantiers et ateliers alors qu'il avait déjà déposé la toute première proposition sur le sujet, en 1882, avec son collègue député Martin Nadaud. Il estime devoir reprendre l'initiative, puisque le gouvernement semble être favorable au projet comme en témoignent les démarches du ministre du Commerce et de l'Industrie actuel, Édouard Lockroy. Le texte qu'il propose n'est pas novateur en soi. C'est un mélange des propositions précédentes. Ces deux initiatives de propositions à la Chambre des députés vont finalement déboucher sur la troisième tentative de projet qui aboutit le 5 juin 1890 avec le nouveau ministre du Commerce et de l'Industrie en poste, Jules Roche (tendance politique « Union républicaine »).

3/ Concrétisation finale de la question de l'hygiène et de la sécurité des travailleurs par un troisième projet de loi le 5 juin 1890

Le 5 juin 1890, un troisième projet de loi va être déposé par le ministre Jules Roche* nommé au Commerce et à l'Industrie peu de temps avant le 17 mars 1890. Après deux allers et retours entre les deux chambres, le Parlement va enfin transformer la question de l'hygiène et la sécurité des travailleurs dans les établissements industriels par un texte de loi en date du 12 juin 1893[27]. Il est nécessaire de

[26] I n° 17, proposition de loi d'Édouard Lockroy, Chambre des députés, à la séance du 19 novembre 1889.

[27] Projet de loi relatif à la sécurité des travailleurs dans les établissements industriels et à la salubrité de ces établissements, renvoyé à la Commission du travail dans les manufactures, présenté à la Chambre des députés le 5 juin 1890 par Jules Roche, ministre du Commerce, de l'Industrie et des Colonies, I n° 624 ; distribué et renvoyé à la Commission le 9 juin, rapport le 21 juillet par M. Ricard, I n° 856 ; distribué le 31 juillet 1890 ; urgence déclarée le 17 juin 1891 ; adoption le 8 juillet 1891, projet de loi n° 628.

noter que le dispositif est à chaque fois relancé avec des personnes étrangères aux questions posées et pouvant être complètement ignorantes des sujets traités ou ayant des visions et des pratiques qui peuvent être en parfaite inadéquation avec leurs prédécesseurs. Il n'est donc pas étonnant de trouver des procédures lourdes et lentes. Fort heureusement, les retards ne sont jamais trop longs ; les projets sont relancés par d'autres parlementaires ayant suivi les projets initiaux déterminés à les voir se concrétiser. C'est le cas de cette loi de 1893 qui voit les anciens ministres du Commerce et de l'Industrie accompagnés de mandataires du milieu industriel (tels Martin Nadaud, Félix Faure, Francis Laur...) appuyés par des experts concernés par le problème de reprendre le flambeau avec une position inébranlable à voir ces idées sanitaires se concrétiser par des textes juridiques. Parfois, le travail de ces hommes peut être porté par des conjonctions événementielles favorables à la législation en cours d'élaboration, voire propulsé par des événements de la vie extérieure : culture, science, politique, questions sociales... qui rendront urgentes ou actuelles les actions des législateurs. Toute réflexion et proposition de loi finalisée ou non au

---

Puis présenté au Sénat le 5 novembre 1891 (I n° 43, session extraordinaire de 1891) distribué le 12 novembre, nomination de la Commission le 16 novembre ; composition de la Commission, feuilleton n° 13, session extraordinaire de 1891 ; rapport le 17 juin 1892 par Morel, I n° 143, session de 1892 ; distribué le 20 juin ; 1re délibération le 28 juin ; 2e délibération et adoption avec modification le 4 juillet 1892 ; projet de loi I n° 167, session de 1892.

De nouveau représenté à la Chambre des députés le 11 juillet 1892 (1re séance), renvoyé à la Commission précédemment saisie, I n° 2302 ; distribué le 15 octobre, rapport le 24 décembre par Linard, I n° 2507 ; distribué le 10 janvier 1893, adopté avec amendement le 7 mars 1893, projet de loi n° 1314.

Retourné de nouveau au Sénat le 13 mars 1893 (renvoyé à la Commission précédemment saisie) I n° 77, session de 1893, distribué le 25 mars, rapport le 13 mai par Morel, I n° 163, distribué le 18 mai ; urgence déclarée et adoption le 1er juin 1893, projet de loi n° 195, session de 1893.

Loi du 12 juin 1893 promulguée au *Journal officiel* du 13 juin.

* Jules Roche a démarré sa carrière nationale de député à représenter le Var, en 1882, puis le département de la Savoie, en 1885, le département de l'Ardèche, à partir de 1898. Il devient ministre du Commerce à partir de 1890. Cet anticlérical militant quitte l'extrême gauche en 1884 pour devenir le leader de l'Union républicaine avant de souscrire au parti progressiste. Ministre du Commerce dans le cabinet Freycinet, il se fait reconnaître en soutenant l'importante discussion au sujet des tarifs des douanes. Dans le cabinet Loubet, il soutient la discussion du projet de loi relatif au Conseil de prud'hommes (1892), des textes de conciliation et d'arbitrage en matière du travail pour prévenir de la situation des grèves. La France lui doit la création d'un office du travail. Il est l'auteur de nombreux ouvrages sur l'histoire, l'économie et les finances, au cours de sa carrière politique.

Parlement donnent la possibilité et surtout les idées à d'autres mandataires d'entremêler les problèmes à traiter. Le jeu parlementaire peut se résumer à un enchevêtrement subtil de questions et d'initiatives parfois extrêmement embrouillées et compliquées, sous-jacentes, qu'il faut sans cesse dénouer pour comprendre les liens qui ont tissé la juridiction adoptée, les facteurs de hasard ou de chance de tous ces éléments sans cesse dénoués pour comprendre les liens qui ont tissé la juridiction adoptée. Il est nécessaire de savoir que, les facteurs de hasard ou de chance de tous ces éléments de conjonctions ne suffisent pas à créer des lois. Seuls les talents des acteurs présents au Parlement, d'observateurs patentés, d'experts avisés ou de parieurs stratèges, orientent les Chambres politiques dans leurs priorités, dans leurs urgences à légiférer sur telle ou telle question et influencent les débats sur un problème donné par leurs propres ou étendues capacités d'argumentation.

L'initiative de l'hygiène et de la sécurité au travail ne parvient pas directement et uniquement des contestations ouvrières. La question de la législation du travail en règle générale est à l'ordre du jour. Les conditions de travail, les salaires, la durée du travail, la protection sociale des travailleurs sont autant de problèmes posés au Parlement qui vont être simultanément traités parce que les facteurs politiques et sociaux conjoncturels s'y prêtent et que les actions parallèles continues des hygiénistes au travers des institutions administratives, viennent renforcer avec une plus grande influence le jeu parlementaire. Ce projet de loi est donc une reprise des tentatives précédentes du projet de loi du 13 janvier 1887 précédent et qui n'avait pas abouti après les discussions. Cette fois au projet législatif soutenu par le *Comité consultatif d'hygiène publique de France*, des modifications ont été apportées après consultation préalable du Comité consultatif des arts et manufactures. Ce projet est accompagné d'un rapport rédigé par Arthur Liébaut, président de la chambre syndicale des mécaniciens, chaudronniers et fondeurs. Aurait-il été choisi, comme l'homme de service et d'influence, auprès des sociétés industrielles pour avoir été le rapporteur du groupe de la grande mécanique à l'Exposition universelle de Paris en 1878 dont il s'est fait la réputation ? Quoi qu'il en soit, même sans la présence de cet homme d'aura, composé de spécialistes et de techniciens de l'industrie tels que des chimistes, des ingénieurs, des architectes et des industriels, le Comité consultatif des arts et manufactures est beaucoup mieux avisé que le CCHPF – haute autorité de la santé publique – pour étudier les affaires relatives à la classification des établissements insalubres et incommodes[28]. Dans son travail, le rapporteur proposait de substituer au titre du projet de loi « Salubrité du travail et sécurité des travailleurs dans les établissements industriels » la rédaction suivante : « Sécurité des travailleurs dans les établissements industriels et salubrité de ces établissements ». Il fait observer que la plupart des industries étant insalubres, la loi ne saurait prescrire l'obligation d'assurer la salubrité du travail. Il supprime les mines de la liste des établissements cités dans l'article 1er et propose de rédiger comme suit l'article 2 du projet de loi :

> « Des règlements d'administration publique rendus après avis du Comité des arts et manufactures, déterminent les conditions à imposer dans le but d'assurer : 1er La salubrité des établissements dénommés à l'article 1er ; 2° La sécurité des travailleurs qui y sont employés. »

Il reproche à l'article du projet de 1887 : 1° de viser la salubrité extérieure, ce qui peut amener une confusion avec la réglementation résultant du décret de 1810 sur les établissements dangereux, insalubres ou incommodes ; 2° de reproduire l'expression « salubrité du travail », dont l'inexactitude a été signalée plus haut.

Les principes proposés par le Comité des arts et manufactures ont présidé à l'élaboration du projet que le gouvernement a présenté à la Chambre inspiré quant à lui du Comité consultatif d'hygiène publique de France. L'article 1er donne l'énumération des établissements qui tomberont sous le coup de la loi. Les mines n'y figurent pas. Les ateliers de famille où aucun ouvrier étranger n'est employé en sont exceptés. Aux termes de l'article 2, des règlements d'administration publique détermineront les mesures à imposer à chaque genre d'industrie. Les articles 3 et 4 confient aux inspecteurs du travail le soin de veiller à l'observation de la loi ; les articles 7 à 13 formulent les mesures qui sanctionnent les prescriptions de la loi.

La seule disposition qui mérite une explication est celle de l'article 7 paragraphe 4. Ce texte permet au préfet d'ordonner après une mise en demeure de l'établissement dans laquelle la loi ou les règlements seraient obstinément violés. Les intéressés pourront d'ailleurs se pourvoir au Conseil d'État mais par dérogation à la règle ordinairement suivie en matière administrative, le recours sera suspensif à moins que le Conseil d'État n'en décide autrement.

---

[28] Cf. chapitre 1 « Pouvoirs publics et experts, ou l'esprit industrialiste des édiles locaux » *in* l'ouvrage d'Estelle BARET-BOURGOIN, *La ville industrielle et ses poisons,* Grenoble, éditions PUG, 2005.

Ce projet a été renvoyé à la Commission du travail de la Chambre des députés déjà saisie des projets de Lockroy et Félix Faure. La commission après avoir examiné et comparé les différentes propositions qui lui étaient soumises les a fondues ensemble et a arrêté les termes du projet soumis à l'approbation de la Chambre.

Le projet de loi qui vise à la fois la sécurité des travailleurs dans les établissements industriels et la salubrité de ces établissements comprend trois sections. La première contient les dispositions générales relatives à la sécurité et à l'hygiène des employés et du lieu du travail. La seconde section, les attributions et les moyens d'action des inspecteurs chargés d'en assurer l'application. La troisième, les pénalités encourues pour inobservation de la loi.

Le projet de loi est renvoyé à la Commission du travail dans les manufactures le 9 juin 1890. Un rapport est rédigé par le député médecin Ricard et distribué à la Chambre le 31 juillet. L'urgence est déclarée le 17 juin 1891 et le projet de loi est adopté le 8 juillet 1891[29]. La section première présente des dispositions générales. L'article 1er énumère les établissements qui seront soumis à la loi. Comme l'article correspondant du projet du gouvernement, il ne comprend pas les mines qui sont régies par une législation spéciale et il formule une exception en faveur des ateliers de famille. La commission veut soumettre à la loi – non seulement les manufactures, fabriques, usines, chantiers et ateliers de tout genre – mais les dépendances qui peuvent présenter des dangers tout aussi considérables que les établissements proprement dits. Elle a ajouté le cas des ouvriers mineurs à celui des ouvriers étrangers employés dans les ateliers de famille. Cette rédaction a été inspirée par loi sur la « réglementation du travail des enfants, des filles mineures et des femmes dans les établissements industriels. » De cette manière, les ateliers ne pourront échapper aux dispositions protectrices de la loi aux seules conditions qu'ils ne contiennent pas d'ouvriers étrangers à la famille et qu'ils n'emploient pas de mineurs sauf si ces structures sont répertoriées à la nomenclature des établissements dangereux, incommodes ou insalubres, ou si le travail s'y fait à l'aide des chaudières à vapeur ou avec des moteurs mécaniques.

Au sujet de l'article 2, la question est posée de savoir si les députés, comme dans le projet du gouvernement, imposent une règle générale

---

[29] Annexe 15 dans le volume « Annexes » de la thèse pour comprendre la comparaison des textes proposés par les deux Chambres. Fichier national des thèses à Lille, auteur : Isabelle Cavé, année de soutenance 2013 (25 novembre, Paris).

et vague sur la salubrité des établissements à l'article 1er et sur la sécurité des travailleurs qui y sont employés et s'en remettent aux règlements d'administration publique. La commission d'examen ne veut pas se contenter de s'en tenir au titre du projet de loi. Elle veut définir les règles essentielles qui devraient servir de base aux règlements à venir. L'article proposé comprend quatre paragraphes. Les deux premiers ne sont que la reproduction des trois paragraphes de l'article 14 de la loi du 19 mai 1874[30]. Les mesures protectrices en faveur des enfants et des filles mineures doivent être entendues aux ouvriers adultes. Le quatrième paragraphe est également emprunté à l'article 14 de la loi du 19 mai 1874. Quant au troisième, il apporte une précision nécessaire aux dispositions protectrices de la loi et les applique à des appareils, outils et engins (monte-charges, machines-outils, etc.) qui présentent de réels dangers et qui n'auraient pu être compris par voie d'interprétation dans le deuxième paragraphe du même article. Ce texte se trouvait dans le projet élaboré en 1886 par la Commission supérieure du travail. Il figurait également dans l'article 13 du projet présenté par Lockroy et Demôle le 13 novembre 1886. L'article 2 dont les quatre paragraphes viennent d'être analysés détermine les conditions essentielles auxquelles tout établissement industriel doit satisfaire. Cependant, au lieu de formuler dans les détails toutes les prescriptions à l'exemple des lois anglaise et suédoise, l'article 3 laisse à des règlements d'administration publique le soin de les édicter. Ces prescriptions sont de deux types : les unes applicables à toutes les industries peuvent être aisément et rapidement formulées ; les autres spéciales, soit à certaines industries, soit à certains modes de travail, doivent se modifier avec les transformations des procédés et les perfectionnements de l'outillage. Ces règlements, non définis, devront être élaborés avec le plus grand soin en tenant compte des conditions et des nécessités du travail national. Il revient au Comité consultatif des arts et manufactures de préparer ces nouveaux règlements.

La section II instaure un système d'inspection nécessaire pour que la loi soit appliquée. L'article 4 définit les agents chargés d'assurer

[30] L'article 14 de la loi est le suivant : – Les ateliers doivent être tenus dans un état constant de propreté et convenablement ventilés. Ils doivent présenter toutes les conditions de sécurité et de salubrité nécessaires à la santé des enfants. Dans les usines à moteurs mécaniques, les roues, les courroies, les engrenages ou tout autre appareil, dans le cas où il aura été constaté qu'ils présentent une cause de danger, seront séparés des ouvriers de telle manière que l'approche n'en soit possible que pour les besoins du service. Les puits, trappes et ouvertures de descente doivent être clôturés.

l'application de la loi et les règlements qui s'y rattachent. Ce sont les inspecteurs du travail qui rempliraient cette mission pour laquelle leurs fonctions actuelles les désignent naturellement. L'article 5 les investit des pouvoirs nécessaires à l'exercice de surveillance des établissements industriels. L'article 6 a pour objet de réprimer la divulgation des procédés de fabrication dont les inspecteurs auraient eu connaissance au cours de leurs visites. L'article 7 définit le mode de constatation et de poursuite des contraventions. L'article 8 n'a pas d'équivalent dans le projet du gouvernement, confie aux inspecteurs en dehors de leur rôle de surveillance la mission de fournir des éléments indispensables à la statistique des conditions de travail industriel dans la région à laquelle ils sont attachés. Ils devront fournir, chaque année, des rapports et des renseignements sur l'application de la loi dans l'étendue de leurs circonscriptions. Ils devront mentionner, en particulier, tous les accidents dont les ouvriers auront pu être victimes, rechercher leurs causes et indiquer les moyens les plus propres à en empêcher le retour. Il sera facile d'établir le nombre d'accidents inévitables et de ceux qui peuvent être attribués au manque ou à l'insuffisance des dispositions préventives à la négligence, à l'absence de règlements de travail ou à l'inobservation de ces règlements. La cause étant connue, le remède sera plus facile à trouver. Nous retrouvons là la place tout entière accordée aux statistiques par les hygiénistes, comme thermomètre des comportements, en l'occurrence de travail des salariés, les conditions et les risques d'accident[31]. Pour faciliter et même rendre possible l'application de l'article 8, la commission d'étude a pensé qu'il fallait emprunter à la loi sur la réglementation du travail des enfants, des filles mineures et des femmes les dispositions contenues dans l'article 16 du projet déjà voté par la Chambre. Aux termes de cet article, tout accident ayant occasionné une blessure à un ou plusieurs ouvriers devra être l'objet d'une déclaration par le chef d'entreprise ou par son préposé. La déclaration faite au maire de la commune devra être accompagnée d'un certificat médical indiquant l'état du blessé et les suites probables de l'accident. Elle devra être immédiatement communiquée à l'inspecteur du travail. Cette prescription n'a rencontré aucune opposition ni à la Chambre ni au Sénat. Avertis par les maires, les inspecteurs devront se rendre sur

---

[31] Renvoi de la question traité par G. JORLAND, *Une société à soigner, hygiène et salubrité publiques en France au XIXe siècle*, Paris, Gallimard, 2010, chapitre 4, p. 87. L'auteur note que les premières publications d'hygiène, parues en 1829, sous la dénomination « Annales d'hygiène publique » revue des premiers conseils de salubrité et d'hygiène publiques intégrèrent les données statistiques.

les lieux et étudier les causes de l'accident au moment même où il est facile de les découvrir et où rien n'a encore été tenté pour en faire disparaître les traces.

La section III établit les pénalités qu'il faut adresser aux contrevenants qui ne respectent pas la réglementation. Les pénalités inscrites dans la loi ne sont que la reproduction des dispositions contenues dans les articles 7 à 11 du projet ministériel. La commission d'examen a élevé le chiffre des amendes prévu par l'article 10 (devenu article 14) pour le cas où il serait mis obstacle à l'accomplissement des devoirs d'un inspecteur. Il y a là, en effet, une infraction beaucoup plus grave que celle qui est prévue par l'article 7 (article 10 du projet de loi). Il était impossible de la punir d'une peine moins forte. L'article 14 (nouveau) n'est d'ailleurs que la reproduction de l'article 29 du projet de loi sur le travail des enfants, des filles mineures et des femmes[32]. La Commission a pensé que l'article 7 du projet du gouvernement devrait être divisé. La première partie a été admise sans difficulté. La seconde partie fut matière à discussion. Le texte en est le suivant :

> « En cas d'inobservation des conditions imposées en vertu de la présente loi ou des règlements d'administration publique rendus pour son exécution, le préfet ordonne, s'il y a lieu, après une mise en demeure et sauf recours au Conseil d'État, la fermeture de l'établissement. »

La commission d'étude s'est demandé si le droit dévolu au préfet n'était pas excessif. Après condamnation et mise en demeure si l'Administration restait impuissante et dans les cas où la santé et la sécurité des travailleurs seraient compromises, le préfet pourrait exiger la fermeture de l'établissement industriel. Enfin une mesure qui serait indispensable pour que les autorités locales compétentes, pour mettre en application les textes de loi, puissent agir. C'est, ainsi, toute la question du pouvoir des maires en matière d'intervention qui a été redéfinie à la Chambre des députés en 1884 par une loi[33]. Cas de figure extrême applicable si les patrons n'ont pas apporté d'amélioration dans la sécurité de l'outillage et des machines et aux

---

[32] L'article 29 de la loi du 19 mai 1874 est le suivant : « L'article 463 du Code pénal est applicable aux condamnations prononcées en vertu de la présente loi. Le montant des amendes résultant de ces condamnations sera versé au fonds de subvention affecté à l'enseignement primaire dans le budget de l'instruction publique. »

[33] Cf. Lion MURARD et Patrick ZYLBERMAN, *L'hygiène dans la République. La santé publique en France ou l'utopie contrariée 1870-1918*, Paris, Fayard, 1996, « La charte municipale de 1884 », p. 138. Et la thèse de droit d'Alfred FILLASSIER, *De la détermination des pouvoirs publics en matière d'hygiène*, Paris, Rousset, 1899, 435 p.

outils des modifications ou des perfectionnements essentiels à la sécurité du personnel. La Commission souligne au passage que l'administration possède deux décrets vis-à-vis des établissements dangereux, incommodes ou insalubres. Le décret-loi du 15 octobre 1810 et l'ordonnance royale du 14 janvier 1815, qui protègent les voisins contre les accidents causés par ces établissements classés, donnent le moyen d'étendre les mesures de protection aux ouvriers qui y sont occupés. L'administration pourrait être aidée par le Comité consultatif des arts et manufactures qui, placé aux côtés du ministère du Commerce, a pour mission de l'éclairer au point de vue technique et juridique sur toutes les questions qui se rapportent à l'autorisation et à la fermeture des établissements classés. La fermeture de l'établissement pourra être mise à exécution après condamnation et refus des travaux prescrits dans un délai imparti.

Le projet de loi est présenté au Sénat par le ministre du Commerce, de l'Industrie et des Colonies, Jules Roche, le 5 novembre 1891, qui n'a rien changé aux motifs émis par la Chambre des députés. Un rapport est établi par le sénateur médecin Morel, représentant la commission d'examen à la Chambre haute[34]. Le docteur Morel rappelle que jusqu'alors, la loi française ne s'était occupée des dangers et de l'insalubrité des industries que sur deux plans : 1° en ce qui concerne les enfants (loi du 19 mai 1874) ; 2° en ce qui concerne la population avoisinante des usines (décret-loi du 13 octobre 1810 qui ne parle que des dangers, des dommages ou des incommodités que les établissements industriels peuvent causer aux habitations et aux cultures agricoles) en conformité finalement avec l'une des fonctions principales des conseils d'hygiène locaux qui se limitaient à classer les établissements industriels par caractère de dangerosité[35]. Il rappelle, ensuite, que ces questions ont été présentées à la Chambre des députés une première fois le 11 novembre 1882 et une seconde fois le 10 décembre 1885 par Félix Faure déposant une proposition relative à l'hygiène et la sécurité du travail dans les manufactures, usines, mines, chantiers et ateliers. Cette proposition n'a pas été rapportée. Elle soumettait tous les établissements industriels à l'inspection des agents désignés par la loi.

[34] Cette commission est composée de Jules Simon, *président* ; de La Berge (médecin) *secrétaire* ; Peaudecerf, Gailly, Rolland (médecin), Richard Waddington, Diancourt, Camescasse, Morel (médecin). Nommée le 16 novembre 1891, procès-verbal de la commission (service des Archives du Sénat).

[35] Cf. Gérard JORLAND, *Une société à soigner. Hygiène et salubrité publiques en France au XIXe siècle,* Paris, Gallimard, 2010, « Une institution centralisée », p. 290.

Conclusion

Les délibérations à la Chambre haute eurent lieu le 28 juin 1892 pour la première délibération et le 4 juillet 1892 pour la seconde délibération. Le Président de la Chambre annonce à l'hémicycle la nomination de Nicolas, conseiller d'État, directeur du commerce intérieur en qualité de *commissaire du Gouvernement*. La première délibération n'est pas trop longue, tous les articles de loi sont adoptés sans discussion. Le rapporteur sénateur médecin Morel va démontrer, une nouvelle fois, l'intérêt d'un tel projet de loi pour les ouvriers. Sur un total de 1 000 ouvriers, 47 sont victimes d'accidents et sur 47 accidents, 4 sont mortels. Il faut y ajouter les maladies contractées dans le cadre professionnel, occasionnant la mort, soit par asphyxie (le manque de ventilation des ateliers), soit par l'intoxication de gaz méphitiques. La législation française ne répond pas à ces accidents. Le décret du 15 octobre 1810 ne se préoccupe du danger et de l'insalubrité qu'au point de vue des récoltes et des habitations voisines des lieux de fabrications. Il divise les ateliers dangereux et insalubres en trois catégories : les ateliers de 1re classe qui ne peuvent être placés à côté des habitations ; ceux de la 2e classe qui peuvent être placés à côté des habitations mais à la condition que certaines précautions soient prises et qu'une enquête de *commodo* et *incommodo* ait lieu. Enfin il place dans la 3e catégorie les ateliers qui pouvant être placés à côté des habitations restent sous la surveillance de la police. La loi du 19 mai 1874 ne concerne que les enfants, les filles mineures et les femmes. Le projet de loi relatif à l'hygiène et à la sécurité des travailleurs fait écho à la loi précédente du 19 mai 1874 parce que la réglementation contenue dans celle-ci, inspire, décrit les conditions de travail des ouvriers. Il est à noter que la trajectoire de réflexion du projet de loi au Parlement est laborieuse sans cesse rejetée, mais aussi sans cesse remise en jeu dès que le changement des législatures est garanti ! Parce qu'il est à remarquer que les législateurs protagonistes de la question posée demeurent toujours en poste à la Chambre. Ils évoluent à travers les mandats en occupant parallèlement les sièges de députés pour devenir ministres et inversement les ministres perdent parfois leurs fonctions mais ils redeviennent députés. Dans tous les cas, ces protagonistes désignés gardent en mémoire et en action la question de l'hygiène et de la sécurité des travailleurs qui n'est pas du tout anodine, mais qui a beaucoup de difficultés à trouver ses interlocuteurs à la tribune parlementaire pour plusieurs raisons : le jeu des chaises musicales avec les échéances législatives, l'actualité politique qui entraîne le rejet ou la démission d'une présidence de Conseil et les échéances d'élections présidentielles bousculées par les turbulences sociales extérieures de plus en plus fortes de la corporation ouvrière dans les rues à revendiquer leurs conditions de travail et de vie. Si le succès de la loi est à noter, il faut l'attribuer, je crois, à des personnages-clefs comme le député Martin Nadaud (notre homme de référence et d'influence) de la haute instance ouvrière. Mais aussi à l'opportunité de certains députés comme Félix Faure ou Édouard Lockroy, Jules Roche, Pierre Legrand qui vont occuper, tout à tour, les postes stratégiques pour ces questions du droit du travail à diriger les ministères du Commerce, de l'Agriculture et de l'Industrie, très directement concernés par la législation en cours d'émission. Quelle heureuse opportunité pour l'issue du projet en dépit de cette vie parlementaire chahutée par les remaniements ministériels qui, nous l'avons vu, ont provoqué plus d'une fois l'échec du sujet traité ?

Parallèlement, la société civile se soucie vraiment du sujet à l'initiative d'un manufacturier du textile, Angel Dolfuss (1818-1883), député à Tours au gouvernement de la Défense nationale, en 1870, préoccupé par les questions ouvrières et qui a créé en 1867 l'*Association pour la prévention des accidents de machine,* promouvant la sécurité des ouvriers au moyen d'inspections dans les établissements industriels[36]. Il influencera des villes industrielles comme Rouen avec son association dite *Association rouennaise* créée en 1879, de même type ; Paris suivra en 1883 avec l'*Association des industriels de France contre les accidents du travail.*

Enfin, le seul contestataire du projet de loi, le sénateur avocat Camescasse, prend la parole pour dire que le projet présente trop de lacunes et d'oublis indiquant au passage le caractère trop compliqué et difficilement applicable des mesures d'ensemble[37]. Il pointe son atten-

[36] Les industries de la mode, de la confection, couture et lingerie sont les secteurs d'activités où les contraventions sont les plus nombreuses en 1896. Viennent ensuite l'activité du moulinage de la soie, les entrepreneurs du bâtiment en égalités de pénalités avec les serruriers, les mécaniciens et les entrepreneurs de maçonnerie. Les secteurs du carton et des cartonnages, les blanchisseries et les verreries et cristalleries, détiennent les scores de contraventions les plus faibles. « Nous avons vu que sur 296,797 établissements, le service n'a pu en visiter que 117,539, soit 39,60 %. Ces chiffres seuls indiquent que les inspecteurs ne sont pas assez nombreux pour remplir leur lourde tâche. » In *Bulletin de l'inspection du travail,* année 1898, p. 265-266.

[37] Il faut noter que le sénateur Ernest Camescasse (1838-1897) est également un législateur de très grande influence en raison de son succès en tant que député et sénateur du Finistère et du Pas-de-Calais mais surtout grâce à ses antécédents pro-

tion sur l'article 3 qui comprend les règlements d'administration publique et qui doit être défini, en annexe, selon lui au projet en raison d'un assez grand nombre de cas d'établissements dont les activités spécifiques doivent avoir une réglementation adaptée. Il souhaite voir mentionnée, au projet, une réglementation lorsque s'établit une nouvelle usine. Autrement dit, soumettre à cette structure d'activités naissante une réglementation d'hygiène et de sécurité adaptée à la spécificité de fabrication de l'établissement. Il réclame une modification du décret de 1810 et il évoque le cas litigieux d'une usine de force électrique qui n'était pas incommode pour les voisins mais dangereuse pour les ouvriers.

En seconde délibération, les discussions sur les articles ne se prolongent pas. Le sénateur avocat Camescasse dépose un amendement en ajoutant, à la suite des mots « après avis du comité consultatif des arts et manufactures », les mots : « du Comité consultatif d'hygiène publique de France » à l'article 3. La commission d'examen accepte l'amendement. Jules Roche, ministre du Commerce et de l'Industrie prend la parole pour nuancer la demande en disant que cette mesure présentera des inconvénients. L'article prévoit des règlements d'administration publique de deux types : les premiers qui interviendront dans les trois mois de la promulgation de la loi détermineront les mesures générales de protection et de salubrité applicables à tous les établissements assujettis ; les seconds édicteront au fur et à mesure des nécessités les prescriptions particulières à certaines industries et à certains modes de travail. Le ministre est réticent d'exiger une consultation du *comité consultatif d'hygiène publique de France* pour le second cas de figure. Les charges pour l'industrie seraient trop lourdes et trop compliquées. Le ministre ne souhaite pas un alourdissement de ces charges. L'amendement de Camescasse est adopté de la manière suivante :

---

fessionnels de fonctionnaire pour avoir été reçu avocat à la Cour d'appel de Paris, en 1858 ; préfet du Finistère en 1870, du Cher en 1872, de la Haute-Savoie en 1876, du Pas-de-Calais en 1877. Après ce joli parcours de préfectures, il est appelé en janvier 1880 directeur de l'administration départementale et communale au ministère de l'Intérieur et conseiller d'État en service extraordinaire. Il est ensuite nommé préfet de police de Paris, en 1881, puis de nouveau conseiller d'État quelques mois plus tard. Il est intéressant de noter qu'il présidait la *Compagnie des omnibus de Paris* (compagnie de transports urbains parisiens constituée en 1855), membre du Conseil supérieur des haras et du Conseil supérieur des prisons. Il est le beau-frère de Henry du Buit, bâtonnier de l'ordre des avocats de Paris et le beau-père de Pierre Delbet, chirurgien français, membre de l'Académie de médecine et de Charles Eudes Bonin explorateur spécialiste de l'Extrême-Orient.

« Le Comité consultatif d'hygiène publique de France sera appelé à donner son avis en ce qui concerne les règlements généraux prévus au paragraphe 2 du présent article. »

Un texte du sénateur meunier Girault (radical d'extrême gauche)[38] est ajouté à l'article 4.

L'article 4 est le suivant :

« Les inspecteurs du travail sont chargés d'assurer l'exécution de la présente loi et des règlements qui y sont prévus ; ils sont entrés dans les établissements spécifiés à l'article 1er et au dernier paragraphe de l'article 2, à l'effet de procéder à la surveillance et aux enquêtes dont ils sont chargés. »

Le sénateur ajoute les dispositions suivantes :

« Pendant leur inspection, les inspecteurs seront accompagnés d'un inspecteur départemental désigné par la chambre de commerce du département, et à son défaut par les industriels dont les établissements sont soumis à l'inspection, lesquels seront convoqués en temps utile pour désigner l'inspecteur de leur choix. Tout industriel qui craindra pour le secret de sa fabrication pourra s'opposer à l'entrée dans son usine de l'inspecteur départemental. »

Par ce texte le sénateur réclame une garantie en faveur de l'industriel en cas d'erreur dans l'examen de l'inspecteur. Le rapporteur de la commission refuse la mesure sous-entendant que le sénateur Girault demande un contrôle de l'inspecteur par un autre inspecteur. Ce qui une fois de plus alourdirait les dépenses de l'État ou imposées à l'industriel. Malgré la situation de seconde délibération, la commission d'étude du Sénat repousse l'amendement. L'amendement n'a pas été adopté.

De retour à la Chambre des députés, le 11 juillet 1892, le projet de loi est présenté par Jules Roche, ministre du Commerce et de l'Industrie et par Ricard, ministre de la Justice et des Cultes, d'origine avocate, en situation d'urgence. Le Sénat ayant modifié le texte du projet de loi adopté par la Chambre des députés sur l'hygiène et la sécurité des travailleurs dans les établissements industriels. Les mi-

[38] Député du Cher au Corps législatif de 1869 à 1870, député du Cher de 1876 à 1885, sénateur de ce même département de 1885 à 1909, il demande en 1905 à la Chambre haute des réformes de base : l'abolition du privilège des bouilleurs de cru, un impôt sur les titres nobiliaires, une patente sur les oisifs, la progressivité de tous les impôts existants, la suppression du monopole des compagnies d'assurances, etc. En contrepartie, il propose des dépenses pour assurer les retraites aux vieux ouvriers et couvrir les frais de la maladie des travailleurs.

nistres acceptent le texte proposé par le Sénat. De retour à la Chambre des députés, le projet de loi est immédiatement soumis à l'examen de la commission du travail précédemment saisie. Un rapport est établi par le député des Ardennes, industriel sucrier, Linard [39]. Dans l'ensemble, la Commission accepte le texte dont quelques formes ont été modifiées par le Sénat. La commission propose d'autres aménagements de forme du texte[40]. Le projet de loi est présenté, une dernière fois, à la Chambre haute le 13 mars 1893. Il est immédiatement renvoyé à la commission d'examen[41]. Un rapport est établi par le pharmacien sénateur, Morel, le 13 mai de l'année en cours[42]. Elle est en conformité avec les idées de la Chambre des députés. Aucune modification n'a été apportée. L'urgence sera déclarée le 1er juin 1893 et le projet de loi sera adopté le même jour. La loi sera promulguée au *Journal officiel* le 13 juin.

---

[39] La commission est composée de Guieysse, *président* ; baron Pierard, Sibille, *secrétaires* ; Reybert (médecin), Linard, Baulard, Desmons, Plichon (Nord), Mercier, Dumay, Jules Gaillard (Vaucluse), Saint-Romme, Clausel de Coussergues, Bizouard-Bert, Cabart-Danneville, de Gasté, Michau (Nord), Balsan, Maruéjouls, Cosmao-Dumenez (médecin), Lacôte (médecin), Le Borgne (médecin), Brincard, Dron (médecin), Delpech, Souhet, comte Lemercier, comte de Mun, Barthou, Papelier, Magnien, de Ramel. Chambre des députés, 24 décembre 1892, Impression n° 2507.

[40] Cf. en annexe 15, volume « Annexes », les détails modifiés par les deux commissions d'examen des Chambres respectives. Le fichier national des thèses en sciences humaines se trouve à Lille. Auteur de la thèse : I. Cavé, année de soutenance 2013, 25 novembre, volumes 4 et 5.

[41] La commission est composée de Jules Simon, *président* ; de La Berge, *secrétaire* ; Peaudecerf, Gailly, Rolland (médecin), Richard, Waddington, Diancourt, Camescasse, Morel (médecin).

[42] Originaire de la Loire, Jean Morel est député de ce département de 1898 à 1912, sénateur du même département de 1912 à 1927, ministre des Colonies du 3 novembre 1910 au 2 mars 1911, du 21 janvier 1913 au 9 décembre 1913. À la Chambre des députés, il prend part à plusieurs discussions relatives aux droits d'octroi, les tarifs de chemin de fer, la décentralisation puis entend les conditions de vie ouvrière qu'il est à même de bien connaître dans le bassin économique de Saint-Étienne avec ses activités importantes de l'exploitation de la mine du charbon, l'activité de la passementerie et du textile au sujet de la protection des enfants, l'hygiène publique, la recherche de la paternité, les associations et congrégations, les enquêtes sur l'industrie textile, etc. Au Palais du Luxembourg, il est inscrit au groupe de la gauche démocratique radicale et radicale-socialiste.

PARTIE II

LORSQUE L'OUVRIER SE BLESSE AU TRAVAIL

Loi du 9 avril 1898 concernant la responsabilité des accidents dont les ouvriers sont victimes dans leur travail

INTRODUCTION

Depuis les années 1870, avec la législation sur le travail à propos des enfants et des femmes (lois de 1874 et de 1892), de l'hygiène et la sécurité des travailleurs (loi de 1893), nous voyons que la question ouvrière s'affirme de façon progressive au Parlement pour trouver sa pleine expansion dans les années 1880 grâce à l'émergence d'un mouvement social de la classe ouvrière. Ce mouvement se traduit par des manifestations contestataires récurrentes qui vont prendre rapidement de l'ampleur en raison de la possibilité nouvelle de réunions collectives et d'adhésion à des syndicats professionnels. Dans le courant des années 1880, le syndicalisme professionnel s'organise du fait de la loi Waldeck-Rousseau sur le droit de réunion promulguée au *Journal officiel* en 1884. Ce mouvement ouvrier se politise avec des représentants au Parlement. Les ouvriers et les employés comprennent très vite l'intérêt de s'organiser en une force coercitive de lutte contre le patronat pour espérer une amélioration de leurs conditions de travail au travers des négociations avec les employeurs. Côté politique, les ouvriers peuvent penser qu'en votant pour les programmes d'une *gauche radicale socialiste,* par exemple – force politique la plus représentative de leur classe – ils pourront croire que leurs revendications sur leurs conditions de travail et de vie vont être entendues au Parlement avec l'espoir de lois professionnelles et sociales nouvelles. En matière de conditions de travail, les attentes sont grandes et les souffrances sont permanentes. Le travail industriel présente des effets insupportables et dégradants. Les machines au fonctionnement sophistiqué se généralisent dans toute forme d'industrie jusqu'aux plus petits ateliers pour démultiplier les rendements. Mais aussi – et c'est toute la perversité de ce progrès – les accidents entraînant la mutilation sinon le décès des travailleurs vont eux aussi se multiplier comme autant de dommages collatéraux pour ainsi dire. Nous abordons, ainsi, l'une des questions de la législation du travail, qui préoccupe au premier chef, la classe ouvrière, celle de la « responsabilité des accidents professionnels » posée au Parlement dès les années 1880 par le député issu du milieu ouvrier, Martin Nadaud, élu du département de la Creuse.

*** Au sujet des statistiques en matière d'accidents du travail**

Les chiffres en matière d'accidents professionnels de l'époque ne sont pas systématiquement relevés dans les statistiques officielles à l'exception toutefois du nombre annuel des accidents liés à l'utilisation des machines à vapeur publié au *Journal officiel de la République française,* depuis 1873, sur décret parlementaire. Par surcroît, les accidents deviennent de plus en plus fréquents du seul fait du progrès technique. Si les machines aux rendements élevés viennent remplacer les lourdes tâches physiques et avilissantes de l'homme. À l'inverse, placé aux commandes de la machine, l'ouvrier est désormais contraint d'exécuter une gestuelle répétitive dans une ambiance trépidante qui nuit à sa concentration et le conduit, tôt ou tard, de façon tragique à commettre des erreurs irréparables et à provoquer des accidents. En effet, depuis longtemps, les accidents dont les ouvriers sont victimes dans l'exercice de leur travail sont l'objet des plus vives préoccupations mais sans que soient prises des dispositions de prévention et de réparation. En France, la prise de conscience sur ce sujet devient incontournable au regard des nations voisines qui ont, depuis bien longtemps, légiféré en la matière ! En Angleterre une jurisprudence spéciale régit les accidents du travail depuis 1802. Soit presque un siècle d'avance sur la législation française. La législation anglaise comprend dix-neuf lois qui ont été refondues en une seule ces dernières années (loi du 27 mai 1878 renversant l'obligation de la preuve) mise en vigueur depuis le 1er janvier 1879. En Belgique, on a pensé qu'il serait impossible d'approprier des prescriptions légales aux cas les plus ordinaires. Un arrêté royal du 12 décembre 1849 a posé le principe des mesures de précaution à prendre en faveur des ouvriers. Les usines énumérées au tableau annexé à cet arrêté sont divisées en trois classes et ne peuvent être établies sans une autorisation spéciale. L'Alsace, le Danemark, la Suisse, la Prusse, le Grand-Duché de Bade – et bientôt l'Allemagne tout entière – sont également pourvus d'institutions protectrices du travail. « *Si donc, tout autour de nous,* déclarent les parlementaires français, *cette question humanitaire est résolue ou à l'ordre du jour ; elle vient, on peut le dire d'elle-même, s'imposer à la France.* » Il est, donc, grand temps qu'un pays comme la France voie émerger une législation protégeant les travailleurs.

Malheureusement, la France ne dispose pas de statistiques officielles contrairement aux pays voisins. En dehors de la publication au *Journal officiel* des accidents provoqués par les machines à vapeur, il faudra attendre la fondation du Bulletin de l'*Office national du Travail*, en 1894, pour que les études statistiques recueillent les faits. Toutefois le Parlement français (ministères et commissions parlementaires) commandite de temps à autre des études sur la condition ouvrière. Ce fut le cas d'une grande enquête industrielle réalisée entre 1839 et 1845[43]. Puis vinrent les enquêtes parlementaires en 1848, 1872 et 1884[44]. Cependant, le député ouvrier Martin Nadaud rappelle que Monsieur Tirard ministre de l'Agriculture s'est occupé de cette question commanditant par circulaire ministérielle en date du 5 avril 1880 une enquête générale et ordonnant aux préfets de lui fournir tous les documents pouvant éclairer la question des accidents dans les fabriques. L'étude a été conduite sur l'ensemble des départements français. Elle livre le nombre et le type d'accidents par année. Elle mentionne le type de dommages, de blessés et de la mortalité. Prenons le département de la Seine qui représente un des centres de l'activité économique (le plus important de l'époque en diversité) en nombre d'entreprises et d'ouvriers[45].

Les détails en sont les suivants :

– Pour l'année 1883, on a compté 2 350 accidents du travail, en France, dont 91 dans le département de la Seine ;

– 1884 : 2 639 accidents du travail dont 125 dans le département de la Seine ;

– 1885 : 2 281 accidents du travail dont 125 dans le département de la Seine ;

– 1886 : 2 050 accidents du travail dont 118 dans le département de la Seine ;

[43] « Statistiques de la France », ministère de l'Industrie (Paris, 4 volumes, 1847-1852).

[44] Cf. Michelle PERROT, *Enquêtes sur la condition en France au XIXe siècle*, Paris, Hachette, 1973 précisant que les enquêtes ministérielles de 1872 et 1884 n'ont pas donné lieu à des publications.

[45] Sources : Archives nationales – carton F/12/4617. Les résultats de l'enquête relatifs aux accidents pour l'ensemble de la France à la demande du ministère de l'Agriculture le 5 avril 1880.

– 1887 : 1 963 accidents du travail dont 109 dans le département de la Seine ;

– 1888 : 1 946 accidents du travail dont 114 dans le département de la Seine[46].

D'après le recensement national de 1876, la grande industrie (mines, usines, manufactures) occupe en France 1 382 301 ouvriers des deux sexes. La population ouvrière classée dans la petite industrie représente 1 960 876 individus. En ajoutant à ces deux nombres (ensemble 3 343 177) celui des personnes sans activité professionnelle qui vivent des salaires de ceux qui travaillent, c'est 4 584 398 personnes à ajouter au total précédent. Soit un total de 7 927 575 hommes, femmes et enfants pour lesquels directement ou indirectement les risques du travail industriel existent. Les parlementaires ne disposent pas de statistiques complètes permettant d'établir par quels nombres d'accidents ces risques se traduisent. Dans le secteur des mines, la proportion, selon « *l'Annuaire des travaux publics* » (année 1879), est de 6 à 7 morts pour 1 000 accidents. On peut estimer – de façon approximative – en rapprochant ces renseignements des statistiques étrangères à cinq ou six mille par an le nombre des accidents du travail.

À la Chambre des députés, l'idée initiale du député Martin Nadaud consiste à protéger les ouvriers en cas d'accidents en faisant partager les responsabilités entre l'ouvrier et l'employeur. La loi serait complémentaire d'un certain nombre de mesures prises en matière de protection des enfants et des femmes au travail sur la protection des apprentis et sur l'inspection des manufactures. Les machines réduisent

[46] Il faut constater ici des statistiques – qui diminuent au cours des années 1880 – alors que la question des accidents professionnels vient d'être tout juste posée au Parlement. Peut-on s'interroger sur un tel intérêt à légiférer en la matière ? La remarque est la suivante. Même si la législation du travail commence véritablement à émerger à cette période définie, les enquêtes gouvernementales sur la condition ouvrière ne sont pas nouvelles et la modernisation des usines avec des machines plus sophistiquées et plus rapides va faire prendre conscience des conditions nouvelles de travail qui ne sont pas sans risques nouveaux de blessures et d'accidents pour les utilisateurs. Dans ce domaine, la France est attentive à ce qui se passe dans les pays voisins, comme l'Angleterre, l'Allemagne, la Belgique, etc. au regard même des modes de production et du progrès technique. Si le pays se modernise, il va aussi prendre conscience du changement (non seulement technique) des conditions ouvrières changeantes, mais surtout des revendications ouvrières, de plus en plus virulentes, qui passent par ces réformes parlementaires.

l'homme à l'état d'automate, comme Martin Nadaud le déclare dans son rapport adressé à la Chambre des députés le 29 mai 1880[47] :

> « Mais, vous le savez, Messieurs, l'introduction des machines à vapeur dans l'industrie a réduit l'ouvrier à l'état automate. Le maître doit-il être aussi impitoyable que la machine et doit-il admettre, à moins de fautes graves prouvées contre l'ouvrier, que c'est la machine qui est la plupart du temps coupable des accidents ? »

Contrairement, à l'idée généreuse de Martin Nadaud, de vouloir imputer les accidents aux seules machines qui font de l'homme un automate et qui le poussent à l'erreur fatale, l'enquête ministérielle ne démontre pas, à l'échelon national, une évolution nette grandissante des accidents ! Or, à l'échelle départementale de la situation, nous voyons que pour le seul département de la Seine, les chiffres sont constants. De temps en temps, le *Journal officiel* publie des accidents dus aux appareils à vapeur. On utilise les appareils à vapeur, par exemple, dans le battage du blé, les filatures, les papeteries, les fabriques de sucre, les minoteries, les usines de fer, les blanchisseries, les bateaux, les scieries, les distilleries, les confiseries, les fabriques de phares, les fabriques d'objets laqués, les brasseries, les épuisements de carrière, les ateliers de force motrice, les ateliers de canalisation, les ateliers de ferronnerie… Pour l'année 1878, il a été relevé en moyenne, par an, 35 accidents ayant tué 37 personnes et en ayant blessé 31 autres[48]. Pour la décennie 1880, une étude réalisée sur les accidents à vapeur en Allemagne (le pays aux dimensions industrielles comparables à celles de la France pour la période) montre une courbe très distincte et en constante élévation du nombre des accidentés[49]. Pour la moyenne décennale 1883-1892, il a été relevé par an 33 accidents ayant tué 29 personnes et en ayant blessé 25 autres. Pour l'année 1893, il a été relevé 37 accidents ayant entraîné la mort de 27 personnes et des incapacités de travail de plus de 20 jours à 35 autres personnes[50]. Les données statistiques sont plus ou moins contestables surtout si elles proviennent d'une enquête préfectorale. Les réponses ne sont pas exhaustives. Les données des enquêteurs ne sont pas toujours fiables.

---

[47] Proposition de loi de Martin Nadaud sur la responsabilité des accidents dont les ouvriers sont victimes dans l'exercice de leur travail présentée à la Chambre des députés le 29 mai 1880 (Impression n° 2660).
[48] *Journal officiel* du 8 octobre 1878, page 9627.
[49] Voir le *Bulletin de l'Office du Travail*. Premier numéro sorti en 1894.
[50] *Journal officiel*, « Lois et Décrets », du 6 décembre 1894 qui a publié les bulletins des accidents d'appareils à vapeur survenus pendant l'année 1893.

Et la question est de savoir si les accidents sont en nombre constant dans le pays. La réponse est affirmative malgré tout. Dans ce cadre, la question des accidents va donc s'imposer au Parlement.

*** À l'initiative de la loi sur le sujet : deux hommes. Martin Nadaud (1815-1898) représentant du milieu ouvrier à la Chambre des députés et le docteur en médecine, Henri Napias (1842-1901), secrétaire de la Société d'hygiène professionnelle, représentant le milieu hygiéniste, non député**

D'un point de vue hygiéniste, les chiffres crient l'urgence à légiférer sur certaines questions du droit du travail. Ils illustrent un aspect, très important, des conditions de travail de la classe ouvrière. Il faut noter que l'observatoire du Travail en France apparaît seulement dans les années 1890 fort postérieurement à la question des accidents qui est posée au Parlement dès le Second Empire. Auparavant, les rapports, les observations, à propos des questions ouvrières sont relayés par les hygiénistes de profession médicale ou pas, tous concernés par les conditions du travail sur le plan de l'hygiène, de la santé et de la sécurité, dans les grands centres d'activités industriels. Ce ne sera pas un hygiéniste qui déposera à la Chambre des députés une proposition de loi sur la responsabilité en matière d'accidents professionnels. Il s'agit d'un député d'origine ouvrière, Martin Nadaud. Qui est donc ce député provincial de la Creuse respecté et écouté dans l'arène parlementaire pour avoir marqué fortement les esprits sur un sujet presque inconcevable à discuter au cœur des Chambres législatives françaises dans les vingt dernières années du XIXe siècle alors que l'Angleterre a pensé sa loi en la matière, pour la première fois, en 1802, au moment même où Émile Zola et d'autres écrivains du XIXe siècle narrent avec émotion la vie infernale que les machines font subir aux hommes ?

Le 26 mars 1830, Martin Nadaud quitte la Creuse pour se rendre à Paris avec son père (tous les deux maçons de profession). Paris qui ne sera que le premier séjour d'un parcours itinérant, semé de rencontres avec des corporations de métiers bien différentes, d'échanges avec des personnages politiques influents. Au fil de son périple, Martin Nadaud découvre les conditions de travail de ses semblables : journées de douze à treize heures, travaux dangereux sur les échafaudages, malnutrition des ouvriers et des familles, logements insalubres… des conditions de vie et de travail de la population ouvrière physiquement et moralement harassantes. Dès l'âge de dix-neuf ans, Martin Nadaud devient chef d'atelier en même temps qu'il s'inscrit dans une école de médecine, préoccupé par les conditions de vie de ses pairs victimes d'accidents. C'est un autodidacte dont la curiosité est très grande. En 1838, il ouvre une école pour ouvriers du bâtiment dans laquelle les cours techniques alternent avec les discussions socialistes. Fréquentant les cercles socialistes, il découvre avec intérêt les doctrines de Cabet, l'un des socialistes utopiques et adopte les idées communistes. Après la révolution de février 1848, il préside le « *Club des habitants de la Creuse* » à Paris dont la notoriété devient grande. Il est candidat à la Constituante de 1848. Il est nommé député de la Creuse le 13 mai 1849 à l'Assemblée législative. Il y prononce un discours sur la question sociale (le 31 janvier 1851) revendiquant une augmentation de salaire des ouvriers et la pleine liberté de réunion. Il souhaite l'agrandissement des Conseils de prud'hommes en vue de fixer le nombre des prud'hommes de chaque industrie à dix (cinq conseillers pris chez les patrons cinq conseillers pris dans les ouvriers). « *Je voudrais qu'il en fût ainsi dans les grands travaux ; je voudrais qu'il y eût un Moniteur* (Journal spécial des questions du travail) ; *Je voudrais que le prix des matières fût connu* », s'écrie-t-il, à la Chambre. Le 2 décembre 1851, après le coup d'État de Louis Napoléon, Martin Nadaud est arrêté. Il est conduit en prison ! Le 9 janvier 1852, il est exilé en Belgique. Il part pour Londres le 11 février 1852. Il reprend alors son métier de maçon. Il se rend également en Écosse et en Irlande. Il apprend l'anglais et il poursuit son instruction. Il fréquente d'autres exilés comme Victor Hugo, Louis Blanc et Pierre Leroux. Il rédige quelques livres sur la condition des ouvriers anglais. En 1859, il retourne en France mais déçu par l'accueil de son cercle d'amis parisiens (parmi lesquels les républicains socialistes) qu'il a connus jadis, il repart en Angleterre. En juillet 1870, alors que l'Hexagone déclare la guerre à la Prusse, il rentre en France. Gambetta le nomme le 4 septembre 1870 préfet de la Creuse. Il est élu député de la Creuse le 8 février 1871. Fin 1871, il devient conseiller municipal de la ville de Paris. Il demande alors la relance de l'activité du bâtiment, l'amélioration de l'hygiène et la construction d'un métro. Il est réélu député de la Creuse en 1876 mandat qu'il conservera pendant treize ans. Il meurt en 1898, date à laquelle la loi relative aux accidents professionnels est instaurée. Verra-t-il l'œuvre dont il est le promoteur parlementaire ? Quoi qu'il en soit, Martin Nadaud s'inscrit comme un législateur très impliqué dans la discussion d'un bon nombre de lois sociales. On le retrouve auteur de propositions de loi relatives à l'assistance médicale gratuite dans les campagnes, sur l'hygiène et la sécurité des travailleurs. Et bien entendu, il incarne, à la Chambre, l'image de l'ardent défenseur de la classe ouvrière introduisant la question des accidents du travail des ouvriers en 1880. Est-il proche de ses homologues parlementaires médecins pour avoir suivi à un moment donné des cours dans une école de médecine ? Je l'ignore. Il pense que les patrons sont des spéculateurs. « *Eh bien, à notre époque de démocratie, une pareille situation est une source de conflits et de dangers permanents !* » n'hésite-t-il pas à affirmer ! Pour que le mal disparaisse, il faut une nouvelle organisation industrielle répartissant les produits du travail d'une façon équitable entre tous les coopérateurs de l'œuvre commune et en proportion de la part qu'ils y ont prise. La société coopérative, résultat des recherches des différentes écoles socialistes, peut seule à ce jour résoudre ce problème. En 1876, à la Chambre, il s'inscrit à l'« extrême gauche ». L'année suivante, il s'affiche « Union républicaine », rassemblement de républicains et de réformateurs sociaux.

Son collègue porteur du projet législatif, Henri Napias, n'est pas quant à lui un législateur mais un homme de médecine. Il est secrétaire général de la « *Société d'hygiène professionnelle* », membre de l'Académie nationale de Médecine et directeur de l'Assistance publique de Paris qui va contribuer à éclairer les Chambres parlementaires sur la question. Henri Napias est l'auteur d'un certain nombre d'écrits sur l'hygiène publique et d'un traité en la matière : « Le Mal de misère, étude d'hygiène sociale » (1876), « Manuel d'hygiène industrielle comprenant la législation française et étrangère et les prescriptions les plus habituelles des conseils d'hygiène et de salubrité relatifs aux établissements insalubres, incommodes et dangereux » (1882), « Les hôpitaux d'isolement en Europe », *Revue d'hygiène* (1887), « L'Assistance publique dans le département de Saône-et-Loire » (1890), « De l'Organisation des crèches de Rouen » (1897), « Pour les pauvres questions d'assistance publique » (1899). Il appelle le Parlement à légiférer sur les questions sanitaires et pose le problème de la couverture sociale en cas d'invalidité ou de handicap. En 1877, la *Société d'hygiène professionnelle* plus exactement appelée *Société de médecine publique et d'hygiène professionnelle* est créée, rue Danton, sous la présidence du professeur de médecine, Apollinaire Bouchardat (1806-1886) titulaire de la Chaire d'hygiène de la Faculté de médecine de Paris, ancien président de l'Académie de médecine. Cet organisme associatif (reconnu d'utilité publique le 8 mars 1900) rejoint par ses actions le Comité consultatif d'hygiène publique de France qui coiffe les Conseils d'hygiène publique et de salubrité départementaux. Cette société savante regroupe des hygiénistes d'horizons différents : cliniciens, pharmaciens, biochimistes, vétérinaires, ingénieurs agronomes, juristes, architectes, ingénieurs civils, élus locaux et hommes politiques. Elle changera d'appellation à plusieurs reprises : *Société de médecine publique et de génie sanitaire* (12 janvier 1910), *Société française d'hygiène, de médecine sociale et de génie sanitaire* (17 mars 1966) perdurant aujourd'hui sous la dénomination de *Société française de santé publique* depuis le 7 décembre 1992.

Ces deux personnages piliers de la future loi incarnent à la perfection la dynamique d'action des Chambres au sujet des accidents professionnels.

*** La démarche parlementaire appartient à Martin Nadaud**

La question des accidents professionnels est concrètement posée à la Chambre des députés par Martin Nadaud. L'idée parlementaire de celui-ci est la suivante. L'accident du travail représente une rupture de contrat donc une rupture de l'activité. Les dommages accidentels produits sur le lieu de travail peuvent mettre en péril le potentiel santé-vie de l'ouvrier entraînant à la fois une incapacité physique partielle ou permanente empêchant l'individu de renouer un contrat d'activité, de subvenir à ses besoins et à ceux de sa famille. Les conséquences sont alors relativement dramatiques. Des questions de responsabilité de l'accident, des difficultés de la vie matérielle et sociale sont inéluctables. Un certain nombre de questions s'imposent alors à la réflexion. Est-ce que l'ouvrier est entièrement responsable de ses faits et de ses gestes ? Est-ce que l'ouvrier est fautif d'un accident dont il a été victime ou dont il est le seul auteur des faits ?

Est-ce que l'ouvrier, dont le potentiel « santé-vie » est remis en question, va devoir se prendre complètement en charge alors que le système d'assurances sociales n'est pas encore mis au point ? Qui va payer les soins de sa blessure ? De son éventuelle hospitalisation ? Ou encore de son incapacité partielle ou totale à reprendre le travail ? Lorsque ces questions primordiales touchent à la survie de sa propre famille potentiellement mise en danger pour ne plus voir les revenus entrer dans le foyer ? Qui va apporter la nourriture aux membres de la famille ? Qui va payer la scolarité des enfants ? Qui va assurer le paiement du loyer lorsque le chef de famille n'est plus en mesure de répondre à ses devoirs ? Ce sont, finalement, toutes ces questions que le Parlement va devoir se poser pour envisager une législation en la matière.

Un des problèmes propres à la condition matérielle des ouvriers est ainsi posé. Et nous pouvons déjà entrevoir toutes les répercussions sociales sous-jacentes que le milieu concerné, la société, l'État, ont à régler. Dans ce cadre, « la question sociale » est alors directement posée au Parlement. Dans sa proposition de loi sur la responsabilité des accidents dont les ouvriers sont victimes, présentée à la Chambre des députés, le 29 mai 1880[51], Martin Nadaud n'hésite pas à vouloir renverser l'obligation de la preuve, qui est aujourd'hui à la charge de l'ouvrier, et qui demain sera à la charge de l'employeur. La pensée de Martin Nadaud est audacieuse parce qu'il n'existe aucune législation française en matière d'accidents professionnels. D'ailleurs, les textes en matière du travail des enfants et des femmes, dans l'industrie, sont votés en 1874. Les textes relatifs à l'hygiène et la sécurité des ouvriers ne seront postérieurs (décennie 1890) et les heures de travail vont être déterminées à l'issue de la jurisprudence relative à la réglementation sur le travail des enfants et des femmes votée par la loi de 1892. Il n'est pas question en 1880 pour le Parlement de devoir protéger l'ouvrier en situation d'accident. Approuvé par bon nombre de parlementaires et hué par la majorité de la Chambre, comment Martin Nadaud, le politique d'origine sociale ouvrière, va-t-il se faire entendre ? Comment le premier leader des débats sur le sujet va-t-il conduire la danse ? Par l'audace ou l'astuce ? La réponse est simple. Expert des règles du jeu législatif sous l'angle institutionnel, il reprend juste l'article 1382 du Code civil relatif à la notion de responsabilité. L'article est le suivant[52] :

> « On est responsable du dommage que l'on cause par son propre fait, mais encore de celui qui est causé par le fait des personnes dont on doit répondre, ou des choses que l'on a sous sa garde. Le père, et la mère après le décès du mari, sont responsables du dommage causé par leurs enfants mineurs habitant avec eux. Les maîtres et les commettants, du dommage causé par leurs domestiques et préposés dans les fonctions auxquelles ils les ont employés.
>
> Les instituteurs et les artisans, du dommage causé par leurs élèves et apprentis pendant le temps qu'ils sont sous leur surveillance.
>
> La responsabilité ci-dessus a lieu, à moins que les père et mère, instituteurs et artisans ne prouvent le fait qui donne lieu à cette responsabilité. »

Le contexte de situation désormais défini, le chapitre qui suit témoigne de la très grande complexité à traiter la question au Parlement. Il faudra presque vingt années aux législateurs de la période pour mettre au point cette loi.

---

[51] Rapport parlementaire du 29 mai 1880 (Impression n° 2660).
[52] Article 1382, du Code civil, édition 1804.

CHAPITRE I

Première grande mesure législative en faveur des assurances sociales

Le 7 mars 1881, un premier rapport de la proposition de loi de Martin Nadaud intitulée « La responsabilité dont les ouvriers sont victimes dans l'exercice de leur travail » est présenté par le député Benjamin Raspail[53] [54]. La Chambre ne statue pas sur cette proposition et n'en donne aucune explication. Probablement rejetée à l'idée même du renvoi de la faute de l'employeur qui est une conception trop forte et novatrice du droit du travail. Peut-être sommes-nous aussi à la veille de passer à la troisième législature, le 28 octobre 1881, les esprits sont préoccupés par les ambitions électorales laissant les idées du réformateur social au placard ? Les opposants à la proposition de loi feront bien vite oublier les choses en distrayant leurs homologues avec

[53] Renvoi au rapport parlementaire de la 21e Commission d'initiative à la Chambre des députés chargée d'examiner la proposition de loi (Impression n° 3394, deuxième législature, session 1881) dans laquelle Martin Nadaud expose ses idées premières sur la question de faire augmenter la responsabilité des industriels à l'égard des accidents professionnels dans la continuité des lois sur la réglementation du travail des enfants et des femmes avec la formulation de l'article de loi unique qui est le suivant. « Lorsqu'un homme louant son travail à un autre homme s'est blessé ou tué à son service, l'employeur sera de plein droit responsable, à moins qu'il ne prouve que l'accident a été le résultat d'une faute commise par l'employeur. » L'auteur de la proposition demande de renverser l'obligation de la preuve lorsqu'un ouvrier se blesse sur son lieu de travail, renvoyer la responsabilité à l'employeur et à défaut de preuve pour ce dernier une présomption légale que l'accident s'est produit soit par la faute du patron, soit par les personnes dont il est civilement responsable, soit par cas fortuit ou soit par force majeure.

[54] Benjamin Raspail est député du Rhône et de la Seine pendant une quinzaine d'années (1876-1889). Il dut subir un échec aux élections législatives de 1889 ne surmontant pas les adversaires du général Boulanger. Fils de François-Vincent Raspail (1794-1878), célèbre chimiste, médecin et homme politique avec qui il partagea son exil en Belgique et ses idées d'extrême gauche.

d'autres sujets. Seulement, avec la nouvelle législature (mise en place au mois d'octobre suivant en date du 4 novembre 1881 soit la 4e législature) Martin Nadaud n'a pas abandonné son initiative. Il revient immédiatement à la charge avec cette même proposition en l'appliquant cette fois aux chemins de fer. Aussi, valide-t-il, sa démarche et pense-t-il mieux se faire entendre de la Chambre ? Effectivement, le 21 novembre 1881, la proposition de loi est prise en considération. Il argue sur le fait que cette proposition n'est que le complément des commissions d'initiative parlementaire qui ont déjà statué sur le travail des enfants, sur la protection des apprentis et sur l'inspection des manufactures. Son initiative ne peut pas porter atteinte au droit général ni même aux intérêts du patron, ajoute-t-il. En vain avec sa deuxième tentative de proposition, il n'a pas plus d'écho au Palais Bourbon. Il faut donc d'autres initiatives du même genre par d'autres députés pour que la Chambre traite le problème (en 1884). Il est important de garder à l'esprit qu'il revient à Martin Nadaud l'initiative de cette prise en charge d'une des questions fondamentales des conditions de vie de la classe ouvrière. Cette question des accidents professionnels posée au Parlement français est un point de législation de travail concret qui reste à régler en même temps qu'il sous-tend les problématiques d'une prise en charge de l'individu lorsque celui-ci n'est pas ou n'est plus en mesure d'assumer son activité de salarié. Ce qui renvoie à plusieurs problématiques dont la question du travail de manière générale, la santé de l'individu au travail, la possibilité de ne pas trouver une activité salariée en raison d'une incapacité et d'une usure en fin de vie qui mériterait la création de caisses de retraites et de prévoyance sociale. (Très vaste programme !) Pour le moment, restons avec l'idée de Martin Nadaud de défendre les ouvriers victimes d'accidents au cours de leur activité professionnelle.

1/ Les étapes temporelles et les promoteurs de la loi

A/ La chronologie de la loi de 1898 : les différentes étapes des propositions et des projets de loi

En matière de législation des accidents, la situation est globalement la suivante au Parlement. À la fin de l'Empire, les réformateurs avaient proposé de créer une caisse d'assurance nationale en cas d'accident (loi de 1868). En raison des formalités de fonctionnement trop compliquées, le système ne rencontra qu'un infime succès. Au cours de la troisième législature de la IIIe République, différents projets de réforme plus ou moins efficaces ont été déposés par Martin Nadaud de la Creuse, l'avocat Peulevey de la Seine-Inférieure, le négociant Félix Faure de la Seine-Inférieure (futur Président de la République en 1895) et le publiciste Henry Marey élu des départements de la Seine et du Cher. Ces projets examinés par une commission d'étude à la Chambre des députés furent discutés sur le rapport d'Alfred Girard et Martin Nadaud. En première lecture, la Chambre adopta une rédaction qui n'est pas venue en seconde délibération. Maurice Rouvier intervint alors et présenta entre les deux délibérations un projet de loi au nom du gouvernement dont il faisait partie comme ministre du Commerce. Ce projet avait été préparé par une commission extraparlementaire présidée par Henri Tolain, ouvrier ciseleur de la Seine mais le ministre Rouvier ne porta pas à la Chambre toutes ces propositions. Il ne crut pas devoir adopter celles qui avaient pour but d'établir une présomption de responsabilité du chef d'entreprise jusqu'à preuve du contraire à fournir par lui.

La fin de la législature survint avant qu'une résolution définitive pût être prise. Dès le début de la Chambre suivante, le député Lagrange a présenté en son nom et au nom d'un certain nombre de ses collègues une proposition reproduisant à l'intégrale le texte voté en première délibération par la Chambre précédente le 23 octobre 1884. De son côté, Maurice Rouvier a repris en son nom personnel le projet qu'il avait présenté comme ministre du Commerce le 24 mars 1885. Le 2 février 1886, Édouard Lockroy, ministre du Commerce dépose au nom du gouvernement un projet de loi reproduisant le texte complet de la commission extraparlementaire présidée par Tolain. Dans la même séance, Albert de Mun, représentant les départements du Morbihan, puis du Finistère, sur les mesures de sécurité et d'hygiène pour les ouvriers en 1893 a déposé une proposition de loi nouvelle, fondée sur l'assurance obligatoire dans le cadre de la corporation professionnelle. Le 26 juin 1886, Félix Faure a repris (en la modifiant sur certains points) la proposition qu'il avait déposée dans la précédente législature. Enfin, Émile Keller, propriétaire, député du Haut-Rhin puis du territoire de Belfort, a présenté sous forme d'amendement à la proposition d'Albert de Mun un contre-projet complet.

La Commission nommée pour examiner la proposition de loi de Félix Faure n'a pas cru devoir adopter l'une des propositions citées précédemment. Elle a rédigé un projet de loi qui reproduit en les modifiant, profondément, plusieurs des idées contenues dans ces propositions. Elle a refusé d'adopter la proposition de Lagrange qui consiste à juxtaposer deux responsabilités différentes à régler par deux procédures et devant deux juridictions différentes. Elle a pensé que la démarche était trop lourde en raison d'une procédure judiciaire compliquée. Par ailleurs, la commission reproche au député Lagrange (typographe du Rhône) de ne pas avoir précisé les modalités d'attribution des indemnités par le juge entraînant ainsi une grande part d'arbitraire sur l'interprétation des cas fortuits et de force majeure favorisant les procès à répétition. La commission rejette également le principe de l'assurance obligatoire pour le patron et pour l'ouvrier exposé dans la proposition de Rouvier (celle du 29 décembre 1885). Du moins elle précise qu'elle s'oppose à l'idée que toutes les mesures prises dans cette loi reposeraient sur ce principe.

Le projet de loi est présenté par Lockroy au nom du gouvernement (2 février 1886) qui reconnaît « *la responsabilité de l'employeur* » comme maître des lieux, seul garant du bon fonctionnement des machines et du matériel qu'il emploie. Mais la commission d'examen de la Chambre pense que cette disposition ne suffirait pas à elle seule pour résoudre la question qui lui est posée. Et elle n'apprécie pas le deuxième principe de Lockroy – vouloir conjuguer à la fois les notions de « *responsabilité de droit commun* », de « *risque professionnel* » et d'« *assurance obligatoire* ». L'ensemble n'est pas cohérent.

Quant à la proposition de Félix Faure (celle en date du 26 juin 1886) – indemnités qui tiennent compte du salaire initial de l'employé et d'un risque professionnel étendu à un grand nombre de structures (usines, chantiers, fabriques et chantiers de la grande industrie, entreprises industrielles, commerciales ou agricoles), la Commission n'examine pas l'échelle des indemnités puisqu'elle n'admet pas le principe du risque professionnel supplémentaire fonctionnant en dehors et à côté de la responsabilité de droit commun auquel s'appliqueraient ces indemnités. Face au deuxième principe de Félix Faure, la commission présidée par le député d'origine stéphanoise Duché (journaliste à Saint-Étienne) pense que la future législation doit s'appliquer de façon exclusive aux entreprises industrielles où les conditions mêmes du travail donnent naissance à des dangers spéciaux pour les ouvriers qui y prennent part. Le système d'assurance corporative partagée entre les ouvriers et les patrons – c'est-à-dire une constitution de corporations professionnelles destinées à remplacer la responsabilité individuelle des chefs d'entreprise à l'égard de leurs ouvriers victimes d'accidents suggérée par de Mun – n'a pas semblé séduire la commission réticente à voir l'État républicain organiser des corporations auxquelles les ouvriers et les patrons seraient en quelque sorte moralement et matériellement contraints d'appartenir. La commission parlementaire compte défendre la liberté complète du travail, l'indépendance absolue de l'initiative personnelle et la libre disposition du salaire ou du gain, « instruments nécessaires de toute amélioration sociale », ajoutant qu'elle admet encore bien plus difficilement le socialisme corporatif et de classes plus ou moins hiérarchisées et fermées dans la voie de laquelle le projet présenté par Albert de Mun n'est qu'un premier pas[55].

Toutefois, la commission reprend-elle à sa façon les nombreuses mesures des différentes propositions et projets de loi, à savoir faire reconnaître la responsabilité en matière d'accidents professionnels dans les fabriques ou dans toute exploitation industrielle, agricole ou commerciale dont les ouvriers sont victimes dans leur travail avec la constitution d'un jury spécial pour les accidents pour essayer d'être plus convaincante que les autres. Y parviendra-t-elle ?

Un récapitulatif détaillé de la chronologie de la question semble à présent s'imposer tant les propositions de loi et les revirements de situation sont nombreux. D'emblée, il est essentiel de noter que l'initiative parlementaire sur le sujet démarre par le dépôt d'une proposition de loi le 29 mai 1880. Le texte en sera promulgué au *Journal officiel* le 10 avril 1898. Cette question législative aboutira, dix-huit ans plus tard (traversant cinq législatures) connaissant les trois projets de loi suivants :

– Le premier projet de loi est déposé à la Chambre par Maurice Rouvier, ministre du Commerce, le 24 mars 1885 succédant au dépôt de six propositions de loi en la matière.

– Le second projet de loi est présenté à la Chambre des députés par Édouard Lockroy, ministre du Commerce et de l'Industrie, le 2 février 1886. Édouard Lockroy est connu pour avoir géré une partie du projet de loi sur l'hygiène et la sécurité des travailleurs (loi de 1893) très préoccupé par l'organisation de la santé et de l'hygiène publiques.

– Le troisième projet de loi est présenté à la Chambre par Jules Roche, ministre du Commerce et de l'Industrie le 28 juin 1890, connu également pour avoir géré la dernière relance du projet de loi sur l'hygiène et la sécurité des travailleurs (loi de 1893).

Dans ce projet gouvernemental, nous retrouvons l'ensemble des ministres qui ont participé aux travaux parlementaires sur l'hygiène et la sécurité des travailleurs. La singularité de cette jurisprudence rela-

[55] Chambre des députés, 28 novembre 1888, rapport du député Duché (département de la Loire), Impression n° 2150 de la commission d'examen sur la proposition de loi de Félix Faure, p. 34.

tive à la responsabilité des accidents dont les ouvriers sont victimes dans leur travail qui va se prolonger sur deux décennies montre la dynamique gouvernementale relayée par de nombreuses initiatives des députés pour étendre la question à certains corps de métiers comme les chemins de fer et les marins pêcheurs et à inclure l'organisation d'assurances sociales. Les parlementaires dont l'implication est assez importante sont les suivants (ceux seulement suivis d'une étoile) :

Les initiatives premières de Martin Nadaud :

– 1880 (le 29 mai), Martin Nadaud* dépose une proposition de loi à la Chambre des députés. Initiateur du projet et auteur de deux propositions de loi sur le sujet en 1880 et en 1881, il participe également aux travaux sur les lois de l'assistance médicale gratuite dans les campagnes (1893), l'hygiène et la sécurité des travailleurs (1893), le travail des enfants et des femmes (1892). Proposition de loi distribuée et renvoyée à la 21e commission d'initiative parlementaire. Le 7 mars 1881, le député Benjamin Raspail présente un rapport émanant de la commission d'initiative. La Chambre des députés n'a pas statué sur cette proposition et nous ne connaissons pas le motif du rejet par la Commission.

– 1881 (le 4 novembre), Martin Nadaud réitère sa proposition de loi à la Chambre en l'adoptant aux chemins de fer. Il dépose un rapport d'étude devant la Chambre le 14 novembre. La proposition renvoyée à la première commission d'initiative parlementaire le 18 novembre et la prise en considération ont lieu le 21 novembre. Un premier rapport sera donné par la commission d'examen par le député Alfred Girard le 28 mars 1882 (Impression n° 7). Un deuxième rapport émanant de la commission d'étude sortira le 11 novembre 1882 (Impression n° 1334). Un troisième rapport par les députés Alfred Girard et Martin Nadaud (Impression n° 2634) sera présenté à la Chambre des députés le 16 février 1884. Le rapport d'étude sur les accidents professionnels est validé pour la première fois, au Parlement, le 11 novembre 1882.

– 1882 (le 11 janvier), Félix Faure dépose une proposition à la Chambre : 1° tendant à établir la responsabilité en matière d'accidents de fabrique ou de toute exploitation industrielle, agricole ou commerciale ; 2° à établir une caisse d'assurances ayant pour objet de garantir les chefs d'entreprises industrielle, agricole ou commerciale contre les risques de la responsabilité en matière d'accidents. Le texte est renvoyé à la commission d'étude relative à la responsabilité des accidents des ouvriers et présenté à la Chambre des députés le 23 février 1882.

Félix Faure est auteur de trois propositions de loi sur le sujet en 1882, 1886 et 1888. Il occupera des fonctions de secrétaire d'État au Commerce et aux Colonies entre 1881 et 1888. Ministre de la Marine entre 1894 et 1895, il devient Président de la République en 1895 à la suite de la démission de Casimir-Perier et le restera jusqu'en 1899. Initialement, il est un industriel (négociant en cuirs) à la ville du Havre se lançant dans la politique comme conseiller municipal, en 1870. Il participe également à la législation sur l'hygiène et la sécurité des travailleurs en 1893. Politiquement, il est connu en 1889 sous l'étiquette « républicain progressiste ».

– 1882 (le 14 janvier 1882), le député Léon Peulevey* dépose une proposition de loi à la Chambre des députés sur la responsabilité des accidents dont les ouvriers sont victimes dans l'exercice de leur travail. La proposition de loi est envoyée à la commission le 21 janvier 1882.

Léon Peulevey est auteur de deux propositions sur le sujet en 1882 et 1883. Député-avocat de la Seine-Inférieure entre 1878 et 1885, il est inscrit au barreau du Havre dont il est le conseiller municipal, dès 1865, comme Félix Faure. En 1881, au renouvellement des élections législatives, il reprend sa place dans la majorité appuyant les ministères Gambetta et Ferry. Il s'implique alors dans la discussion sur le régime douanier des colonies, de l'enseignement primaire (1834) à propos de la marine marchande. Il meurt en 1885. Il est connu politiquement, en 1881, sous l'étiquette « Union républicaine ».

– 1882 (le 7 mars), le député Henry Maret (publiciste, Seine-et-Cher, gauche radicale 1881-1885) dépose une proposition à la Chambre relative à la constitution d'un jury spécial pour les accidents, renvoyée à la commission d'examen aux accidents des ouvriers le 11 mars 1882 (Impression n° 564).

– 1883 (le 26 novembre), le député Léon Peulevey dépose une proposition à la Chambre renvoyée à la commission d'examen relative aux accidents des ouvriers, le 1er décembre 1883 (Impression n° 283).

L'année 1884 est une période marquante dans les avancées de la loi puisque la Chambre des députés adopte en première lecture un projet élaboré par la commission d'examen chargée de rapporter les propositions de loi énoncées ci-dessus qui devient le premier projet de loi gouvernemental sur le sujet.

– 1885 (le 24 mars), Maurice Rouvier* ministre du Commerce présente un projet de loi à la Chambre des députés renvoyé à la commission des accidents des ouvriers le 1er avril 1885. Ce projet n'a pas été rapporté. La Chambre ne donne aucune explication.

– 1885 (le 3 décembre), le député Lagrange (typographe et journaliste de professions, Rhône, gauche radicale 1885-1889) dépose une proposition à la Chambre renvoyée à la première commission d'initiative parlementaire le 7 décembre 1885. Un rapport sommaire est présenté à la Chambre le 12 décembre 1885 par le député Lagrange lui-même. Prise en considération le 29 décembre 1885 (Impression n° 157, Impression n° 220).

– 1885 (le 29 décembre), le député Maurice Rouvier (n'assumant plus les fonctions ministérielles, redevenu député des Alpes-Maritimes « Union républicaine » en 1885) et le député Francis Laur (ingénieur des mines de la Loire, député de la Seine à partir de 1889, « républicain progressiste » en 1885)* déposent une proposition à la Chambre renvoyée à la commission d'examen des accidents des ouvriers (Impression n° 327). Renvoyée à la 2e Commission d'initiative parlementaire. Rapport sommaire le 11 février 1886 par le député Jules Gros. La prise en considération a lieu le 17 avril 1886 (Impression n° 433).

– 1886 (le 26 janvier), le sénateur Blavier (ingénieur des mines, représentant du Maine-et-Loire, conservateur)* dépose une proposition de loi au Sénat. Sa proposition est renvoyée à la première commission d'initiative parlementaire le 28 janvier 1886. Un rapport est présenté au Sénat par le sénateur Mazeau le 11 juin 1886. La proposition est prise en considération le 29 juin 1886 (Impression n° 7, Impression n° 213). Il est important de noter qu'il s'agit de l'unique proposition sur le sujet déposé au Palais du Luxembourg sur l'ensemble des travaux commandités sur la question en attendant la validation des propositions de loi en projet adopté par la Chambre des députés puis envoyé en examen au Sénat.

– 1886 (le 2 février), le député Albert de Mun (représentant les départements du Morbihan et du Finistère, « Union des droites » en 1886)* dépose une proposition à la Chambre, renvoyée à la 3e commission d'initiative parlementaire le 6 février. Un rapport sommaire est présenté à la Chambre le 22 février 1886 par le député Vergoin. Prise en considération le 17 avril 1886 (Impression nos 391 et 474). La prise en considération d'une proposition de loi dans les Chambres ne conduit pas pour autant à une validation de la démarche en projet de loi. Comme sa désignation l'indique, elle signifie que l'assemblée concernée valide l'idée de traiter la question posée. Ensuite, la commission d'examen désignée pour approfondir la question validera ou non l'idée.

– 1886 (le 2 février même jour que la proposition précédente) Édouard Lockroy*, ministre du Commerce et de l'Industrie dépose un projet de loi (Impression n° 395). Une commission d'examen est désignée pour étudier les rapports (Impressions nos : 157, 327, 395, 884). Le projet de loi n'est pas encore pris en considération. La Chambre ne donne aucune explication. Ce qui signifie que – malgré l'initiative gouvernementale – la démarche n'est pas validée. Généralement, lorsque les Chambres ne s'expliquent pas sur l'abandon d'une proposition ou d'un projet de loi, cela ne traduit pas leur désintérêt, mais plutôt le fait que d'autres événements viennent interférer avec les initiatives (fin de législature, décès des mandataires, autres dépôts de projets en cours plus urgents sont autant de bonnes raisons d'abandonner la mesure ou la discussion en cours…)

– 1886 (le 26 juin), le député Félix Faure dépose une proposition à la Chambre des députés renvoyée à la 7e commission d'initiative parlementaire le 5 juillet 1886. Un rapport sommaire sera présenté à la Chambre le 21 octobre 1886 par le député Godron. Une prise en considération aura lieu le 16 décembre 1886 (Impressions nos 884, 1161). Une commission d'examen sera nommée le 20 janvier 1887. Un rapport d'étude sera présenté à la Chambre par le député de la Loire, Duché, le 28 novembre 1888 (Impression n° 2150). Une première délibération aura lieu le 29 mai 1888. Une deuxième délibération aura lieu le 10 juillet 1888 et le projet sera adopté (projet de loi, Impression n° 881). La proposition de loi est transmise au Sénat le 17 juillet 1888 (Impression n° 552) et renvoyée à la Commission des accidents dont les ouvriers sont victimes le 18 juillet 1888. Un rapport est établi par le sénateur Tolain le 24 janvier 1889. L'affaire retourne ensuite à la Chambre. Le projet de loi qui est adopté par la Chambre des députés le 27 janvier 1890 est immédiatement renvoyé au Sénat le même jour (rapport d'étude, Impression n° 6). Une première délibération a lieu à la Chambre des députés le 13 février 1890. Une deuxième délibération avec adoptions et modifications du projet a lieu le 20 mai 1890.

La mesure phare qui va donner la loi définitive est la suivante :

– 1890 (28 juin), Jules Roche*, ministre du Commerce et de l'Industrie, dépose un projet de loi relatif au droit à une indemnité des ouvriers victimes d'un accident dans leur travail. Son projet est renvoyé à la Commission du travail le 4 juillet 1890. Un rapport d'étude est présenté par Louis Ricard (Seine-Inférieure) à la Chambre le 25 février 1892 (Impression n° 745). La situation d'urgence est déclarée le 3 juin 1893. Le projet de loi est adopté avec modifications le 10 juin 1893.

Le projet de loi est représenté au Sénat sous le titre de : « Projet de loi concernant les responsabilités des accidents dont les ouvriers sont victimes dans leur travail et l'organisation de l'assurance obligatoire ». Il est renvoyé à la Commission des accidents au cours de la session ordinaire de 1893. Le 3 avril 1895, le projet de loi adopté par la

Chambre des députés concernant la responsabilité des accidents dont les ouvriers sont victimes dans leur travail et l'organisation de l'assurance obligatoire est présenté au Sénat. Un rapport de la commission d'examen est présenté au Sénat. Un rapport de la commission d'examen est présenté par le sénateur Poirier le 3 avril 1895 (Impression n° 73). La première délibération a lieu le 5 décembre 1895. Un rapport supplémentaire (le 28 juin 1896) par le sénateur Poirier est de nouveau présenté (Impression n° 146). Le 3 février 1896, la commission d'examen du Sénat démissionne en désaccord complet avec la Chambre des députés à propos des décisions prises jusqu'à présent. Une nouvelle commission est nommée, immédiatement, le 6 février 1896. Un rapport est présenté au Sénat par le sénateur Thévenet (Impression n° 48). Une deuxième délibération et une adoption, avec modifications, ont lieu au Palais du Luxembourg le 24 mars 1896 (projet de loi n° 98, session de 1896).

– Le 24 mars 1896, le projet de loi est représenté à la Chambre des députés. Il est renvoyé à la Commission d'assurance et de prévoyance sociales le 2 avril 1896 (Impression n° 1890). Un rapport de la commission d'examen est présenté à la Chambre par le député Maruéjouls le 7 juillet 1897 ; l'urgence est déclarée à cette date (Impression n° 2624). Le 28 octobre 1897, le projet de loi est adopté avec modifications du projet de loi du 3 avril 1895 à la Chambre des députés (projet de loi n° 1002).

– Il est représenté au Sénat le 5 novembre 1897 et il est renvoyé à la commission d'examen précédemment saisie le 9 novembre 1897. Un rapport est présenté par le sénateur Thévenet le 25 janvier 1898 (Impression n° 15). Une première délibération a lieu le 7 mars 1898. Une deuxième délibération et l'adoption avec modifications sont validées le 19 mars 1898 (projet de loi n° 118).

– Le projet de loi est représenté à la Chambre des députés le 22 mars 1898 (renvoyé à la commission précédemment saisie) (Impression n° 3142). Un rapport d'examen est établi par la commission d'examen présenté par le député Maruéjouls (Impression n° 3150). Le projet est adopté à la Chambre des députés le 26 mars 1898 (projet de loi n° 1120).

La loi est promulguée au *Journal officiel* du 10 avril 1898.

Malgré l'acheminement de ce projet de loi en une promulgation du texte de loi au *Journal officiel*, d'autres propositions seront quand bien même simultanément déposées sur le bureau de la Chambre des députés[56].

---

[56] Malgré une préparation d'un projet gouvernemental en cours d'élaboration au sujet d'une question posée, il n'est pas rare de constater d'autres dépôts de proposi-

– 1891 (le 2 février), le député médecin Dron (département du Nord, « Gauche radicale » en 1902)* dépose une proposition de loi à la Chambre des députés renvoyée à la commission d'examen du travail dans les usines le 5 février 1891 (Impression n° 1176). Les arguments sont identiques à ceux contenus dans les propositions précédentes. Le médecin souhaite imposer le principe de l'assurance obligatoire (assurance de l'État), mesure qui n'avait pas été jusqu'à présent retenue. La Chambre ne prend aucune mesure à la suite de ce rapport d'étude. Autrement dit, l'idée du docteur en médecine n'est pas abandonnée. Le rapport d'étude peut être consulté par tout député qui en fait la demande. Et les idées du médecin peuvent être reprises et exploitées au cours d'une autre proposition ou d'un projet de loi en cours d'élaboration ou à venir. Simplement, les Chambres expliquent rarement les initiatives d'abandon du travail en cours d'élaboration.

– 1891 (le 9 mars), le député Le Cour (avocat et armateur de la Loire-Inférieure, « Union des droites » en 1889)* et quelques collègues déposent une proposition de loi à la Chambre des députés distribuée et renvoyée à la Commission du travail dans les usines le 16 mars 1891 (Impression n° 1274).

Le Cour est l'auteur de deux propositions de loi successives sur le sujet la même année 1891. Il présente une proposition avec le député Lamarzelle sur les accidents dont les marins et les pêcheurs sont victimes dans l'exercice de leur profession à la Chambre des députés le 27 avril. La proposition de loi est distribuée et renvoyée à la 13e commission d'initiative parlementaire le 25 mai 1891. Elle est ensuite renvoyée le 26 mai à la commission d'examen relative à la marine. Cette proposition n'a pas été rapportée (Impression n° 1377).

Une idée nouvelle qui tombe à l'eau pour ainsi dire du fait peut-être que la mesure proposée alourdirait la législature à venir. Reconnaître les accidents des marins et des pêcheurs correspondrait à prévoir un

---

tions par les députés, en dépit du poids et de l'importance que représente l'action gouvernementale sur la question posée. Pourquoi ces conduites adoptées en matière législative ? Tout simplement parce que la question posée depuis quelque temps aux Assemblées demande beaucoup de réflexion et surtout présente énormément de différences de points de vue au cœur des Assemblées. À cet effet, les députés ou les sénateurs opposants ou peu en accord avec le gouvernement le font savoir en formulant et en déposant leurs propres propositions de loi qui sont prises en considération et qui viennent, par conséquent, interférer dans les procédures de fabrication relatives au projet gouvernemental. Rejetées ou exposées, ces idées complémentaires ou discordantes peuvent poser d'autres questions législatives qui seront conditionnellement abordées ultérieurement. D'une façon courante, les députés aiment à se faire entendre au Parlement.

budget de dommages et intérêts plus conséquent. Dix années postérieures à l'idée de Martin Nadaud, les Chambres réfléchissent sur la question très lentement, laborieusement tant les conséquences en matière de protection sociale pourraient imputer les charges très importantes au budget de l'État (les assurances privées ne représentent pas à elles seules le financement unique de la protection sociale ; l'État va contribuer d'une manière ou d'une autre). En 1880, Martin Nadaud reprend le sujet en y incluant le personnel des chemins de fer, mais dix années, après, les députés ne semblent pas déterminés à vouloir inclure aux bénéfices des mesures à la population des marins et des pêcheurs dotée de caisses d'épargne et de prévoyance sociale.

– 1894 (le 25 janvier), le député Montfort propriétaire représentant la Seine-Inférieure (« Droite républicaine » en 1893) et des collègues déposent une proposition de loi à la Chambre des députés sur les accidents dont les marins et les pêcheurs sont victimes dans l'examen de leur profession. Présentée à la Chambre des députés, renvoyée à la Commission de la marine (Impression n° 305) distribuée et renvoyée à la commission le 12 février 1894, il n'a pas été fait de rapport sur cette proposition de loi. Aucune explication à la Chambre n'est donnée. Décidément, le sort des marins-pêcheurs n'est pas urgent à traiter !

– 1895 (1er mars), proposition de loi déposée par Paul Guieysse et plusieurs de ses collègues sur la sécurité du travail et sur les accidents dans les arsenaux et les établissements de la marine ; renvoyée à la Commission le 7 mars 1895. Il n'a pas été fait de rapport sur cette proposition (Impression n° 1201). Aucune explication de la Chambre n'est donnée. La situation sur la question n'avance pas.

– 1897, le député Julien Goujon (avocat de profession, représentant le département de la Seine-Inférieure, « républicain progressiste » en 1902)* dépose une proposition à la Chambre des députés tendant à régler la responsabilité des accidents du travail renvoyée à la Commission d'assurance et de prévoyance sociales, le 23 octobre 1897. Il n'a pas été fait de rapport sur cette proposition de loi (Impression n° 2719).

En définitive, le travail législatif sur la question des accidents professionnels s'achèvera le 9 avril 1898. La loi est promulguée au *Journal officiel* du 10 avril 1898. En survolant le panorama chronologique, à l'exception du député du Nord, Gustave Dron (médecin à Tourcoing), les propositions de loi à ce sujet ne sont pas formulées par le corps médical législateur. Les législateurs proviennent beaucoup du milieu de la magistrature et du milieu industriel dont les tendances politiques penchent autant à gauche qu'à droite. Il faut préciser que les déposants d'initiative des propositions de loi à la présidence des

Chambres ne sont pas toujours les protagonistes que nous retrouvons dans les hémicycles. Au cours de l'analyse de ce travail, nous noterons une participation discrète mais certaine du corps médical.

B/ Les discussions à la Chambre des députés démarrent véritablement en 1883

Depuis la première initiative, en 1880, par Martin Nadaud, cinq autres propositions de loi ont été soumises à la Chambre des députés. Les discussions à la Chambre démarrent le 11 mars 1883, elles s'achèveront le 23 octobre 1884. Il y a les défenseurs du projet de loi comme existent ses opposants. La notion de *responsabilité* des accidents dont les ouvriers sont victimes au cours de leur travail suscite un débat pluriel dont nous pouvons deviner les enjeux identifiés dès cette première discussion en hémicycle.

Le premier enjeu est la généralisation de l'idée à toute entreprise. Il faut peut-être apporter des degrés à la gravité des accidents en fonction du type d'établissement, en fonction du caractère de dangerosité de son activité. C'est déjà là un premier problème évoqué et qui sera discuté tout au long de la législation en cours. Le député Georges Graux[57] s'oppose à la généralisation de l'indemnité à tout type d'entreprise. Il demande de restreindre les mesures de la loi nouvelle aux fabriques dans lesquelles il y a emploi de la force motrice. Il prévoit que les employeurs vont imputer les indemnités versées aux éventuels accidentés aux coûts de fabrication, ce que les entreprises à caractère familial ne pourront pas faire à cause de la concurrence. La réalité économique renvoie les coûts à la charge de l'État. Il trouve inadmissible qu'on inscrive dans la loi un principe qui accorde des rentes à toute catégorie d'individus en vertu du principe de généralisation. L'État doit être un assureur généreux, commente-t-il, qui doit faciliter le développement des caisses de secours mutuels, des caisses de retraite pour la vieillesse et des caisses d'assurances en cas d'accident.

Le devoir de l'État est d'alimenter ces caisses. De faire en sorte que lorsque les ouvriers y ont déposé leur petit pécule, les sommes amassées produisent de gros intérêts.

[57] Georges Graux est député du Nord-Pas-de-Calais pendant une quinzaine d'années (de 1881 à 1885 et de 1889 à 1900).

À la question du traitement des griefs (autre problème que soulève la question des accidents)[58] il s'oppose à la création d'un nouveau tribunal arbitral pour examiner les dossiers (idée du député Henry Maret, 1882, voir chronologie précédente). Il propose de réformer le Code procédure et l'organisation judiciaire ou de reprendre des juridictions existantes comme les Conseils de prud'hommes. Dans la législation actuelle, l'obligation d'apporter la preuve par l'ouvrier ou ses ayants droit entraîne des lenteurs d'autant plus fréquentes que les causes de l'accident sont souvent inconnues. Face à la question des lenteurs suscitées par les compagnies d'assurances, la réforme qu'il propose a précisément pour but d'enlever à l'ouvrier l'obligation de la preuve afin d'éviter l'aggravation des délais d'indemnisation, d'instituer en sa faveur une présomption légale et de mettre à la charge du patron l'obligation de prouver que l'accident a pour cause la faute de l'ouvrier ou un cas de force majeure. Il note que la législation anglaise concernant les accidents n'est en rien enviable. La loi anglaise du 27 mai 1878 n'est que le condensé d'une quinzaine de lois instaurées entre 1844 et 1878 qui traitent de la salubrité des usines, de la sécurité des ouvriers, de la durée du travail journalier, des congés, de l'instruction des enfants, du certificat d'aptitude physique. Il n'y aurait qu'un article dans ces lois sur les accidents du travail précisant l'obligation du patron à prévenir l'inspecteur. Rien de plus. Alors, pourquoi dire que la législation française est en retard au regard des pays voisins comme l'Angleterre ? Son argumentation va à l'encontre du discours de Martin Nadaud qui a su vanter les mérites de la législation anglaise pour avoir vécu dans cette contrée et partagé le sort des ouvriers anglo-saxons.

Par ailleurs, pour répondre à l'imprévoyance des ouvriers, il faut décider que le patron sera toujours responsable. Il reproche à la commission d'examen de vouloir créer une caisse d'assurance placée dans les mains de l'État (autre système préconisé : régler la question des indemnités). Il faut encourager le fonctionnement des caisses d'assurances indépendantes. Il faut encourager l'ouvrier à y faire des versements, lui faciliter ces versements et lui assurer un excellent placement afin d'éviter au patron la charge exclusive d'alimenter la caisse. Il faut se demander par quels moyens le patron soutiendra cette caisse. Une alternative envisageable ; le patron prendra sa prime d'assurance sur les frais généraux, mais il risque la ruine de son indus-

[58] « Des motifs de plainte » autrement dit des réclamations d'indemnisations par les victimes.

trie ou il prendra sur le salaire de ses ouvriers et le salaire des ouvriers baissera. Se pose ici une des questions essentielles : À qui revient le coût des dommages et des frais de la procédure judiciaire pour déterminer la responsabilité de l'ouvrier et de l'employeur et donc la charge de la souscription de l'assurance obligatoire ? Question récurrente qui sera discutée longuement soit sur une durée de 13 années parlementaires. Par conséquent, c'est une charge que le patron ne peut supporter dans les conditions rigoureuses que la commission d'examen de la Chambre des députés impose. Il faut – selon ce dernier – encourager la prévoyance de l'ouvrier en complétant la loi du 11 juillet 1868 sur la création de caisses d'assurances sociales en cas de décès et en cas d'accidents du travail qui reste facultative[59]. Le député Graux termine son discours à la tribune de la Chambre le 11 mars 1883 sur ce ton[60] :

> « Je viens vous demander de repousser la proposition de la commission parce que cette commission est contraire à l'intérêt matériel de 6 000 000 de petits ouvriers qui travaillent à leur compte, de petits commerçants et de petits patrons qui ne peuvent ni payer les primes d'assurances, ni surveiller leurs ouvriers, de petits fermiers déjà atteints par la crise agricole. Je vous demande la proposition, parce qu'elle est contraire à la dignité des ouvriers de fabriques, qui doivent être traités comme des travailleurs prévoyants et non comme des clients de l'assistance publique. Je vous ai démontré que cette proposition est contraire à toute équité et à toute justice et que vous pouvez lui substituer une réforme donnant satisfaction aux intérêts légitimes des ouvriers sans causer un préjudice excessif aux industriels. Oui, messieurs, il faut faire une réforme en faveur des ouvriers des usines : il faut créer dans leur intérêt une présomption légale ; il ne faut pas constituer à leur profit un privilège qui consacrerait des injustices ; il faut leur assurer la plénitude de leurs droits et il ne faut pas leur enseigner l'oubli de leurs devoirs (Applaudissements sur divers bancs.) »

Le député Frédéric Passy intervient à la séance du 13 mars 1883 pour nuancer le discours de la commission d'examen en notant qu'il est important d'indemniser provisoirement – en attendant les résultats définitifs de la juridiction – la victime pour ses frais de soins ou de deuil[61]. Un aspect naturellement important du problème mais qui ne

---

[59] Caisse d'assurance de protection sociale complémentaire établie contre toute concurrence officielle.

[60] *Journal officiel* du 11 mars 1883, Chambre des députés, *Débats*, p. 549.

[61] Frédéric Passy (1822-1912) député de la Seine entre 1881 et 1889. Il est professeur d'économie politique et auditeur au Conseil d'État. C'est un partisan de la paix. En 1888, il fonde avec Ramdal Cremer, député aux Communes de l'Union interpar-

représente pas l'enjeu essentiel de la question de la responsabilité d'accidents dont les ouvriers sont victimes au travail.

Le député Laroche-Joubert intervient à son tour en notant qu'il approuve le principe de la loi qu'il est nécessaire d'approfondir et de compléter[62]. La loi doit s'appliquer aux travailleurs des villes, aux travailleurs des champs, aux grandes industries, aux grandes entreprises agricoles aussi bien qu'aux petits chantiers, aux petites fermes et aux petits métiers.

Le député Maurice Rouvier (pas encore ministre) lui succède et demande le passage à la discussion des articles[63]. Il demande de bien différencier les catégories d'industries : celles dans lesquelles il est employé des moteurs à vapeur, celles pour lesquelles il est employé des moyens mécaniques, les entreprises qui occupent un grand nombre d'ouvriers (facteur multiplicateur des dangers) et les petites entreprises qui n'occupent qu'un très petit nombre d'employés. Il demande de ne pas édicter l'obligation de l'assurance contre les accidents. Il ne défend pas le système de la Commission qui crée une caisse sous la garantie de l'État. Il dit au contraire de créer une caisse qui soit sous la gestion de l'État. Autrement dit une caisse qui n'appartient pas à l'État. Si une caisse nationale d'assurances couvrant les risques que courent les ouvriers se met en place, l'ensemble des salaires du pays, l'ensemble du travail national subiront un prélèvement égal à la quotité des secours alloués aux victimes du travail. Il trouve de l'équité à la question sociale.

---

lementaire pour l'arbitrage et la paix. En 1892, il est membre du *Comité du Bureau international de la paix* de Berne. En 1901, il devient le premier lauréat du prix Nobel de la paix qu'il partage avec Henri Dunant, fondateur de la « Croix-Rouge ».

[62] Jean dit Edmond Laroche-Joubert (1820-1884) est député de la Charente entre 1868 et 1870 puis entre 1876 et 1885 pendant une quinzaine d'années. C'est un industriel spécialiste de la fabrication du papier. Juge puis président du tribunal de commerce de la ville et directeur de la caisse d'épargne, il est également conseiller municipal, conseiller d'arrondissement, puis conseiller général de Charente à partir de 1864. Très actif en tant que député, il participe à de nombreuses commissions d'intérêt général, propose un impôt unique sur le capital acquis ou encore intervient pour défendre le libre-échange. Pour soutenir l'effort patriotique, il fabrique des cartouches pendant la guerre.

[63] Maurice Rouvier (1842-1911) avocat, banquier, journaliste, homme politique, il devient respectivement député des Bouches-du-Rhône (1871-1885), ministre du Commerce lors du gouvernement Léon Gambetta (1881-1882), député des Alpes-Maritimes (1885-1903), président du Conseil général de ce même département (1890-1911), sénateur des Alpes-Maritimes (1903-1911), ministre des Finances (1887-1892). Président du Conseil, à trois reprises, sous le gouvernement Maurice Rouvier, il est surtout connu sous l'étiquette de l'homme des Finances.

À l'issue de la séance du 12 mars 1883, la Chambre a décidé qu'elle passerait à la discussion des articles, mais elle a ordonné ensuite le renvoi des amendements à la Commission. Pour la troisième fois, le député Peulevey monte à la tribune pour soutenir son contre-projet. Amendement sur l'article 1er dont l'intitulé suit :

> « Article 1er – Dans les cas où, actuellement, et aux termes du droit commun, l'ouvrier, victime d'un accident du travail est admis à réclamer judiciairement une indemnité représentative de l'intégralité du préjudice par lui souffert, il n'est rien innové à la législation existante, sauf en ce qui concerne le mode de preuve et la procédure, dans certaines industries, ainsi qu'il est réglé aux articles 2 et 3 et après. »

En mai 1882, la commission d'examen demandait à la Chambre de modifier tous les principes du Code civil, d'admettre « une présomption de responsabilité contre le maître, contre le patron » (notion capitale et récurrente de la question sur les accidents), contre tous ceux qui pouvaient traiter du louage du travail avec les ouvriers[64]. Tout le monde s'accordait à une nuance près que soulève Peulevey à l'issue des consultations auprès des chambres syndicales, des syndicats professionnels, des chambres du commerce, à savoir qu'il était dangereux pour le patron d'être pour la plus légère imprévoyance ou faute responsable au même degré envers la victime que s'il eût commis la plus lourde des imprudences et des imprévoyances. (La Chambre n'a pas adopté. Le contre-projet de Peulevey est rejeté).

Le président de l'Assemblée nationale annonce que la loi ne commence réellement qu'à l'article 2. L'article 1er est supprimé (tout simplement remplacé par le contenu de l'article 2).

> Article 2
>
> « Dans les usines, manufactures, fabriques, chantiers, mines et carrières, entreprises de transport, et, en outre, dans les autres exploitations de tout genre où il est fait usage d'un outillage à moteur mécanique, le chef de l'entreprise est présumé responsable des accidents survenus dans le travail à ses ouvriers et préposés.
>
> Mais cette présomption cesse lorsqu'il fournit la preuve, ou bien que l'accident est arrivé parfois par force majeure ou cas forfait qui ne peuvent être imputés, ni à lui, ni aux personnes dont il doit répondre, ou bien que l'accident a pour cause exclusive la propre imprudence de la victime. »

---

[64] Renvoi à l'article 2 ci-dessous dans le texte.

Le député Rodat remarque le caractère grave de cet article si la Chambre entendait le voter en tant que tel[65]. L'article 2 renverse les règles suivies jusqu'ici et énoncées au Code civil. En effet, l'obligation de la preuve passe du demandeur au défendeur. Il existe pour lui une solution sans envisager le système de l'assurance obligatoire. Copier la législation étrangère en imposant une réglementation administrative précise de l'hygiène dans les manufactures et dans les fabriques dotée d'une inspection rigoureuse. La Chambre n'a pas entendu les propos du député Rodat, elle adopte, sans modification, l'article 2.

L'article 3 inscrit sous le titre II : « De la responsabilité spéciale à raison des risques professionnels. »

> « Dans les industries spécifiées en l'article 2 qui précède, le chef de l'entreprise (sans préjudice de la responsabilité qui lui incombe aux termes du droit commun), encourt, vis-à-vis des personnes qu'il emploie, une responsabilité à raison du risque professionnel, et doit, en conséquence, dans les limites de l'article 6 ci-après, venir en aide à tout ouvrier ou employé victime d'un accident dans l'exécution de son travail. »

La Chambre des députés adopte l'article en tant que tel.

Article 4

> « Par exception, est déchue de tout droit à réclamer le bénéfice de cette responsabilité spéciale, la victime qui sera intentionnellement exposée à l'accident, lorsqu'il y aura eu, pour le chef de l'entreprise ou ses préposés, impossibilité de l'en préserver. »

L'article est adopté.

Alfred Girard (rapporteur de la Commission) pense que cet article est superflu en raison du caractère absurde du contenu soulignant que l'ouvrier n'allait pas s'exposer au danger de mort pour assurer l'avenir de la famille[66].

---

[65] Armand Henri Rodat (1842-1894), avocat. Il est député de l'Aveyron (de 1882 à 1885 et de 1887 à 1889).

[66] Alfred Girard (1837-1910), avocat, il devient député du Nord (1878-1885) et sénateur du Nord (1887-1910). Député, il appuya les ministères Gambetta et J. Ferry, déposa (juin 1882) lors de la discussion de la loi sur la réforme de la magistrature une proposition demandant la suspension de l'inamovibilité des sénateurs en attendant sa suppression complète, vota pour les crédits de l'expédition du Tonkin contre la séparation de l'Église et de l'État, etc. Et il se représenta sans succès aux élections générales de 1885 dans le département du Nord. M. Girard fut plus heureux le 5 janvier 1888 lors des élections sénatoriales. Devenu sénateur du Nord, il s'est prononcé pour le rétablissement du scrutin d'arrondissement (13 février 1889), pour

Article 5

« La responsabilité spéciale dont il s'agit est limitée aux chiffres des pensions et secours que la caisse d'assurances en cas d'accidents (établie par la loi du 11 juillet 1868) alloue actuellement à l'assuré ou aux ayants droit de l'assuré, lorsque la prime annuelle est de 8 francs : – le tout conformément aux prescriptions et aux distinctions édictées en ladite loi du 11 juillet 1868. »

L'article 5 est adopté[67].

Article 6

« L'action à intenter, en vertu des deux articles précédents, devra être, à peine de déchéance, introduite dans les six mois du jour de l'accident. Elle sera formée devant le juge de paix dans le ressort duquel aura lieu cet accident.

Le demandeur jouira, de plein droit, du bénéfice de l'assistance judiciaire. Sur sa simple déclaration, le juge de paix invitera le syndic des huissiers à désigner un huissier. »

Malgré des oppositions de certains sur l'ensemble de la loi comme ce député Malartre déposant un amendement à ce sujet, l'article 6 est voté en tant que tel[68].

Article 7

« Le juge de paix prononcera sur l'action et sur les exceptions, s'il s'en élève. Il appréciera s'il y a incapacité absolue du travail ou seulement incapacité permanente du travail de la profession, et il fixera, dans les limites indiquées à l'article 6, la pension ou les secours à allouer.

Il lui sera loisible, si les conséquences de l'accident ne peuvent être encore exactement déterminées, de renvoyer son jugement définitif à une

---

le projet de loi Lisbonne de la liberté de la presse, pour la procédure à suivre devant le Sénat contre le général Boulanger. Il était membre du Conseil supérieur du commerce et de l'industrie. Il a publié plusieurs ouvrages juridiques et historiques dont une « Note pour servir à l'histoire de la campagne de France en 1870-1871 ».

[67] Les sociétés d'assurances peuvent multiplier les offres et adapter leurs services où les sociétés de secours mutuel sont tenues de garantir les mêmes avantages à tous les membres participants.

[68] Pierre-François-Florentin Malartre (1834-1911) industriel, représentant de la Haute-Loire (1871-1875), député de la Haute-Loire (de 1876 à 1878 ; de 1881 à 1885 ; et de 1889 à 1893). Il prit très souvent la parole essentiellement dans les discussions d'ordre social au sujet des livrets d'ouvriers, du travail des enfants, des filles mineures et des femmes dans les établissements industriels, des grèves et des conseils de prud'hommes. Il s'intéressait aussi à l'agriculture et il prit part à la discussion du projet de loi relatif à la sériciculture et à celle du budget de l'agriculture.

date ultérieure, dans les six mois qui suivront. Dans tous les cas, si le défendeur justifie avoir contracté, au profit du demandeur, une assurance à la caisse établie par la loi du 11 juillet 1868, le juge de paix sera tenu de surseoir à ce que le comité, institué par les articles 23 et suivants du décret du 10 août 1868, jusqu'à ce que le comité, institué par les articles 23 et suivants du décret du 13 août 1877, ait donné son avis en exécution de l'article 29 du premier de ces décrets ; et si le jugement à intervenir devra se conformer à cet avis, en ce qui concerne la détermination du genre d'incapacité de travail. »

L'article 7 est adopté.

Article 8

« Les jugements rendus par le juge de paix ne seront pas susceptibles d'appel.

Ils ne pourront être attaqués, par voie du recours en cassation, que pour excès de pouvoir. »

L'article 8 a été légèrement modifié par la phrase suivante : « Les jugements seront exécutoires par provision ».

Article 9

« Les créances de la victime ou de ses ayants droit, résultant du titre II de la présente loi, sont privilégiées dans les mêmes termes que celles énumérées en l'article 2101 du Code civil… »

La commission propose d'ajouter à ce paragraphe :

« Elles prendront rang à la suite des privilèges établis par cet article. »

L'article 9 se termine ainsi : « Les rentes viagères constituées sont incessibles et insaisissables. »

L'article 9 est retiré[69].

Article 10

« Si l'accident donne ouverture à l'exercice en responsabilité de droit commun, dirigé, conformément aux dispositions des articles 319 et 320 du Code pénal ou des articles 1382 et suivants du Code civil, soit contre le chef d'industrie, soit contre des tiers, il demeurera loisible aux intéressés d'exercer ces actions, sans qu'il puisse être opposé aucune fin de non-recevoir à raison de l'instance précédemment portée devant le juge de paix. Mais l'indemnité qui serait obtenue, dans les termes du droit commun, en vertu des articles du Code pénal ou du Code civil susvisés, et le montant de la condamnation qui aurait été prononcée par le juge de paix,

[69] Conduite non commentée.

s'il a été précédemment touché, viendra, jusqu'à concurrence, en déduction du chiffre de l'indemnité qui serait ultérieurement allouée pour responsabilité de droit commun. »

L'article 10 est mis aux voix et adopté.

Titre III

Dispositions communes aux deux titres précédents.

Article 11

« Si le chef d'entreprise avait contracté une assurance, à raison de la responsabilité lui incombant vis-à-vis de ses ouvriers et employés, la condamnation prononcée au profit de la victime de l'accident et de ses ayants droit emportera privilège, dans les termes de l'article 2102 du Code civil, sur l'indemnité due par l'assureur, et jusqu'à concurrence du montant des condamnations. »

L'article 11 est mis aux voix et adopté.

Article 12

« Toute convention à la présente loi est nulle de plein droit. »

L'article 12 est mis aux voix et adopté.

Nous sommes, le 23 octobre 1884, la Chambre des députés décide qu'elle passera à la seconde délibération. La seconde délibération n'a pas eu lieu, pourquoi ? Parce que la Chambre a adopté en première délibération toutes les propositions énoncées, précédemment, qui deviennent le premier projet de loi gouvernemental sur le sujet.

Nous avons désormais un bon aperçu de la notion de responsabilité des accidents dont les ouvriers sont victimes dans leur travail qui soulève la question qui suit : À qui incombe la faute ? À l'ouvrier ou à l'employeur ? Ce questionnement renvoie au caractère de dangerosité de l'activité, mais aussi du type d'établissement dans lequel évolue l'individu au quotidien l'exposant à un plus ou moins grand risque accidentogène : le droit à l'indemnité avec la problématique du financement ; la création de caisses d'assurances ou de prévoyances sociales ; la prise en charge du coût d'un système d'assurances renvoyant à la notion de cotisation et de financement dont les répercussions retombent soit sur l'employeur, le salarié et par défaut l'État. Qui va financer ces systèmes d'assurances, de caisses, de coûts liés aux dommages physiques et moraux portés à l'individu et des procédures judiciaires occasionnées ? Les assurances sociales doivent-elles devenir obligatoires ? Si l'individu est déclaré en situation d'incapacité permanente du fait d'un handicap physique ou moral consécutif à un accident professionnel, qui va financer la pension d'invalidité ? Et quelles vont être les tarifications de cette pension d'invalidité permanente ou partielle dont l'individu a été victime au cours de l'accident ? Sera-t-il dédommagé en l'occurrence de la valeur des dégâts et des pertes occasionnés et de sa souffrance morale le plaçant au rang des rejetés de la société au même titre que les vagabonds, les délinquants ou les incurables ? Faut-il inclure ces mesures d'assurances et de prévoyances sociales étendues aux marins et aux ouvriers agricoles dont les risques professionnels sont aussi importants dans leurs domaines d'activités ? Toutes les questions immédiates ou sous-jacentes à la question de la responsabilité des accidents professionnels sont abordées au cours de cette législation.

Nous comprenons mieux désormais les enjeux et les inévitables délais de la quinzaine d'années que le problème a posés aux chambres parlementaires. Nous comprenons, peut-être maintenant mieux pourquoi le gouvernement ne souhaite pas s'engager spontanément compte tenu de la lourdeur des enjeux financiers, de la responsabilité pénale de certaines questions sociales, de la prise en charge de l'individu lorsque celui-ci n'est plus en mesure de répondre à ses besoins vitaux. La procédure de la loi à instaurer est excessivement lourde de conséquences.

Cette loi ne cessera de représenter une des plus grandes mesures du progrès social historique du pays subissant dès les lendemains de sa promulgation des modifications, des améliorations qui s'inscrivent toujours aujourd'hui à notre jurisprudence du XXIe siècle. Et pourtant, la question sociale posée de façon directe au Parlement a toujours été rejetée. Par ce biais, on peut affirmer qu'elle est en partie abordée. Elle se nourrit des travaux des hygiénistes sur la question. Les hygiénistes représentent les défenseurs d'une prophylaxie sociale bien avant l'arrivée des syndicats ou le soulèvement même des ouvriers ou encore des actions philanthropiques des patrons. Si tous les médecins engagés au Parlement au cours de ces législatures ne prennent pas de manière systématique la parole, ce n'est pas volontaire de leur part ou par manque d'intérêts. Le jeu réglementaire des chambres étant défini, je le rappelle, par un tirage au sort mensuel des bureaux formant les commissions, il se trouve que les médecins n'ont pas été désignés dans les commissions compétentes et que les discussions en hémicycle se font entre les participants des commissions spécifiques[70]. Après une

---

[70] Les interventions éventuelles des médecins n'ont pas été vindicatives parce que des dimensions du projet de loi présentaient beaucoup trop d'aspects juridiques et

nouvelle vérification aux débats de la première délibération, je constate qu'aucun de leurs noms n'apparaît au *Journal officiel*. Délibérément absents du projet de loi, ces médecins législateurs ? La réponse n'est pas définitive.

C/ Un premier projet de loi en matière d'accidents professionnels – Un gouvernement conseillé en 1885

Il faut quatre années après l'initiative première de Martin Nadaud pour voir apparaître le premier projet de loi au nom du gouvernement présenté à la Chambre des députés (le 24 mars 1885) par Maurice Rouvier, ministre du Commerce[71]. À défaut de projet sous initiative personnelle, le gouvernement s'inspire des propositions émises par les députés ou par les sénateurs pour proposer un texte répondant au caractère urgent de la question. Cependant, il se garde bien (de se rallier sans réserve) au projet de la commission d'examen de la Chambre nommé jusqu'à présent pour étudier le sujet. Pour être bien conseillé, le ministre du Commerce fait appel à une commission extraparlementaire composée de membres du Parlement, de jurisconsultes et de personnes aux compétences professionnelles indiscutables. La commission extraparlementaire s'inspire des travaux de la première lecture de la Chambre des députés du 23 octobre 1884[72]. Elle partage l'idée de la présomption de responsabilité du patron. L'article 1er a soulevé les protestations d'un grand nombre de chambres du commerce et a été très vivement attaqué au sein de la Commission. Chacun doit être responsable des fautes qu'il a commises. Présumer le patron de tous les accidents qui peuvent arriver dans son entreprise c'est le condamner le plus souvent à réparer un dommage qu'il n'a pas causé. La présomption de responsabilité n'est du reste mise à la charge du patron que

---

financiers qui dépassaient leur champ de compétences. C'est une dimension explicative qu'il convient de prendre en compte pour comprendre la non-implication de ce corps professionnel.

[71] Projet de loi relatif à la responsabilité des accidents dont les ouvriers sont victimes dans leur travail renvoyé à la Commission des accidents des ouvriers ; présenté à la Chambre des députés le 24 mars 1885 par Maurice Rouvier, ministre du Commerce (I n° 3642) distribué et renvoyé à la Commission le 1er avril 1885 – ce projet de loi n'a pas été rapporté.

[72] Archives Nationales, série C/5374. Annexe à la proposition de loi relative à la responsabilité des accidents dont les ouvriers sont victimes dans leur travail présentée par Rouvier et Francis Laur à la Chambre des députés le 29 décembre 1885 (Impression n° 327). Le rapport adressé au ministre du Commerce par la Commission extraparlementaire des accidents se trouve en annexe.

dans les industries où les conditions du travail se sont modifiées dans le courant de ce siècle où les dangers d'accidents ont considérablement augmenté. À cet effet, le projet de loi ne vise que deux catégories d'industries : 1° les usines, manufactures, fabriques, chantiers, mines et carrières, entreprises de transports c'est-à-dire tous les établissements de la grande industrie où l'ouvrier court un danger pour ainsi dire permanent ; 2° toute exploitation quelconque où il est fait usage d'un outillage à moteur mécanique. Ce projet de loi ne s'adresse selon cette commission extraparlementaire qu'aux établissements dont l'industrie s'est transformée c'est-à-dire dans les grands établissements ou dans les ateliers à moteurs mécaniques. La commission a cru devoir déclarer que la petite industrie et toutes les professions qui ne présentent pas un caractère industriel et où pourtant l'on emploie les services d'autrui n'étaient pas concernées par cette mesure. L'adoption de l'article 1er nuirait au progrès de l'industrie. La crainte des accidents empêcherait le petit patron d'investir dans l'achat de machines nouvelles parce que si un ouvrier ou deux étaient tués, ce serait pour lui la ruine. L'industrie resterait en deçà de la concurrence étrangère.

Cette commission se compose de :

– Henri Louis Tolain (1828-1897) (président de la commission), ouvrier-ciseleur, représentant de la Seine à l'Assemblée nationale de 1871 à 1876 et sénateur de la Seine entre 1876 et 1897. Il prend part aux discussions sur l'amélioration du sort des classes laborieuses. Il est rapporteur des deux lois sur le travail des enfants et des femmes (1874, 1892). Il contribue au vote de la nouvelle législation réglant l'organisation des syndicats professionnels des patrons et des ouvriers. Il intervient sur la réglementation des heures de travail, le régime des syndicats, la conciliation et l'arbitrage entre patrons et ouvriers ou employés.

– Henri Barne (1831-1893), avocat à Marseille qui plaide souvent pour les journaux républicains de la région et préside le Conseil général des Bouches-du-Rhône lorsqu'il est élu sénateur par ce département le 5 janvier 1879. Il sera réélu dans le même département aux élections sénatoriales du 25 janvier 1885. Il vota le 11 juin 1886 l'expulsion des princes. Il propose en novembre 1888 une modification de la loi des associations syndicales qui permettrait aux particuliers de se syndiquer pour exécuter dans les villes, au lieu et place de l'administration, certains travaux publics. Dans la dernière session, il a voté : le 13 février 1889 pour le rétablissement du scrutin uninominal ; le 18 février pour la proposition de loi Lisbonne restrictive de la liberté de la presse ; le 29 mars pour la loi de procédure à suivre devant le Sénat pour juger les attentats commis contre la sûreté de l'État (affaire Boulanger).

– Martin Nadaud, ouvrier maçon écrivain (1815-1898) très largement présenté au cours des pages précédentes.

– Alfred-Louis-Joseph Girard (1837-1910), avocat. Il est élu député du Nord entre 1878 et 1885 et sénateur du Nord entre 1887 et 1910. Député, il appuya les ministères Gambetta et Jules Ferry. Il déposa en juin 1882, lors de la discussion de la loi sur la réforme de la magistrature, une proposition demandant la suspension de l'inamovibilité des sénateurs en attendant sa suppression complète, vota pour les crédits de l'expédition du Tonkin contre la séparation de l'Église et de l'État… Il se représentera sans succès aux élections générales de 1885 dans le département du Nord. Il fut plus heureux le 5 janvier 1888 lors des élections sénatoriales devenant sénateur du Nord. À ces élections il se prononce pour le rétablissement du scrutin d'arrondissement (13 février 1885), pour le projet de loi Lisbonne restrictif de la liberté de la presse, pour la procédure à suivre devant le Sénat contre le général Boulanger. Il a été membre du Conseil supérieur du commerce et de l'industrie. Il a publié plusieurs ouvrages juridiques et historiques dont une « Note pour servir à l'histoire de la campagne de France en 1870-1871 ».

– Drumel (1844-1897), professeur à la Faculté de droit de Douai, puis doyen à la Faculté de droit de Lille, il fut membre du Conseil supérieur de l'instruction publique à partir de 1891. Député des Ardennes entre 1876 et 1885 et conseiller général, sénateur des Ardennes entre 1893 et 1897, il s'intéresse au Parlement aux questions d'ordre juridique et d'enseignement.

– Léon Becquet, conseiller d'État, auteur de *Les établissements publics et d'utilité publique*, publié en 1881 et d'une monographie sur *Le Conseil d'État* parue dix ans plus tard. Il a cofondé « le Répertoire de droit administratif » en 1882.

– C. Nicolas, conseiller d'État, directeur du commerce intérieur au ministère du Commerce.

– Muller professeur à l'École centrale des Arts et Manufactures (ville non précisée)[73].

---

[73] Archives nationales, carton C/5374. Annexe à la proposition de loi relative à la responsabilité des accidents dont les ouvriers sont victimes dans leur travail, présentée par les députés Rouvier et Francis Laur à la Chambre des députés le 29 décembre 1885 (Impression n° 327). Le rapport adressé à M. le ministre du Commerce par la Commission extraparlementaire des accidents se trouve en annexe.

– Vavasseur, avocat à la Cour d'appel (ville non précisée).

– Marotel, président du syndicat des chefs de service et contremaître de l'industrie métallurgique.

– Le docteur en médecine Napias, directeur de l'Assistance publique, secrétaire général de la Société de médecine publique et d'hygiène professionnelle, médecin hygiéniste très engagé dans l'organisation des institutions de santé publique, auteur d'un *Manuel d'hygiène industrielle* (publié en 1882) et d'une étude sur l'*Hygiène professionnelle* (publiée en 1878).

– Louis Bouquet, chef du bureau au ministère du Commerce, secrétaire.

La Commission extraparlementaire admet le principe du « risque professionnel » sans pour autant imposer que la loi comporte en annexe l'énumération de tous les établissements où existe ce risque. Ce sera par voie de règlement d'administration publique que les modifications selon les conditions industrielles seront apportées. La commission a seulement défini les établissements concernés. Elle déclare qu'il y a « risque professionnel dans les industries où, soit à raison de l'outillage, soit à raison des moteurs, des matières employées ou fabriquées, l'ouvrier est exposé à un accident dans l'exécution de son travail. » Elle a reconnu qu'il était nécessaire de garantir l'ouvrier contre ce risque. Pour cela, deux systèmes se trouvent en présence, ou bien créer une responsabilité spéciale à la charge du patron, ou bien établir l'assurance obligatoire, mais ne présentent aucune des deux solutions en particulier.

La commission est favorable à l'amélioration de la caisse instituée par la loi de 1868. Elle encourage les chefs d'industrie à contracter une assurance collective pour le nombre total des ouvriers qu'ils emploient. L'adoption du principe de l'*assurance obligatoire* présente l'avantage de ne pas imposer le *risque professionnel* tout entier à la charge du patron et d'augmenter, par conséquent, le prix de revient de la main-d'œuvre dans des proportions sensibles. Il est en effet possible de faire supporter la prime d'assurance partie par le patron et partie par l'ouvrier, la part de l'ouvrier ne devant pas dépasser celle du patron au terme d'une convention définie entre les deux contractants. S'en rapportant en cela au projet de loi adopté en première lecture par la Chambre des députés, la commission a stipulé dans l'article 5 que ces indemnités seraient au moins égales aux chiffres des pensions et des secours que la caisse d'assurances en cas d'accident (établie par la loi du 11 juillet 1868) alloue actuellement à l'assuré ou aux ayants droit de l'assuré lorsque la prime annuelle est de 8 francs. L'État doit proposer une caisse d'assurances aux ouvriers en laissant le choix à ces derniers de s'assurer auprès des compagnies d'assurances anonymes ou mutuelles, à condition que celles-ci offrent des garanties suffisantes et soient gérées par un règlement d'administration publique afin d'éviter une concurrence trop déloyale entre elles. Les patrons auraient pour obligation d'assurer leurs ouvriers sous peine de pénalités dans le cas contraire. En cas d'accidents, il devrait payer à l'ouvrier ou à ses ayants droit une indemnité définie par la loi du 11 juillet 1868 pour une prime annuelle de 8 francs. Elle garantit à l'ouvrier de toucher une indemnité. En résumé, le projet proposé par cette commission extraparlementaire simplifie la procédure pour l'obtention rapide les indemnités par le renversement de la preuve et des dommages causés. Dans tous les établissements où le risque professionnel existe, le projet institue l'*assurance obligatoire* et garantit par ce moyen une indemnité à l'ouvrier blessé, quelles que soient les conditions dans lesquelles se produisent les accidents. Cette assurance bien que contractée par les soins du patron ne sera pas suffisamment onéreuse pour augmenter d'une façon sensible ses frais généraux. Outre que la prime annuelle sera peu importante, elle pourra être supportée par l'ouvrier jusqu'à concurrence de la moitié.

Malgré la qualité du travail de cette commission extraparlementaire, le projet de loi fait l'objet d'un rapport. Pourquoi ? La documentation de la Chambre n'en livre aucune explication.

Il est intéressant de noter que le gouvernement n'hésite pas à consulter des intervenants extérieurs qui peuvent apporter un éclairage sérieux. Nous retrouvons toujours, pour la situation, nos deux hommes très concernés par la question : Martin Nadaud représentant le milieu ouvrier et le docteur en médecine Henri Napias représentant le milieu hygiéniste[74]. Les grandes institutions juridiques sont représentées par les deux chambres parlementaires, le Conseil d'État, une Cour d'appel et des organismes professionnels représentatifs du secteur industriel tels les syndicats professionnels, l'École centrale des arts et manufactures et les chambres consultatives du commerce et de l'industrie. Ces professionnels compétents en termes de juridictions sont en contact permanent avec les employeurs, les salariés et les syndicats professionnels. Ils peuvent aussi rencontrer d'autres spécialistes du milieu ouvrier, notamment les hygiénistes.

S'inspirent-ils des études hygiénistes ? Il est possible de le penser. Le gouvernement, au cours des travaux du Parlement, n'hésite pas à

[74] Dont une rapide biographie est mentionnée dans la conclusion générale de ce livre.

consulter des organismes ou des commissions qui peuvent donner une opinion informée des enjeux de la question posée et des réalités du terrain. Pour la question des accidents professionnels, il a fait appel à une commission de juristes parce que le sujet implique une reformulation de certains principes du Code civil. Ce qui ne l'empêchait pas (comme le cas s'est présenté précédemment) de faire appel à des institutions représentatives du milieu médical comme l'Académie nationale de Médecine ou le Conseil consultatif supérieur d'hygiène publique de France. Il est important de souligner le fait.

Le travail d'étude sur la question avance lentement. Une fois coutume, la question est de savoir pourquoi ? Parce que, d'une part, la réforme du Code civil ne portant même que sur un seul article n'est pas une évidence, surtout celle qui renvoie à la responsabilité civile d'un individu face à d'autres individus. Et parce que, d'autre part, les priorités de la Chambre sont ailleurs. Pour la seule année 1885, Georges Clemenceau lance un grand débat sur les dimensions de la civilisation par rapport à la colonisation (31 juillet 1885). La colonisation de Madagascar est également à l'ordre du jour. Le scandale de Panama commence à rebondir. La libération conditionnelle des détenus en prison (texte du 14 août 1885 loi dite Bérenger) est votée. L'invasion du phylloxéra dans le vignoble français pose un énorme problème économique et sanitaire au pays, préoccupe au premier rang les parlementaires. Et du point de vue institutionnel, l'instabilité gouvernementale est de rigueur depuis 1879 et le pays confirme ses goûts en matière de liberté économique ; 30 juin 1881, liberté de réunion, 29 juillet 1881, libéralisation de la presse, 21 mars 1884, liberté syndicale, 4 mars 1882, nouvelles attributions de pouvoir au maire. Ces mesures, à légiférer, ne sont pas minimes. Voici quelques illustrations qui devraient provoquer d'autres débats et des préoccupations plus prioritaires que la question des accidents professionnels à traiter.

2/ Ce que font apparaître les discussions parlementaires

A/ La réforme du Code civil

De 1880 à 1887, il est certain qu'il a été déposé plusieurs propositions de loi ayant toutes le même objet. Ces propositions furent examinées par la commission parlementaire de la Chambre des députés. À deux reprises et n'ayant pu aboutir jusqu'à présent, la discussion s'est engagée en séance publique. Le 13 mai 1882 (sur un premier rapport d'Alfred Girard en date du 28 août 1881 sans rien préjuger de la solution partielle alors présentée), la Chambre des députés manifeste seulement sa volonté de statuer en une seule fois sur l'ensemble des mesures déposées. Elle prononce le renvoi à la commission. Le 12 mars 1883, sur un second rapport de Martin Nadaud[75], la Chambre des députés a voté à l'unanimité le passage à la discussion des articles. Mais aussitôt après le renvoi à la commission fut ordonné. En séance publique, la Chambre des députés qui réclame des dommages-intérêts pour les ouvriers des industries dangereuses demande de faciliter l'exercice du droit des ouvriers en leur évitant les obstacles à l'administration de la preuve et en simplifiant et en accélérant la procédure. Ensuite, les débats vont porter sur la question d'accorder un minimum d'assistance aux mutilés du travail qui les préserveraient de la mendicité. La commission d'examen au nom d'Alfred Girard et Martin Nadaud se déclare favorable au maintien en faveur des ouvriers des articles 1382 et suivants du Code civil[76]. Dans les cas prévus par ces articles, les ouvriers comme tous les autres citoyens pourront obtenir une indemnité véritable, c'est-à-dire représentative de l'intégralité du préjudice souffert. Il avait été dit que dans certaines industries, le droit à l'indemnité était souvent illusoire eu égard à la presque impossibilité pour le blessé d'apporter la preuve indispensable. La commission d'examen décharge le blessé du fardeau de la preuve, une présomption légale de faute est établie dans les conditions déterminées contre l'employeur. Puis la commission a souligné les lenteurs de la procédure et les frais considérables de constitution du dossier. La commission diminue les lenteurs et les frais. Il est des industries particulièrement dangereuses où les accidents se produisent journellement, sans qu'on parvienne à les rattacher à une faute initiale de l'homme. La commission d'étude entend que la future loi ne soit pas généralisée mais s'applique à certaines entreprises. Elle précise, enfin, que cette loi n'ajoute en rien au fond aux obligations actuelles du chef de la responsabilité de droit commun. Elle se borne, au mieux, à assurer l'exécution des obligations existantes.

[75] En date du 14 novembre 1882.

[76] Rapport du 16 février 1884 de la Chambre des députés, Impression n° 2634. L'article 1383 renvoie à sa propre responsabilité civile par rapport à un dommage qu'il a causé, article 1384 responsable des personnes ou des choses que l'on a sous sa garde, article 1885 de sa responsabilité à l'égard de ses propres animaux, article 1886 des dégâts ou de l'usure d'un immeuble lorsque l'individu est le propriétaire des lieux.

Quelles que soient les divergences sur les initiatives et les alternatives proposées, il faut bien connaître la situation qui se présente à l'heure actuelle avant d'apporter une solution. Le droit à compensation ou indemnité en cas de dommage résultant d'un accident est inscrit aux articles 1382 et suivants du Code civil. Dans sa formulation générale, la loi ne différencie pas l'ouvrier occupé dans l'entreprise de toute autre personne. Elle exige la preuve que le chef d'entreprise a soit directement soit par le fait de personnes à son service commis quelque faute (cause de l'accident). À défaut de cette preuve, la personne victime d'un dommage ne peut prétendre à aucune indemnité ni compensation. Il est souvent difficile de prouver la faute qui a occasionné un accident, cause matérielle et état des lieux et des machines dans les cas graves témoignent difficilement des faits. Les témoins ne sont pas toujours en état de rendre compte des événements. Il existe donc un assez grand nombre de cas où la faute du chef d'entreprise quoiqu'existante ne peut pas être juridiquement prouvée. Puis il existe les cas de nature fortuite, c'est-à-dire les cas où la cause plus ou moins indéterminée doit être cherchée dans les conditions mêmes de l'industrie dans les nécessités que lui impose le fonctionnement de son outillage mécanique ou de ses procédés chimiques et physiques. De telle manière que, dans le plus grand nombre des accidents, le recours théorique ouvert par les articles 1382 et suivants du Code civil reste sans usage pratique. L'ouvrier victime supporte en effet en vertu de la loi tout le poids des cas dits « fortuits » ou de force majeure et toute la charge du grand nombre d'accidents où la responsabilité du chef d'entreprise, quoique réelle, ne peut être juridiquement établie. Il ne reste donc dans la réalité des faits qu'un très petit nombre de cas où il peut espérer obtenir une compensation. Si une action judiciaire est engagée l'ouvrier blessé et mutilé ou s'il y a mort d'homme, ses ayants droit, sa veuve et ses enfants, se trouvent aux prises des lenteurs de la procédure. Souvent, le chef d'industrie est assuré auprès d'une compagnie. Il ne peut dans ce cas reconnaître sa responsabilité et s'entendre à l'amiable pour l'indemnité sans s'exposer à perdre son recours contre son assureur. Le procès épuise donc toutes les juridictions et tous les délais. Pendant ce temps, la misère sévit sur les malheureuses victimes d'accidents. Les frais de procédure, les pertes de temps, le cumul des procès, rendent doublement onéreux pour le chef d'entreprise le règlement d'indemnités trop difficilement accordées où le procès devient en quelque sorte la suite obligée de tout accident grave. Les patrons et les ouvriers n'ont rien à gagner de cet état de fait ! Une réforme judiciaire pour combler les lacunes et instaurer une solidarité économique et sociale est parfaitement nécessaire d'autant que les premières sont bien connues depuis longtemps. Il est reconnu de toutes parts que la solution donnée par le Code civil à la question des indemnités en cas d'accident industriel n'est plus en rapport avec les conditions actuelles de la production et du travail. Les transformations subies par l'industrie depuis le commencement du siècle et qui perdurent ont créé une dépendance des ouvriers vis-à-vis des machines où les dangers deviennent les conséquences inévitables et inséparables des procédés de fabrication.

B/ La notion de risque professionnel évoquée, pour la première fois, en 1885

Une succession de propositions de loi s'échelonne entre décembre 1885 et 1887. Et le 29 décembre 1885, Rouvier avec le député Laur reprend en son nom personnel[77] le projet qu'il avait déposé comme ministre le 24 mars 1885[78]. Il ne modifie en rien à la responsabilité de droit commun résultant des articles 1382 et suivants du Code civil. Toutefois, à côté et indépendamment de cette responsabilité comme dans le projet de Lagrange, il fait obligation au patron et à l'ouvrier de contracter une assurance à frais communs en raison de ce que le projet appelle le risque professionnel. Cette assurance à laquelle l'ouvrier doit contribuer pour la moitié doit lui garantir en cas d'accidents des indemnités au moins égales aux pensions et au secours de la caisse d'assurance de 1868 lorsque la prime annuelle est de 8 francs[79].

---

[77] Francis Laur (1844-1934), ingénieur civil de l'École des mines de Saint-Étienne fut élu député du département industriel de la Loire de 1885 à 1893. Il était déjà conseiller général du canton de Duvivier (Algérie) en 1869. Il fut ensuite ingénieur à la société « Vieille Montagne » et il dirigea le journal *École des mines et de la métallurgie*. Conseiller municipal, en 1881, puis adjoint au maire de Saint-Étienne, en 1884, il est élu député en 1885 et il s'inscrit à gauche (« républicains progressistes » en 1886). Il fait campagne pour accorder différents privilèges aux ouvriers mineurs. Il prend part à la discussion générale de la séance du 17 mai (1re délibération sur les accidents du travail et à la séance du 28 mai 1888) ; 2e délibération en proposant un amendement (article 29).

[78] Impression n° 327. Un rapport sommaire est dressé le 11 février 1886 par Jules Gros (Impression n° 433) et la prise en considération est prononcée le 17 avril 1885. Jules Gros (1838-1919), avocat, est député du Doubs (1885).

[79] Quelques mois après cet échec gouvernemental, le député Lagrange dépose une proposition de loi sur la responsabilité des accidents dont les ouvriers sont victimes, est présentée à la Chambre le 3 décembre 1885. La prise en considération sera prononcée le 29 décembre 1885. Lagrange reprend le texte voté en première lecture du

Cette assurance peut être contractée par l'intermédiaire du patron auprès des compagnies particulières d'assurances ou auprès de la Caisse de l'État. L'ouvrier étant tenu jusqu'à concurrence de moitié au paiement de la prime pourrait ainsi être appelé à couvrir de ses deniers une portion de la responsabilité, même civile, et de droit commun du patron. En effet, selon le projet, les indemnités payées en raison de l'assurance obligatoire (quelle qu'ait été l'importance de cette assurance !) ne se cumulent pas avec celles accordées en vertu de la responsabilité prévue par les articles 1382 et suivants du Code civil. Comme par ailleurs c'est le patron qui est chargé de contracter l'assurance à des frais communs (et qu'il n'est pas obligé d'en restreindre l'étendue) il aura évidemment intérêt à en porter le montant jusqu'au point où elle pourra couvrir toutes les indemnités qu'un accident peut entraîner à sa suite y compris celles dues en raison de sa responsabilité de droit commun. En 1886, la notion de « risque professionnel » est abordée, pour la première fois au Palais du Luxembourg, grâce à l'initiative du sénateur Blavier dont la proposition de loi sur le sujet va être prise en considération le 29 juin 1886. Il faut noter, néanmoins, qu'il n'y aura aucune répercussion immédiate. Ce qui pousse peut-être la Chambre des députés à accélérer les événements de son côté puisque deux semaines après le dépôt de la proposition de Blavier au Sénat, le gouvernement au nom d'Édouard Lockroy, ministre du Commerce et de l'Industrie (2e cabinet Jules Ferry) lui soumet un nouveau projet de loi le 2 février 1886[80]. Ce projet de loi n'est d'ailleurs que la reproduction intégrale de celui qui a été élaboré par la

23 octobre 1884 par la Chambre précédente. Sera-t-il plus convaincant que son homologue ministre ? La réponse est négative. Il n'a pas plus de succès parce qu'il ne fait que reprendre le travail précédemment fait. Sa proposition institue deux sortes de responsabilités et donne droit à deux actions distinctes en justice devant deux juridictions différentes. Dans le titre premier, la responsabilité est telle qu'elle ressort des articles 1382 et suivants du Code civil mais en présumant que cette responsabilité incombe au chef d'industrie à moins qu'il ne fasse la preuve contraire. Les contestations sont jugées comme en matière sommaire par les tribunaux ordinaires. Dans le titre deuxième, il est institué une responsabilité spéciale à raison du risque professionnel. Cette responsabilité qui est tout entière et dans tous les cas à la charge du chef d'entreprise est par contre limitée aux chiffres des pensions et secours que la caisse d'assurance, en cas d'accident, établie par la loi du 11 juillet 1868, alloue lorsque la prime est de 8 francs. L'action à intenter en vertu de cette responsabilité spéciale doit être formée devant le juge de paix dont les jugements sont exécutoires par provision. Elle ne peut être opposée comme fin de non-recevoir à l'action en responsabilité de droit commun qui peut toujours être intentée. Mais les indemnités obtenues par l'une et l'autre voie ne se cumulent pas.

[80] Impression n° 395.

commission extraparlementaire (quelques pages précédentes) et qui a siégé au ministère du Commerce en 1885. Maurice Rouvier et Édouard Lockroy sont des ministres de droite. Comment se fait-il que la question des accidents posée à la Chambre (depuis 1880) ne parvienne pas à avancer dans les procédures de vote ? En six ans, pas moins de huit propositions et deux projets de loi ont été déposés à la Chambre des députés et une proposition de loi a été prise en considération au Sénat. Comment se fait-il que tous ces projets politiques n'aboutissent pas ? En somme, on semble admettre le principe du risque professionnel encouru par l'ouvrier lors de son travail et reconnaître la responsabilité du patron à l'égard de ses employés. De même, on accepte à l'unanimité le principe d'une procédure juridique simple et rapide pour dédommager la victime bien que certains soient en désaccord sur les moyens à mettre en œuvre. Jusque-là, la question n'est pas trop compliquée bien que certains parlementaires ne souhaitent pas voir une loi qui indemniserait systématiquement toute déclaration d'accident ! Pour certains, la loi doit se restreindre à la grosse industrie et aux entreprises où il est fait usage d'un outillage à moteur mécanique. L'inclusion des ouvriers agricoles dérange et, nous le verrons plus tard, la question des marins et des colons sera disputée. Il est évident qu'un système d'assurances sociales doit être mis en place pour couvrir l'ouvrier des dangers qu'il rencontre. Qui devra payer ? Est-ce à la charge du patron ? De l'ouvrier ? Ou de l'État lorsque l'entreprise n'est pas en mesure de faire face à la situation ? Et l'assurance devra-t-elle devenir obligatoire pour le patron ? Pour l'ouvrier ? Autant de détails essentiels qui fâchent et mettent en désaccord les législateurs. La situation voit s'opposer deux clans. Les défenseurs de la cause économique soucieux en priorité des intérêts des industriels et des patrons, il faut le redire, l'ère économique est au libéralisme[81]. Et à l'opposé, il y a bien entendu les défenseurs de la cause ouvrière visant à inscrire la question sociale à l'ordre des débats pour améliorer les conditions de vie des plus défavorisés. Présents dans toutes les instances du jeu politique, les médecins parlementaires soutiennent évidemment cette cause. La notion du risque professionnel perdure la même année à la Chambre des députés. La proposition de Félix Faure (Seine-Maritime) au moment où il occupe le poste de secrétaire d'État

---

[81] Cf. notamment les travaux de thèse en histoire politique de Jean Garrigues, « Léon Say et le Centre Gauche, 1871-1896. » « La grande bourgeoisie libérale dans les débuts de la IIIe République », thèse de doctorat d'histoire « nouveau régime », Université de Paris X (Directeur Philippe Vigier), 3 volumes, 1993.

à la marine et aux colonies présentée à la Chambre des députés le 26 juin 1886[82] donnera naissance à un projet de loi à la suite de deux délibérations les 29 mai et 10 juillet 1888 présenté au Sénat le 24 janvier 1889 par le sénateur ouvrier-ciseleur Tolain[83]. Félix Faure

---

[82] Impression n° 884, Chambre des députés, le 26 juin 1886 renvoyée à la 7e commission d'initiative parlementaire le 5 juillet 1886 – Rapport sommaire le 21 octobre 1886 par G. Gobron (voir ci-dessous)* (Impression n° 1161). La prise en considération sera prononcée le 16 décembre 1886. Une commission d'examen sera nommée le 20 janvier 1887, rapportée à la Chambre le 28 novembre 1887 par le député Duché (Loire) (Impression n° 2150). À l'issue de cette commission, il y aura une première délibération le 29 mai 1888 et la deuxième délibération et l'adoption par la Chambre auront lieu le 10 juillet 1888 pour donner le projet de loi (Impression n° 881). Ce projet de loi sera présenté au Sénat le 17 juillet 1888 (Impression n° 552) renvoyé à la commission des accidents dont les ouvriers sont victimes, le 18 juillet 1888, pour donner un rapport le 24 janvier 1889 présenté au Sénat par le sénateur Tolain (voir biographie ci-dessous) Impression n° 9.

* Gustave Gobron (1846-1911) est un industriel député des Ardennes (1885-1889).

[83] Henri-Louis Tolain, ouvrier-ciseleur (1828-1897), député de la Seine (1871-1876) et sénateur de la Seine (1876-1897). Membre et secrétaire de la commission ouvrière envoyée en Angleterre par le gouvernement pour présenter un rapport sur les diverses industries de ce pays. Successivement délégué de la section parisienne de l'*Internationale* aux congrès ouvriers de Genève (1866), de Lausanne (1867), de Bruxelles (1868) et de Bâle (1869), il se fit remarquer par son activité ; (il encourut en 1868 une condamnation à cent francs d'amende, comme prévenu de faire partie d'une société non autorisée de plus de vingt personnes). Il collabora au *Courrier français* de Vermorel ; il se déclara, en 1869, l'adversaire des théories communistes et il fut en relations personnelles avec le prince Jérôme-Napoléon. La révolution du 4 septembre l'appela bientôt à jouer un rôle politique. Nommé aux élections municipales du 5 novembre 1870, adjoint au maire du 11e arrondissement, il posa sa candidature radicale à l'Assemblée nationale dans le département de la Seine qui l'élut représentant le 8 février 1871. Il se montra opposé au mouvement communaliste du 18 mars. Il s'associa à la proclamation des députés et maires de Paris acceptant les élections municipales pour le 26 et il siégea à l'extrême gauche de l'Assemblée (« Union républicaine »). Il se prononça contre les préliminaires de paix, contre le pouvoir constituant de l'Assemblée, pour la dissolution de la Chambre, contre la chute de Thiers en mai, contre le septennat, la loi des maires, l'état de siège, le ministère de Broglie, pour les amendements Wallon et Pascal Duprat et pour l'ensemble des lois constitutionnelles. Le député Tolain ne négligea aucune occasion de traiter à la tribune la plupart des grandes questions économiques ou industrielles. Il parla avec une facilité et une netteté qui furent remarquées sur la marine marchande, sur les matières premières, sur la loi contre l'Internationale (1872) ; déposa sans succès un projet de loi sur le droit d'association et il tenta vainement de faire adopter une demande de crédits pour l'envoi d'ouvriers à l'Exposition universelle de Vienne. Candidat le 30 janvier 1876 aux élections sénatoriales de la Seine, il fut élu comme républicain radical. Il prit place au groupe de « l'Union républicaine », signa et vota la demande d'amnistie et se prononça contre le gouvernement du Seize-Mai et contre la demande de dissolution de la Chambre. À partir de 1878, il appuya les

ministères républicains, se rapprocha de plus en plus de la politique opportuniste préconisée par Gambetta, demanda (juillet 1881) la révision de la Constitution, parla (avril 1882) en faveur des syndicats professionnels, attaqua (février 1883) le rapport de Allou sur l'expulsion des princes, combattit (novembre 1883) les conventions avec les compagnies de chemin de fer, fut rapporteur (février 1884) de la loi des syndicats professionnels, s'éleva (en juin 1884) contre les surtaxes sur les céréales, appuya (août 1885) la suppression de l'impôt sur le papier et présida « l'Alliance républicaine des comités radicaux et progressistes de la Seine » pour les élections du 4 octobre 1885, en opposition avec le comité Clément. En octobre 1886, il réclama les subventions pour les établissements d'enseignement professionnel, demanda (mai 1887) la séparation du Conseil général de la Seine et du Conseil municipal de Paris et il présida (décembre 1888) la commission sénatoriale du budget. Il avait été réélu au renouvellement triennal du 8 janvier 1882 sénateur de la Seine par 111 voix (sur 202 votants). En dernier lieu, Tolain s'est prononcé pour le rétablissement du scrutin d'arrondissement (13 février 1889), pour le projet de loi Lisbonne restrictif de la liberté de la presse, pour la procédure de la Haute-Cour contre le général Boulanger. Le 4 janvier 1891, il avait été réélu obtenant au troisième tour 351 voix sur 661 votants. Au Sénat comme à l'Assemblée nationale, Tolain a très souvent pris la parole sur les questions ayant trait à l'amélioration du sort des classes laborieuses. Il fut notamment le rapporteur du projet de loi relatif au travail des enfants, des filles mineures et des femmes dans les établissements industriels et il prit une part active au débat. Il contribua également au vote de la nouvelle législation réglant l'organisation des syndicats professionnels de patrons et d'ouvriers et il intervint régulièrement dans les discussions relatives aux projets de loi sur le règlement des heures de travail, sur les accidents dont les ouvriers sont victimes dans leur travail, sur le régime des syndicats, sur la conciliation et l'arbitrage facultatif entre patrons et ouvriers ou employés. Il déposa et soutint une proposition de loi ayant pour objet de faire nommer les directeurs des compagnies de mines et de chemins de fer par le gouvernement. Cependant, il s'opposa à la demande d'urgence déposée par Girault visant à donner des pouvoirs judiciaires plus étendus à la commission d'enquête nommée par la Chambre des députés pour établir la vérité et les responsabilités dans l'affaire du canal de Panama. En 1890, Tolain avait été l'un des cinq délégués choisis par le gouvernement français pour le représenter à la conférence réunie à Berlin sur l'initiative de l'empereur d'Allemagne afin d'étudier les questions relatives à l'organisation du travail. Il participa au meeting de Saint-Martin's Hall où fut fondée la première Internationale socialiste mais il le quitta se refusant d'adhérer au collectivisme et fonda une association rivale « La Fédération ouvrière ». Nommé questeur, en 1893, en remplacement de Margaine (décédé), il fut réélu chaque année jusqu'en 1897 (année de sa mort). En même temps, il fut membre suppléant de la commission de la Haute-Cour de justice. En outre, il fut président de la commission chargée de l'examen du projet de loi ayant pour objet l'augmentation de la participation d'associations ouvrières françaises aux marchés de travaux et de fournitures à passer pour le compte des communes ainsi qu'il a été membre de la commission supérieure relative au travail des enfants, des filles mineures et des femmes dans les établissements industriels.

reprend les idées de sa proposition de la précédente législature[84]. Sa rédaction en a été modifiée et simplifiée. Il a notamment abandonné ou ajourné toute la portion relative à la réforme de la Caisse d'assurances créée par la loi du 11 juillet 1868. Le principe fondamental de ce projet est le même que celui de Lagrange (3 décembre 1885). Il consiste dans l'établissement d'un risque professionnel spécial à la charge exclusive du chef d'entreprise sans prise de la responsabilité qui lui incombe aux termes du droit commun. La notion évolue et se précise un peu. Lorsque ce risque professionnel donnerait naissance à des actions en justice, ces dernières devraient être portées devant un tribunal spécial composé de juge de paix et de deux assesseurs l'un patron, l'autre ouvrier, désignés par le conseil des prud'hommes du canton ou à son défaut par le maire. Ce système ne diffère que sur deux points importants de celui de Lagrange. Premièrement, les indemnités n'y sont pas fixées au taux de celles accordées par la Caisse créée par la loi de 1868, mais suivant une règle qui prend base le salaire de la victime et qui aboutit à des indemnités très supérieures puisqu'elles peuvent aller jusqu'à une rente annuelle de 1 000 francs en cas d'incapacité absolue du travail. Deuxièmement, le risque professionnel spécial ne s'appliquerait pas seulement aux usines, fabriques et chantiers de la grande industrie. Dans le projet de Félix Faure, ce risque incomberait à tout chef d'entreprise industrielle, commerciale ou agricole[85]. Après étude par la commission chargée d'examiner la proposition de Félix Faure du rapport préparé par le député de la Loire, Antoine Duché, journaliste de profession (nous pouvons l'imaginer, de par sa profession et son origine géographique, bien placé pour connaître la condition des ouvriers du bassin minier de la région de Saint-Étienne ou des vallées environnantes du Gien et de l'Ondaine) – il résulte une mise à plat de la question des accidents professionnels et un passage en revue scrupuleux et critique de toutes les initiatives qui ont été proposées jusqu'ici[86].

Ce projet substitue dans son titre I « Des indemnités en cas d'accident » aux règles générales des articles 1382 et suivants du Code civil le principe du risque professionnel. Il reconnaît que l'industrie moderne entraîne, avec elle, des risques inévitables. L'assurance de-

[84] Proposition de loi de 1885.

[85] À consulter dans la partie annexe de la thèse le texte de la proposition de loi de Félix Faure du 26 juin 1886 (Impression n° 884).

[86] Antoine Duché (1843-1887), journaliste et député de la Loire (1885-1887). Rapport parlementaire examiné par la commission parlementaire sur la proposition de loi de Félix Faure (Chambre des députés, 28 novembre 1888, Impression n° 2150).

vient nécessaire mais elle ne présente pas encore de caractère obligatoire. Aux industriels de rester libres arbitres de leur souscription en étant eux-mêmes leurs propres assureurs, soit en s'adressant à des compagnies privées, soit en ayant recours à la Caisse de l'État créée par la loi du 11 juillet 1868 (revue et améliorée), soit en se groupant en syndicats d'assurance mutuelle. Le projet mettait à la charge du chef d'entreprise tout accident du travail, quelle que fût la cause sauf la volonté de la victime. Néanmoins, il déclarait l'article 1382 du Code civil applicable en cas de revendication exercée par l'ouvrier si le patron avait été condamné correctionnellement à plus de huit jours de prison à raison de l'accident. La commission a reconnu une indemnité minimum due dans tous les cas de figure et un plafond dont la victime pourrait bénéficier. Les titres III (« De la déclaration des accidents et de l'enquête ») et IV (« De la fixation de l'indemnité et de la procédure. Dispositions pénales ») visent à instituer de nouveaux procédés : 1° rechercher les circonstances et les conséquences des accidents par une enquête immédiate et d'office et 2° régler par voie de conciliation, les différends émanant des accidents, selon une décision judiciaire rapide et efficace. Les deux dernières grandes parties du projet de loi (partie V « Des syndicats d'assurance mutuelle » et VI « De l'assurance sous la garantie de l'État ») présentent une organisation nouvelle de l'assurance mutuelle par l'intermédiaire de syndicats librement constitués. Les chefs d'entreprise peuvent se garantir contre les risques qui leur incombent à moindre prix. Ce système d'assurance a ensuite été complété par le système d'assurances d'État (sous la loi de 1868) limitant la responsabilité de l'État et l'arrivée de nouveaux impôts dus à ces charges pour le contribuable[87].

Cette proposition de Félix Faure du 26 juin 1886 par la Chambre des députés le 10 juillet 1888 est transmise au Sénat le 17 juillet 1888. Un rapport (le 24 janvier 1889) en est fait par Tolain[88]. Le Sénat – après deux heures dans l'intervalle desquelles le rapporteur de la commission Tolain crut devoir donner sa démission – vota le 1er avril 1887 un texte en maintenant le risque professionnel, modifiait en des points essentiels le projet accepté par la Chambre. Dans sa séance du 10 juillet 1888, la Chambre des députés a adopté un projet de loi concernant la responsabilité des accidents dont les ouvriers sont victimes

[87] Projet de loi (Impression n° 881), Chambre des députés le 10 juillet 1888 à l'issue de la 1re délibération ; le 29 mai 1888 ; 2e délibération consultable en annexe.
[88] Le sénateur Henri Louis Tolain (1828-1897) a été le président de la commission extraparlementaire au projet gouvernemental de Rouvier ou Lockroy en 1885.

dans leur travail. Le projet présenté maintenant au Sénat diffère sur plusieurs points de celui qui avait été présenté, par le gouvernement, le 2 février 1886. Les explications sont les suivantes. Il met de plein droit dans tous les cas à la charge du patron les conséquences des accidents sauf lorsque ces accidents auront été intentionnellement provoqués par les victimes. Le texte déposé par le gouvernement se bornait à établir une présomption de responsabilité à la charge du patron à qui serait dès lors incombée la charge de la preuve contraire. Le projet gouvernemental laissait préalablement les tribunaux libres (de fixer une indemnité plus ou moins élevée) en tenant compte de la gravité de l'accident et de la part plus ou moins grande de responsabilité incombant au patron. Selon le texte voté par la Chambre, l'indemnité ne varie plus d'après les conséquences de l'accident mais selon la situation de famille de la victime et son salaire annuel. On ne tient plus compte pour la fixer de la part de responsabilité incombant au patron, sauf dans le cas où celui-ci aurait subi pour l'accident une condamnation correctionnelle à plus de huit jours d'emprisonnement. Enfin, le gouvernement proposait d'instituer « l'assurance obligatoire » pour les établissements où il y a risque professionnel afin de garantir dans tous les cas aux ouvriers blessés une indemnité au moins égale au chiffre des pensions et secours que la caisse d'assurances (créée par la loi de 1868) alloue pour une prime annuelle de huit francs. Le texte voté par la Chambre des députés n'admet pas le principe de l'obligation, mais il contient des dispositions ayant pour but de faciliter l'assurance : soit au moyen de la caisse créée par l'État ; soit à l'aide des syndicats d'assurances mutuelles[89].

C/ La notion d'« assurance obligatoire » abordée pour la première fois en 1885

Nous savons bien que maintenant, les employeurs et l'État ne pourront pas régler à eux seuls les dommages causés par l'ouvrier ayant provoqué involontairement sur lui-même un accident. Chacun des trois acteurs doit contribuer d'une façon ou d'une autre à la situation. Certains députés proposent de créer des caisses de fonds ou des assurances sociales qui permettent de couvrir, en entier, les préjudices causés sur le salarié lorsque celui-ci est victime d'accident. Une procédure d'instance au tribunal s'ouvre alors pour départager la responsa-

[89] Le projet de loi est distribué et renvoyé à la Commission des accidents dont les ouvriers sont victimes le 18 juillet 1888. Un rapport par Tolain est établi (Impression n° 9). Le projet de loi est consultable dans la partie annexe de la thèse.

bilité respective entre l'ouvrier et l'employeur, évaluer les valeurs des dégâts provoqués sur la victime et enfin déterminer le quota d'indemnités de l'individu concerné (et celles éventuellement de ses proches). Les procédures prennent du temps, réclament du personnel compétent et surtout elles occasionnent des frais. Il s'agit de la première étape des faits. Parallèlement, l'individu en fonction de la gravité corporelle ou morale doit se faire soigner en cabinet médical ou se faire hospitaliser. Indépendamment de l'état de souffrance physique et psychique de l'individu, de la perte de l'activité manufacturée à la fois, pour le salarié et l'employeur, la situation représente des coûts financiers non négligeables. Si les instances de tribunaux après consultation des avis médicaux déclarent une situation d'incapacité permanente de l'ouvrier à ne pas reprendre l'activité salariée dans ladite entreprise ou dans une autre entreprise et quel que soit le degré de son invalidité à pouvoir exécuter des tâches œuvrées manufacturées, l'individu est alors condamné à vie à recevoir d'une façon quelconque des subsides pour s'alimenter, se loger et répondre aux charges familiales si celui-ci est chef de famille.

*** Un engagement de poids**

Sans s'apitoyer sur le sort de la malheureuse victime, les législateurs doivent régler dans tous les cas le problème du coût des charges financières qui incombent aux entreprises. Même si les parlementaires de 1885 ont déclaré le principe du risque professionnel qui fait que l'individu ne peut pas toujours être pleinement responsable du dommage qu'il a causé sur lui-même, des éléments de dangerosité extérieurs liés au fonctionnement de la machine à l'activité, par exemple, peuvent interférer. Il va falloir trouver un système de fonctionnement qui permette de répondre aux indemnités, plus ou moins pérennes, de l'individu. L'idée de cotisation à des fonds de garanties ou d'assurances sociales est immédiatement lancée à la Chambre. Toute la question est de savoir qui va les alimenter. Et si ce système de versements de cotisations doit être rendu obligatoire, il est imposé à qui ? Plus à l'ouvrier victime qu'au patron ? Plus au patron qu'à l'État ? L'État, peut-il, tout financer et payer les charges de la misère dont il n'est pas le premier responsable ? Il s'agit d'un véritable dilemme de société puisque l'État n'a pas les moyens et surtout la volonté de financer toutes les charges sociales propres aux individus. La misère sociale à soigner deviendrait très grande. Nous pouvons prononcer sans jamais nous fatiguer la litanie des drames de situation de l'époque étudiée : abandon et maltraitance des enfants, éducation des mineurs maltraités et abandonnés, vagabondage, mendicité, délinquance, enfermement de l'individu en structure carcérale ou hospitalière, maladies incurables, alcoolisme, prostitution, assistance médicale, vieillesse [...] le chapelet de déperdition sociale ne cesse de s'égrener[90]. Au bout du compte, il en coûte très cher à la société lorsque l'individu ne peut plus subvenir d'une façon ou d'une autre à ses propres besoins. Surtout, lorsque celui-ci connaît une situation de chômage indépendamment de sa volonté personnelle en lien avec un problème de maladie, d'accident professionnel ou de conjoncture économique défavorable. D'autant que nos sociétés sont fondées sur la notion de capital de production où un rien est une valeur marchande[91]. Il faut donc trouver un moyen qui ne pénalise pas trop les acteurs respectifs et surtout qui permette à la victime de garder sa dignité humaine et qui évite le gouffre des dépenses sociales. Sous la période étudiée, n'oublions pas que les parlementaires de la IIIe République veulent reconstituer la force vive de la nation. La démographie nationale est en berne. S'il est normal que la victime puisse être prise en charge d'une façon ou d'une autre, il ne faut pas tomber dans un système garanti par l'État. La victime devra cotiser et justifier de son incapacité. Il faut donc mettre en place – dans le cadre du projet de loi sur les accidents professionnels – un système d'assurances sociales dont les charges ou les cotisations sont à répartir entre la victime, l'employeur et l'État. L'enjeu des débats est de savoir si ces assurances deviennent obligatoires pour chacun des acteurs concernés : ouvriers, patrons, État ?

Dans les discussions de 1883, certains députés suggèrent que l'État doit être un assureur généreux, qu'il doit faciliter le développement des caisses de secours mutuel, des caisses de retraite pour la vieillesse et des caisses en cas d'accident. Son devoir est d'alimenter ces caisses et faire que les ouvriers déposent leurs épargnes. Au cours de l'année

[90] Expression ô combien cruelle de cette société française de fin de siècle que représente la pensée hygiéniste au XIXe siècle parfaitement résumée par Gérard Jorland avec son livre *Une société à soigner : hygiène et salubrité publiques en France au XIXe siècle*, Paris, éditions Gallimard (collection Bibliothèque des histoires), 2010.

[91] Par opposition aux sociétés dites « traditionnelles » basées sur la notion d'abondance, dénonciation de l'*homo economicus*, une réflexion sur le rapport de l'Homme face à l'économie. L'Homme peut-il se satisfaire en produisant beaucoup et en désirant peu ? Il s'agit de toute l'intense question posée par l'anthropologue américain Marshall Shalins dans son ouvrage *Stone age economics*, 1972, traduction française *Âge de pierre, âge d'abondance. Économie des sociétés primitives*, préface de Pierre Clastres, Paris, NRF, Gallimard, 1976. Pour Shalins, la détermination des besoins est régie par la culture.

1886, le jour même du dépôt du projet de loi par Édouard Lockroy, ministre du Commerce et de l'Industrie, le 2 février 1886, le député Albert de Mun émet une proposition sur la protection des ouvriers victimes d'accidents dans leur travail[92].

[92] Le député Comte Albert de Mun formule une proposition de loi sur la protection des ouvriers victimes d'accidents dans leur travail à la Chambre des députés le 2 février 1886 (Impression n° 474). Le Comte Albert de Mun (1841-1914) écrivain-officier de cavalerie devient député du Morbihan (1876-1914). Il le restera 34 ans. Orateur respecté, Albert de Mun contribue par son action au vote de lois concernant le monde du travail et favorables aux ouvriers notamment la loi Waldeck-Rousseau autorisant les syndicats professionnels (1884), les lois concernant les accidents et la durée du travail, la conciliation et l'arbitrage ainsi que le travail des femmes (1892). Il lutte également contre la séparation de l'Église et de l'État. Membre de l'Académie française depuis 1897, il rédige contre la séparation de l'Église et de l'État en 1905 puis fait également publier en 1908 *Ma vocation sociale. Hostile aux engagements de la France à l'extérieur*. Albert de Mun s'abstient en décembre 1885 de voter les crédits permettant d'éviter l'évacuation du Tonkin. Il est pour autant favorable à l'allongement du service militaire et au vote de la loi de trois ans pendant l'été 1913. Après la mobilisation générale et la déclaration de guerre de l'Allemagne à la France, il montre son enthousiasme lors de la prise de Mulhouse par le 7e corps dans un article de *L'Écho de Paris* le 9 août 1914. On lui doit beaucoup d'écrits, pour exemples *Catholiques et libres-penseurs* (1876), *La question ouvrière* (1885), *Discours et écrits divers* (7 volumes, 1898-1904), *Nouvelle réponse à une vieille accusation renouvelée contre l'école Sainte-Geneviève* (1899), *Lettres adressées à M. Waldeck-Rousseau, Président du Conseil* (1900), (1901), *Contre la séparation de l'Église et de l'État* (1905), *Ma vocation sociale* (1908), *Les dernières heures du drapeau blanc* (1910), *Pour la Patrie* (1912), *L'heure décisive* (1913).
C'est un législateur très actif dans les délibérations relatives aux accidents du travail intervenant à plusieurs reprises le 17 mai, première délibération à la Chambre des députés, à la séance du 24 mai en proposant un amendement sur l'article 7 première délibération, un amendement sur l'article 15, un contre-projet sur l'article 29 ; séance du 28 mai, première délibération ; séance du 26 juin 1888 un amendement article 1er, 2e délibération ; séance du 7 juillet 1888, 2e délibération, un amendement sur l'article 15. Tendances politiques : « Union des droites » (1876-1894), « Action libérale » (1898-1914).
Maurice Vergoin (1850-1892), avocat, est un journaliste au journal *Le Progrès de l'Orne*. Il devient député de Seine-et-Oise entre 1885 et 1889. Secrétaire du Comité républicain national de Boulanger, il avait été le créateur de la Fédération révisionniste fondée en vue de préparer l'élection du 27 janvier 1889 à Paris qui vit l'écrasante victoire du général Boulanger et le mit au bord du coup d'État. Vergoin soutenait aussi le mouvement par son journal *La République* et il compta parmi les derniers fidèles de Boulanger lors de ses exils à Londres et à Bruxelles. Condamné à 8 mois de prison pour injures à Quesnay de Beaurepaire qui occupait le siège du ministère public contre Boulanger lors de la comparution de celui-ci en Haute-Cour, il se réfugia à Jersey puis à Bruxelles lors de la comparution de celui-ci en Haute-Cour où il essaya d'exercer sa profession d'avocat. Gracié, il put rentrer à Paris où il

Un rapport sommaire sera présenté au Palais Bourbon par le député Maurice Vergoin (le 22 février) et la prise en considération sera prononcée (le 17 avril) 1886. Qu'est-ce qu'Albert de Mun, propose-t-il de plus, que les autres ? Comme beaucoup, il constate l'introduction de la vapeur et des engins mécaniques dans presque tous les ateliers et il considère que ce progrès représente un danger potentiel pour l'ouvrier. Il admet la théorie du risque professionnel qu'il convient en allouant une indemnité à l'ouvrier lorsque l'accident est dû à un cas fortuit ou de force majeure, à la négligence ou à l'imprudence légère de la victime. Il s'oppose à la proposition de Rouvier qui veut imposer aux industriels et aux ouvriers l'obligation de s'assurer à la Caisse de l'État ou aux compagnies d'assurances suivant les règles qu'il a prescrites. Il ne souhaite pas « faire du socialisme d'État que nous repoussons sous toutes ses formes. Nous ne voulons pas transformer l'État en un caissier universel et quand il succombe sous le poids de ses dettes, l'écraser encore de charges nouvelles ». Plus loin, il écrit :

> « Les entreprises industrielles de même nature, les entreprises similaires, qui sont exposées aux mêmes risques professionnels, inhérents à l'industrie elle-même, dépendant du genre de travail accompli, des outils employés, des matières traitées, préparées ou extraites, tendent naturellement à se rapprocher, à se grouper, à s'unir, pour se défendre contre les conséquences des accidents dont les ouvriers peuvent être victimes. La puissance de cette entente mutuelle, le nombre des entreprises associées afin de parer à des périls communs, seront pour l'ouvrier la meilleure garantie de l'indemnité pécuniaire qu'il devra toucher en cas d'accident dont il ne sera pas l'auteur coupable. Les caisses corporatives seront alimentées par les cotisations des chefs d'entreprise et des ouvriers. Cette clause nous a paru équitable. »[93]

Il pense qu'il est normal que l'entreprise vienne en aide à l'ouvrier quand ce dernier ne dispose plus de toutes ses forces pour travailler. Mais il trouve aussi normal que l'ouvrier ait le devoir de cotiser à ces caisses. Elles auraient à charge le paiement des indemnités aux ouvriers, ainsi que les autres frais accessoires. À l'exemple des pays européens voisins Albert de Mun propose d'instaurer des caisses fondées sur le principe de la mutualité par des conseils dont les ouvriers pourront devenir membres. Et il pense, aussi, qu'il est raisonnable de protéger les chefs d'industrie contre l'arbitraire des décisions judiciaires

---

mourut dans sa quarante-troisième année le 6 octobre 1892. Tendance politique : « Gauche radicale » (en 1885).

[93] Palais Bourbon, voir le rapport d'étude qui se rapporte à la séance du 22 février 1886.

en établissant d'avance une tarification et en définissant les pensions des éventuelles victimes. Le juge devra tenir compte du salaire de l'ouvrier, de sa capacité, de sa situation familiale, de la fortune du patron, de son degré de culpabilité. Il précise, même, le détail des indemnités pour les épouses et les enfants naturels. Ces préconisations n'avaient pas été énoncées jusqu'ici.

Dans cette même année séance du 2 février 1886 Albert de Mun faisait une nouvelle proposition fondée sur l'assurance obligatoire organisée au moyen de la corporation professionnelle. Le principe fondamental en est le même que celui qui a inspiré la loi allemande. À la responsabilité individuelle du chef de l'entreprise vis-à-vis de l'ouvrier victime d'un accident, il tend à substituer une corporation professionnelle garante de l'indemnité encourue. Cette corporation comprendrait les ouvriers et les patrons. Elle serait administrée par un conseil composé de patrons et d'ouvriers suivant les règles établies pour les conseils des prud'hommes. La caisse de la corporation destinée à couvrir les indemnités en cas d'accident serait alimentée de deux façons : 1° par des cotisations fixées suivant la nature du risque professionnel et supportées pour un quart au maximum par les ouvriers et pour le surplus par les chefs d'entreprise ; 2° par les dons et legs qu'elle pourrait recevoir et capitaliser parce que la corporation aurait la personnalité civile et la faculté de posséder des immeubles. De Mun ne propose pas de rendre la constitution de ces corporations professionnelles obligatoire. Mais il laisse à la charge exclusive des chefs d'entreprise qui n'en feraient pas partie tout le poids des accidents avec obligation de constituer le capital des rentes et pensions accordées à titre d'indemnités, les corporations n'étant tenues qu'au service des annuités.

Il répartit les accidents en trois catégories. 1re catégorie – Les accidents provenant du vice de construction ou du manque d'entretien des machines et appareils, de l'absence ou de l'insuffisance de mesures de précaution qu'implique la nature de l'entreprise, de la négligence ou de l'inhabileté des agents directs de l'entreprise. 2e catégorie – Ceux provenant soit des cas fortuits ou de force majeure, soit d'une imprudence ou d'une négligence de l'ouvrier. 3e catégorie – Ceux provenant d'une faute grave de l'état d'ivresse ou d'un acte délictueux ou criminel de l'ouvrier. Il y aurait lieu à indemnité pour les accidents de la première et de la deuxième catégorie. Cette indemnité serait déterminée quant à son montant par des règles inscrites dans la loi. Elle serait payée sous forme de rentes ou pensions qui auraient pour base : 1° l'importance du salaire de la victime ; 2° la nature des suites de l'accident. Elle serait fixée d'office, dans tous les cas d'accidents, par une commission d'enquête sommaire composée du garde-mine[94] ou d'un ingénieur et d'un docteur médecin. Le premier serait chargé de rechercher et de déterminer (après avoir entendu les parties) quelles auraient été les causes de l'accident ; le second de déterminer les conséquences qu'il aurait eues pour l'ouvrier. Les conclusions de l'enquête seraient adressées à l'intéressé par l'ingénieur. Et si, dans le délai de huit jours, aucune réclamation n'était formulée, les conclusions de l'enquête seraient homologuées en audience publique par le tribunal de l'arrondissement. En cas de consternation, l'affaire serait déférée au tribunal de première instance en y faisant procéder à une nouvelle enquête. De ce fait, l'action de droit commun (fondée sur les articles 1382 et suivants du Code civil) serait supprimée et ce serait le patron ou l'ouvrier qui aurait l'obligation de fournir la preuve suivant le cas, où l'un ou l'autre ferait appel contre le classement opéré par la commission d'enquête.

Dans cette même année 1886, Félix Faure relance lui aussi une proposition de loi (qu'il avait présentée à ce sujet en 1882[95]). Il souhaite établir et régulariser la responsabilité en matière d'accidents ou de toute exploitation industrielle, agricole ou commerciale et établir une caisse d'assurances ayant pour objet de garantir les chefs d'entreprises industrielles, agricoles et commerciales, contre les risques de la responsabilité en matière d'accidents.

Les discussions démarrent le 17 mai 1888, elles s'achèvent le 10 juillet 1889. Les premières séances sont consacrées, en règle générale, à la discussion de la proposition ou du projet de loi (article par article) avant de procéder au vote chacun après l'autre. Les discussions portant sur le premier article ont été longues. Il est à commenter que les articles, adoptés en première lecture, peuvent être rediscutés et revotés en seconde lecture après leur renvoi à la commission d'examen. J'ai noté une dizaine d'articles qui ont été refondus entre la

---

[94] Agent auxiliaire des ingénieurs des mines. Source : *Dictionnaire encyclopédique Quillet*, 1950.

[95] Proposition de loi de Félix Faure (Seine-Inférieure) sur la responsabilité des accidents dont les ouvriers sont victimes, présentée à la Chambre des députés le 26 juin 1886 (Impression n° 884) ; distribuée et renvoyée à la 7e commission d'initiative parlementaire le 5 juillet 1886 ; rapport sommaire le 21 octobre 1886 par G. Gobron (Impression n° 1161) ; prise en considération le 16 décembre 1886 ; nomination de la commission le 20 janvier 1887 ; rapport le 28 novembre par Duché (Loire) (Impression n° 2150) distribué le 1er décembre ; première délibération le 29 mai 1888.

première délibération et la seconde délibération. Les principaux intervenants, le 17 mai, sont les suivants :

Ernest Camescasse (1838-1897), préfet de police, député du Finistère (1881-1885) député du Pas-de-Calais (1887-1889), sénateur du Pas-de-Calais (1891-1897)[96].

Albert de Mun (1841-1914), écrivain-officier de cavalerie, député du Morbihan (1876-1914) ;

Francis Laur (1844-1934), ingénieur civil des mines de Saint-Étienne, il fut député de la Loire de 1885 à 1893 ;

Henri Ricard (1849-1910), médecin à Beaune, il est député de la Côte-d'Or (1891-1902) et sénateur de la Côte-d'Or (1903-1910) désigné rapporteur de la commission chargée d'examiner le projet de loi et les propositions concernant des accidents dont les ouvriers sont victimes devant la Chambre à la discussion du 17 mai 1888[97] [98] ;

---

[96] Ses interventions à la Chambre sont nombreuses. Il a été entendu sur le projet de loi ayant pour objet d'obliger le bailleur qui revendique des bestiaux que le fermier a vendus sur une foire ou un marché, à rembourser aux acheteurs de bonne foi le prix qu'ils ont payé (1891) ; le projet de loi sur le régime des sucres (1891) ; la proposition de loi sur le fonctionnement des courses (1891) ; le projet de loi adopté par la Chambre des députés sur le tarif général des douanes (1891) ; le projet de loi concernant l'hygiène et la sécurité des travailleurs dans les établissements industriels (1892) ; le projet de loi sur l'assistance médicale gratuite (1893) ; le projet de loi adopté par la Chambre des députés tendant à modifier le tableau de circonscriptions électorales (1893) ; la proposition de loi adoptée par la Chambre des députés tendant à la réglementation des halles centrales (1895 et 1896) ; le projet de loi relatif à la réforme de l'impôt sur les boissons (1896). Sénateur, il fut chargé de rapporter la proposition tendant à accorder la gratuité aux élèves de l'École polytechnique, de l'École spéciale militaire de Saint-Cyr, de l'École navale de Brest et des écoles du service de santé de Lyon et de Bordeaux (1891) ; le projet de loi adopté par la Chambre des députés tendant à augmenter le nombre des magistrats du tribunal de première instance de la Seine (1892) ; le projet de loi adopté par la Chambre des députés concernant la convention de loi sur l'estimation de la réglementation du travail forestier (1893) ; la proposition de loi adoptée par la Chambre des députés tendant à réglementer les halles centrales de Paris (1893, 1894 et 1896). À la proposition de loi de Félix Faure portant sur les accidents du travail, il prend part à la discussion générale du 17 mai, à la séance du 28 mai (1re délibération) et de la séance du 5 juillet 1888 (2e délibération), discussion générale et sur l'article 13 ; il s'oppose.

[97] Cette commission est composée de Martin Nadaud, président ; Jumel, secrétaire ; Lagrange, Guillaumou, Chavoix (médecin), Félix Faure, Ricard (médecin), Albert de Mun, Trystram, Aujame, Duché (médecin, Loire). Nomination de la commission le 20 janvier 1887.

[98] Ricard fut conseiller municipal de Beaune pendant douze ans. Il a fourni à la Chambre un travail considérable dans ses domaines de prédilection : hygiène, agriculture, diététique, enseignement. De 1899 à 1902, il est rapporteur du budget de

Pierre Legrand (1834-1895)[99] ;

Gustave de Lamarzelle (1852-1929)[100], avocat, professeur à la Faculté de droit à l'institut catholique, il est député du Morbihan (1883-1893) ;

Léon Renard (1836-1916)[101], industriel, maître-verrier, ingénieur civil, juge au tribunal de Valenciennes, député du Nord (1876 à 1893) ;

---

l'agriculture. Mais il ne se relâche pas de sa vigilance républicaine. Le 23 avril 1896, il dépose un projet de résolution en faveur du gouvernement Bourgeois mis en minorité au Sénat et le 30, il interpelle le gouvernement Méline qu'il juge trop sénatorial et trop à droite. Au Sénat, il participa principalement aux discussions sur la répression des fraudes dans les denrées alimentaires. Le médecin député-sénateur s'implique à la question des accidents du travail. Il prend part activement à la discussion de la proposition de loi de Félix Faure en 1888 :
- il prend part à la discussion générale en tant que rapporteur le 18 mai ;
- à la 4e séance, il prend part à la discussion en tant que rapporteur le 22 mai 1888, 1re délibération sur les articles 10, article 13 ;
- à la 7e séance, il prend part à la discussion en tant que rapporteur le 28 mai 1888, 1re délibération sur les articles 15, 22, 29 ;
- à la 8e séance, il prend part à la discussion en tant que rapporteur le 29 mai 1888, 1re délibération sur l'article 36 ;
- à la 10e séance, il prend part à la discussion en tant que rapporteur le 21 juin 1888, 2e délibération sur l'article 1 ;
- à la 11e séance, il prend part à la discussion en tant que rapporteur le 25 juin 1888, 2e délibération sur l'article 1 ;
- à la 12e séance, il prend part à la discussion en tant que rapporteur le 26 juin 1888, 2e délibération sur l'article 1 ;
- à la 13e séance, il prend part à la discussion en tant que rapporteur le 28 juin 1888, 2e délibération sur l'article 1 ;
- à la 14e séance, il prend part à la discussion en tant que rapporteur le 30 juin 1888, 2e délibération sur l'article 2 ;
- à la 16e séance, il prend part à la discussion en tant que rapporteur le 5 juillet 1888, 2e délibération sur l'article 8 ;
- à la 17e séance du 7 juillet 1888 article 13 (1 amendement), 2e délibération sur la proposition de loi de Félix Faure portant sur les accidents du travail. Tendance politique : radical (1902-1910).

[99] Avocat à Lille, il est élu député en 1876. Comme ministre du Commerce et de l'Industrie, il est un des principaux promoteurs de l'Exposition universelle de 1889. Sa participation à la question des accidents est la suivante :
Il prend part à la discussion générale du 18 mai 1888, 1re délibération ;
- à la séance du 28 mai 1888, 1re délibération (article 29) ;
- à la séance du 28 juin 1888, article 1er (discussion en tant que ministre du Commerce).
Tendance politique : « Centre-gauche » (1876), « Opportuniste » (1877-1895).

[100] Il participe à la proposition de loi de Félix Faure en 1888. Il prend part à la discussion générale du 18 mai 1888, à la séance du 28 mai 1888 (1 amendement) article 15, à la séance du 29 mai 1888 (1 amendement) article 36.

François, Marie Thévenet (1845-1910), avocat, député du Rhône (1885-1892) extrême gauche, sénateur du Rhône (1892-1900) gauche radicale, ministre de la Justice et des Cultes du 23 février 1889 au 17 mars 1890[102] ;

Joseph Basly (1854-1928)[103], mineur, député de la Seine (1885-1889), député du Pas-de-Calais (1891-1928) socialiste parlementaire, socialiste unifié, parti socialiste.

---

[101] À la Chambre il fut l'auteur et le rapporteur d'une proposition de loi tendant à organiser la représentation commerciale et industrielle. Il se fit également entendre dans la discussion du projet de loi sur le travail des enfants, des filles mineures et des femmes dans les établissements industriels. Il participe à la proposition de loi de Félix Faure :

Il prend part à la discussion générale du 18 mai 1888, 1re délibération ;

- à la séance du 28 mai 1888, article 16 (1 amendement), 1re délibération ;
- à la séance du 7 juillet 1888, article 13 (1 amendement), article 15 (1 amendement) 2e délibération.

[102] Au Sénat, il siège à la « Gauche républicaine » et il prend part à diverses commissions. Il intervient dans les matières juridiques. Thévenet fut rapporteur de la loi sur les sociétés anonymes (1893) et de celle relative aux accidents du travail (1896 et 1898). Il prend part à la discussion générale du 18 mai 1888 (1re délibération).

[103] En 1891, le député Basly retrouve sa place au Parlement sur les bancs de l'extrême gauche. Son premier geste consiste à déposer une proposition de loi tendant à limiter à huit heures la durée de la journée du travail dans les mines. En 1891 et 1892, il développe des interpellations sur l'application de la loi relative aux délégués à la sécurité des mineurs, sur l'attitude du gouvernement à l'égard des syndicats et sur les causes de plusieurs grèves de mineurs. En 1893, il prend une large part à la discussion de projets de loi sur la conciliation et l'arbitrage en matière de conflits du travail et sur la responsabilité en matière d'accidents du travail. Tout au long de sa carrière, il multipliera interventions, interpellations et propositions de loi sur tous les sujets intéressant les mineurs : sur l'aide aux chômeurs (1893-1897), aux mineurs victimes de catastrophes (1897, 1900, 1903, 1904), sur les délégués à la sécurité (1894, 1896, 1897, 1898, 1899, 1906, 1912), sur les accidents du travail (1897, 1899, 1901, 1905, 1908, 1910), sur les caisses de secours et de retraite (1898, 1902, 1909, 1911, 1913) sur la fixation d'un salaire minimum dans les mines (1901, 1906). Il reprit obstinément sa proposition de loi de 1891 sur l'institution de la journée de huit heures (1900, 1902, 1905, 1906) et il en obtint finalement l'adoption par 424 voix contre 102 (le 5 juillet 1907) non toutefois sans qu'un amendement en ait limité l'application aux travailleurs du fond. Son interpellation la plus remarquée eut lieu en 1906 – après la grande catastrophe minière de Courrières ; Basly attaqua le gouvernement avec la plus grande vigueur et tout en se désolidarisant de ceux qu'il appelait des « agitateurs de profession », il s'en prit avec véhémence aux compagnies minières réclamant la déchéance de celle de Courrières. À propos des accidents professionnels, il participe à la séance du 24 mai 1888, il prend part à la discussion (1re délibération, article 2), article 8 (1 amendement) ;

- à la séance du 28 mai 1888 (article 15, discussion) ;
- à la séance du 28 juin 1888 (article 1er, discussion) ;

Charles, Émile Wickersheimer (1849-1915)[104], ingénieur en chef des mines, député de l'Aude (1885-1889), député de l'Ariège (1893-1893).

Ont pris part à la discussion générale de la seconde délibération le 28 juin 1888 les députés suivants :

Louis de Clercq (1837-1901), propriétaire, député du Pas-de-Calais. Union des droites (1877-1881)[105] ;

Émile Keller (1828-1909), propriétaire (Alsace), polytechnicien, licencié en droit, député du Haut-Rhin (1857-1863), (1869-1870) et, en 1871, il adhère à l'Union des Droites, député du Territoire de Belfort (1871-1881), (1885-1889) Union des Droites[106].

- à la séance du 2 juillet 1888 (article 4, 2e délibération).

[104] Il participe à la proposition de loi de Félix Faure en 1888. Il prend part à la discussion générale du 18 mai 1888 ; à la séance du 2 juillet 1888, 2e délibération, article 2 (1 amendement).

[105] Ayant subi un échec aux élections législatives partielles du 22 février 1891, il abandonna définitivement la politique et il se consacra à ses collections (amateurs d'objets d'art, et particulièrement d'antiquités orientales de Chaldée, de l'île de Chypre). En 1889, Louis de Clercq commença le catalogue de cette collection remarquable qu'il comptait léguer à l'État. Il partagea son temps – entre Oignies où il possédait des intérêts dans des sociétés minières et Paris – où la vie artistique et intellectuelle l'attirait. Il participa à la proposition de loi de Félix Faure en 1888 ; à la séance du 22 mai 1888, 1re délibération, discussion sur l'article 1 ; à la séance du 21 juin 1888, 2e délibération (discussion générale soit un contre-projet).

[106] Fortuné Émile Keller décide de vivre de ses rentes et se consacre à des travaux d'histoire et de philosophie religieuse. En 1852, il épouse Mathilde Humann dont le père a été député du Bas-Rhin sous la Monarchie de Juillet et le grand-père, député sous la Restauration et la Monarchie de Juillet, ministre des Finances en 1832 et en 1840. Keller se présente avec l'investiture officielle à l'élection législative partielle du 16 mai 1858 dans la troisième circonscription du Haut-Rhin. L'élection est annulée et il finit par l'emporter le 26 mars 1859. Le gouvernement ne tarde pas à s'apercevoir qu'il est très indépendant. Dès le mois de mai, il vote contre le projet sur les grandes lignes de chemin de fer. Il est catholique très engagé. Il désapprouve la politique italienne de l'Empereur – et contrairement à la plupart de ses collègues – il n'hésite pas à le dire. En 1860, il fonde le « Comité de Saint-Pierre » pour soutenir les intérêts catholiques en particulier par des campagnes de pétitionnement au Sénat et pour assurer le recrutement et l'entretien des volontaires pontificaux. Avec deux de ses collègues Louis de Cuverville et Anatole Lemercier, il demande une audience à l'Empereur pour avoir des éclaircissements sur la politique italienne de la France. Comme Napoléon III refuse de les recevoir, les trois députés catholiques publient une lettre très critique dans *La Bretagne*. Le journal est alors supprimé ! Le 13 mars 1861, Keller réplique à un discours du Prince Napoléon sur la question italienne par une interrogation au gouvernement : « Êtes-vous révolutionnaire ou êtes-vous conservateur ? » Bravant les Cinq du regard, il s'écrie : « Il est temps de regarder la Révolution en face et de lui dire : "tu n'iras pas plus loin" ! » Ce discours prononcé dans la discussion de l'adresse emporte le Corps législatif. Keller devient l'un des

Aujame Pierre, François (1834-1932), négociant, fabricant de meubles, industriel du papier. Député de l'Allier de 1885 à 1889, Union républicaine[107].

---

orateurs les plus en vue du parti clérical. Il fait partie des « 91 » et des treize députés qui votent contre l'adresse de 1861. Le ministre Persigny exige que la Société Saint-Vincent-de-Paul exclue Keller de son comité général. Celui-ci démissionne rapidement pour ne pas fournir au ministre un prétexte pour interdire la Société. On trouve encore Keller parmi les neuf députés qui votent contre l'adresse de 1862. De nouveau candidat indépendant lors des élections législatives de 1869, il l'emporte cette fois facilement. Il signe la « demande d'interpellation des 116 », adhère au programme du centre gauche et prône l'abstention lors du plébiscite de 1870. En tant que parlementaire alsacien et gendre du maire de Strasbourg, il se sent particulièrement concerné par la guerre contre la Prusse. Après le bombardement de Strasbourg, il obtient un vote du Corps législatif pour déclarer que la ville a bien mérité de la patrie et un autre vote pour assurer que la capitale alsacienne ne cessera jamais d'être française.
Élu aisément représentant du Haut-Rhin lors des élections législatives de 1871, il proteste contre l'annexion de l'Alsace-Lorraine et démissionne de son mandat. Il est élu représentant du Territoire de Belfort dès le mois de juillet suivant. En mai 1872, il est nommé rapporteur de la commission chargée de déterminer la composition du conseil de guerre chargé de juger Bazaine et en juillet 1873, il est le rapporteur de la commission sur le projet de construction du Sacré-Cœur. Il combat la politique de Thiers et contribue à sa chute. Membre de la commission sur les lois constitutionnelles, il vote contre ces lois mais aussi contre l'amendement Wallon. Il refuse de se présenter à l'élection des sénateurs inamovibles ne voulant pas « chercher au Sénat un refuge contre le jugement de (ses) électeurs. » Élu en 1876 à la Chambre des députés par le Territoire de Belfort, il est réélu en 1877. S'il échoue au renouvellement de 1881, il obtient un nouveau mandat en 1885 et il se montre toujours aussi actif. Il renonce à se présenter en 1889. Il est alors à la tête d'un grand nombre d'œuvres et d'associations catholiques comme « *L'Œuvre des cercles catholiques d'ouvriers* » dont il est l'un des fondateurs. Il a eu quatorze enfants dont Prosper, Comte romain et Camérier secrétaire de Pie IX. Tout au long de sa vie, Émile Keller a publié un grand nombre de livres et de brochures dont une vie du Général de Lamoricière (1874). Cf. bibl. : G. Gautherot, *Un demi-siècle de défense nationale et religieuse : Émile Keller (1828-1909)*, Paris, Plon, 1922.

[107] Il s'établit de bonne heure à Commentry (Allier) où il s'occupa d'industrie et de commerce dirigeant à la fois une maison de nouveautés et une fabrique de meubles et présidant la « Société anonyme des Forges du Centre ». Il fut un adversaire militant de l'Empire, fit contre la candidature officielle de M. E. Fould une vive campagne et après 1870, il fut chargé par Gambetta d'organiser la fabrication de vêtements des mobilisés dans le département de l'Allier. Maire de Commentry, conseiller général depuis 1871, président et fondateur de la société de secours mutuel de Commentry (1872). Enfin président du tribunal de commerce de Montluçon à sa création (1880) Aujame fut porté dans l'Allier le 4 octobre 1885 en qualité de « républicain opportuniste » sur une liste de concentration où dominait la nuance radicale. Inscrit à « l'Union des Gauches », Aujame a toujours voté avec ce groupe politique et n'a pas soutenu les Radicaux. Son rôle à la tribune a été secondaire. Il a pris

Pour cette discussion, récapitulons. Nous avons un préfet de police, un écrivain, un ingénieur civil des mines, un médecin, un ministre du Commerce, un industriel, un mineur, un ingénieur en chef des mines, deux avocats en première délibération. En seconde délibération, nous avons deux propriétaires. Telles sont les professions représentées. Les écrivains ou journalistes ne présentent pas une vision romancée des réalités ! Se rendant sur le terrain, ce sont, très souvent, des indicateurs très bien informés et renseignés des problèmes sociaux. Chacun d'eux approuve plus ou moins la nouvelle et la dernière proposition de loi de Félix Faure en adoptant des positions divergentes, tout en ayant à la conscience les propositions précédentes, notamment celle d'Albert de Mun, dont le résumé suit. Ernest Camescasse (1838-1897), préfet de police (député du Finistère, 1881-1885) ; député du Pas-de-Calais (1887-1889) et sénateur du Pas-de-Calais (1891-1897) propose de scinder en deux parties les quarante-neuf articles de loi avec une première partie comprenant la théorie nouvelle de droit établie par le projet et le tarif des indemnités utiles en cas d'accident ou de mort et une deuxième partie relative à un système d'assurances garantissant des risques et des responsabilités prévus dans la loi. Il propose de s'appuyer sur la loi existante de 1868 sur les caisses d'assurances. Il se prononce en faveur des sociétés de secours mutuel qui peuvent apporter un concours efficace dans l'application de cette loi en ce qui concerne les frais à payer pour les maladies et pour les accidents qui ne sont pas graves et dont l'indisponibilité est limitée. Autrement dit, faire jouer un nouveau rôle aux sociétés de secours mutuel plus complet. Ernest Camescasse demande de modifier le droit actuel :

> « Je dis et je répète que la loi nouvelle, avec raison, institue une modification à l'article 1382, quel que soit le nom que vous lui donniez. Seulement, dans votre projet, vous paraissez donner une double réparation à la victime : l'une venant du risque professionnel avec présomption contre le patron, et l'autre, admettant que l'on restera dans le droit commun, c'est-

---

part en 1886 à la discussion de l'élection de Blancsubé (Cochinchine), élection que la commission proposait d'invalider à Blancsubé (v. ce nom). Aujame prit chaleureusement la défense de son collègue qui fut admis le 1er mars. En 1887, le député de l'Allier a parlé au sujet des contributions directes, introductions temporaires de toutes fontes à charge d'exportation, etc. Le 11 février 1889, il vote pour le rétablissement du scrutin uninominal, le 14 février, contre l'ajournement indéfini de la révision des lois constitutionnelles (chute de ministère Floquet), le 14 mars pour la demande en autorisation de poursuites contre trois députés membres de la Ligue des patriotes, le 2 avril pour la proposition de Loi Lisbonne restrictive de la liberté de la presse, le 4 avril pour la demande en autorisation de poursuites contre le général Boulanger.

à-dire que la preuve incombera à l'ouvrier […] En résumé, le but de la loi est d'établir une sorte de tarif pour les accidents qui présentent le caractère d'un forfait. Le patron ne peut, dans la plupart des hypothèses, faire la preuve contre l'ouvrier, mais d'un autre côté aussi on dit aux patrons : les responsabilités que vous encourez sont limitées par la loi elle-même. Elle fait ainsi entre ces deux principes une sorte de balance qui, je le crois, permet d'accepter ces théories sans récrimination et sans résistance. »[108]

En ce qui concerne les indemnités, la réparation devra osciller entre le tiers et les deux tiers du salaire moyen, tient-il à préciser. Enfin il repousse l'idée d'accorder une indemnité dans le cas où un ouvrier a été négligent.

À la séance du 28 mai (1re délibération), à la discussion générale relative notamment à l'article 13 (opposant) de la séance du 5 juillet 1888 (2e délibération), Albert de Mun (1841-1914) pense que la question de la présomption de culpabilité attribuée à l'ouvrier est dans beaucoup de cas une injustice. Il voit la question des accidents comme un bon sujet de la cause sociale. Il souhaite, donc, la protection de l'ouvrier quand il est victime. Le risque inhérent au fait de l'industrie entraîne nécessairement pour ceux qui y sont exposés le droit à l'indemnité. Il demande à la Chambre la reconnaissance que ce risque inhérent crée, un droit à indemnité. Le risque professionnel doit être supporté par la profession. Il déclare :

« De là, vous le comprenez maintenant très bien, le système de mon contre-projet qui ayant établi le risque professionnel, fait supporter les indemnités auxquelles il donne naissance par des caisses corporatives qu'alimentent les cotisations des maîtres et des ouvriers, parce que les uns et les autres doivent contribuer, dans la mesure de leurs forces, à parer aux dangers d'une situation qui n'est pas imputable à la faute, à la culpabilité de personne, mais qui résulte du fait même de l'industrie […] La commission, au contraire, met la charge sur le patron, elle l'écrase ; elle lui fait une situation inacceptable et que je ne trouve pas juste, parce que s'il a sa part de très grande responsabilité, l'ouvrier dont je reconnais le droit a cependant aussi la sienne qui doit se traduire par une participation à sa propre assurance. »[109]

Son système d'indemnités est le suivant : risque professionnel, droit à l'indemnité dans tous les cas, obligation de l'assurance et constitution de caisses corporatives alimentées par les cotisations des ouvriers et des patrons. Il admet une indemnité aux victimes des acci-

---

108 *Journal officiel* du 17 mai 1888, Chambre des députés, Débats, page 1423.
109 *Journal officiel*, Chambre des députés, Débats, page 1425.

dents provenant des vices de construction ou du manque d'entretien des machines, aux victimes des accidents provenant de cas fortuits ou de force majeure soit d'une imprudence ou d'une négligence de l'ouvrier, mais pas en cas d'ivresse ou d'un acte délictueux[110].

Francis Laur (1844-1934)[111], ingénieur civil des mines de Saint-Étienne, député de la Loire entre 1885 à 1893, prend la parole pendant un long moment, pour défendre la proposition de loi (29 décembre 1885). Le rapporteur de la commission, Henri Ricard (1849-1910)[112], médecin à Beaune, député de la Côte-d'Or (1891-1902) et sénateur de la Côte-d'Or (1903-1910) défend la proposition de Félix Faure en commençant par dire qu'il ne faut examiner que le système auquel la commission s'est, définitivement, ralliée indépendamment de tous les projets précédents. Il aborde l'article 1er de la proposition de loi pour répondre au député de Lamarzelle[113] sur la question d'inclure les marins dans la loi. Ensuite, il affirme que la commission est en faveur d'un risque professionnel qui se traduira par une prime d'assurance à la charge du patron. Elle rejette le système de l'assurance obligatoire. Le chef d'entreprise doit rester libre soit de se constituer son propre assureur, soit de s'assurer à des compagnies particulières, soit de recourir aux deux moyens qui sont mis à sa disposition[114].

---

[110] Albert de Mun est auteur d'un certain nombre d'amendements sur le sujet :
- à la séance du 24 mai en proposant un amendement sur l'article 7 première délibération, un amendement sur l'article 15 ;
- à la séance du 28 mai un contre-projet sur l'article 29 première délibération ; séance du 26 juin 1888, un amendement article 1er ;
- à la séance du 7 juillet 1888 ; 2e délibération, un amendement sur l'article 15.

[111] Républicain progressiste en 1885.

[112] Parti radical du Sénat.

[113] Union des Droites (1885-1889).

[114] Francis Laur est auteur d'un certain nombre d'amendements :
- à la 4e séance il prend part à la discussion en tant que rapporteur le 22 mai 1888, 1re délibération (article 10, article 13) ;
- à la 7e séance il prend part à la discussion en tant que rapporteur le 28 mai 1888, 1re délibération (articles 15, 22, 29) ;
- à la 8e séance il prend part à la discussion en tant que rapporteur le 29 mai 1888, 1re délibération (article 36) ;
- à la 10e séance il prend part à la discussion en tant que rapporteur le 21 juin 1888, 2e délibération (article 1) ;
- à la 11e séance il prend part à la discussion en tant que rapporteur le 25 juin 1888, 2e délibération (article 1) ;
- à la 12e séance il prend part à la discussion en tant que rapporteur le 26 juin 1888, 2e délibération (article 1) ;
- à la 13e séance il prend part à la discussion en tant que rapporteur le 28 juin 1888, 2e délibération (article 1) ;

Pierre Legrand (1834-1895)[115], député du Nord (1876-1895), ministre du Commerce se prononce au nom du gouvernement, est en faveur du principe de l'assurance obligatoire à condition de rechercher si les nécessités budgétaires pourront s'accorder avec les exigences de ce principe. Après calculs du budget, le gouvernement se prononcera à la seconde délibération[116].

Gustave de Lamarzelle (1852-1929), avocat, député du Morbihan (1883-1893) pense, lui, que les charges doivent être partagées par le patron et l'ouvrier. Cependant, il pose la question de la part de la contribution de l'ouvrier[117].

Léon Renard (1836-1916)[118], industriel (maître-verrier, ingénieur civil), juge au tribunal de Valenciennes, député du Nord (1876 à 1893), se déclare partisan de l'assurance obligatoire pensant qu'une caisse d'assurance de l'État doit exister pour exercer une certaine pression sur le monopole des compagnies d'assurances privées le jour où l'obligation sera édictée par la loi. Ces caisses seront du ressort des sociétés de secours mutuel ou des caisses de secours. Il veut voir s'établir trois catégories de caisses de secours (pas seulement pour les mineurs) mais pour les ouvriers de toute industrie une caisse de retraite pour la vieillesse, une caisse de secours pour les maladies et le chômage dus à des incapacités temporaires du travail. Enfin, une caisse d'assurances contre des accidents qui occasionnent des incapacités permanentes. Il souhaite faire contribuer tous les ouvriers à ces caisses. Un tiers à la charge des ouvriers, les deux tiers à la charge du patron[119] [120].

- à la 14e séance il prend part à la discussion en tant que rapporteur le 30 juin 1888, 2e délibération (article 2) ;
- à la 16e séance il prend part à la discussion en tant que rapporteur le 5 juillet 1888, 2e délibération (article 8) ;
- à la 17e séance du 7 juillet 1888, article 13 (1 amendement), 2e délibération sur la proposition de Félix Faure sur les accidents du travail.

[115] Centre-gauche en 1876 et Opportuniste (1877-1893).

[116] Auteur des amendements suivants :
- à la séance du 28 mai 1888, 1re délibération (article 29) ;
- à la séance du 28 juin 1888, article 1er (discussion en tant que ministre du Commerce).

[117] Auteur des amendements suivants :
- à la séance du 28 mai 1888 (1 amendement) article 15 ;
- à la séance du 29 mai 1888 (1 amendement) article 36.

[118] Appel au Peuple (1876-1877) ; Union des Droites (1885-1889).

[119] Auteur des amendements suivants :
- à la séance du 28 mai 1888, article 16 (1 amendement), 1re délibération ;

La seconde délibération a lieu à la séance du 21 juin 1888.

Louis De Clercq (1837-1901)[121], propriétaire, député Union des Droites (1877-1881) du Pas-de-Calais propose un contre-projet à l'article 1er dont le texte est le suivant :

> « Des caisses de prévoyance seront constituées dans chaque département pour faire face aux indemnités prévues dans l'article 2 de la présente loi. »

Il formule un certain nombre de propositions. Ne pas faire payer les charges au patron et au système d'assurance obligatoire en même temps. Instituer une caisse de prévoyance dans chaque département ; laisser le choix aux départements de se syndiquer ; prévoir cinq catégories pour les indemnités et les primes. Faire contribuer pour une part équitable le patron et l'ouvrier au paiement de la prime (trois quarts d'un côté, un quart de l'autre) ; garantir aux ouvriers leurs pensions, des soins médicaux et pharmaceutiques et les frais funéraires ; établir un traitement équitable pour les veuves et pour les orphelins. Assurer des pensions aux infirmes quand leurs infirmités sont survenues par suite d'accident. Il entend supprimer les procès entre les patrons et les ouvriers [122] . La Chambre n'a pas adopté. De même qu'elle

---

- à la séance du 7 juillet 1888, article 13 (1 amendement), article 15 (1 amendement) 2e délibération.

[120] François, Marie Thévenet (1845-1910) député-avocat (1885-1892) et sénateur du Rhône (1892-1900), ministre de la Justice et des Cultes (du 23 février 1889 au 17 mars 1890) intervient longuement à la Tribune sans pour autant apporter de propositions nouvelles. Son homologue Joseph Basly (1854-1928), mineur, député de la Seine (1885-1889), député du Pas-de-Calais (1891-1928) n'apporte lui non plus rien de bien de plus important.

[121] Union des Droites (1877-1881).

[122] Il y a une demande de scrutin signée de Lyonnais, Maurice-Faure, Giguet, Pochon, Jacquier, Chavanne, Guillaumou, Louis Million, Lagrange, Aujame, Durand-Savoyat, Maunoury, Noël-Parfait, Georges Cochery, Barodet.
Le scrutin est ouvert :
Nombre des votants 420
majorité absolue 211
pour l'adoption...52
contre 368
Il y a une demande de scrutin signée de Lyonnais, Maurice-Faure, Giguet, Pochon, Jacquier, Chavanne, Guillaumou, Louis Million, Lagrange, Aujame, Durand-Savoyat, Maunoury, Noël-Parfait, Georges Cochery, Barodet.
Le scrutin est ouvert :
Nombre des votants 420
majorité absolue 211
pour l'adoption...52

n'approuvera pratiquement aucun des amendements aux cinquante articles de cette présente proposition de loi. La Chambre procède très souvent par découpage de l'article étudié et peut approuver un mot, une expression, une très courte addition de mots au texte de loi.

En conclusion, Émile Keller (1828-1909)[123], propriétaire, député du Haut-Rhin (1857-1863 ; 1869-1870), député du Territoire de Belfort (1871-1881 ; 1885-1889) présenta un véritable contre-projet sur l'article 1 qui reproduit sous une autre forme les dispositions présentées dans le projet de loi du ministre Rouvier. À une exception près, toutefois ! Dans le projet Rouvier comme dans tous ceux qui reconnaissent un risque professionnel spécial, l'indemnité spéciale est accordée dans tous les cas et même lorsqu'il y a imprudence ou faute de la part de l'ouvrier blessé ou tué. Keller n'admet pas cette disposition. Dans son projet, les accidents dus à la faute de l'ouvrier ne donnent lieu à aucune indemnité même par voie d'assurance obligatoire. « Les accidents résultant du risque professionnel c'est-à-dire de l'outillage, des moteurs, des matières employées et dont la preuve n'aura été faite ni contre l'ouvrier ni contre le patron » seront seuls couverts par cette assurance. Le contre-projet d'article est ainsi formulé :

– Les accidents des ouvriers employés dans l'industrie sont de trois sortes :

« 1° Accidents dus à la faute du patron et dont il est le seul responsable ;

« 2° Accidents dus à la faute de l'ouvrier et dont il est seul responsable ;

« 3° Accidents résultant du risque industriel, c'est-à-dire de l'outillage, des moteurs, des matières employées, et dont la responsabilité doit être partagée entre le patron et l'ouvrier. »

Keller se prononce en faveur du système de l'assurance obligatoire. Il demande le partage des responsabilités respectives entre l'employeur et l'ouvrier. Il demande au lieu d'une assurance obligatoire à telle ou telle caisse de l'État ou du département que le patron puisse s'adresser soit à une caisse organisée dans sa propre usine, soit à ses voisins en s'associant avec eux, soit à des compagnies d'assurances. Si le patron n'assure pas ses ouvriers, il sera seul res-

---

contre 368
Journal officiel du 21 juin 1888, Chambre des députés, Débats, page 1849.
[123] Union des Droites en 1871.

ponsable des conséquences de l'accident[124]. Le contre-projet a été écarté.

Pierre François Aujame (1834-1902), négociant, fabricant de meubles, industriel, député Union républicaine de l'Allier de 1885 à 1889, participe à la discussion de la proposition de loi de Félix Faure[125].

Les articles problématiques

Au cours des deux délibérations, une dizaine d'articles ont été discutés. Ce sont les suivants :

Article 1

« Tout accident survenu, dans leur travail, aux ouvriers et employés occupés dans les usines, manufactures, fabriques, magasins, entreprises de transport, mines, minières, carrières, et en outre dans toute exploitation où il est fait usage d'un outillage à moteur mécanique, donne droit, au profit de la victime ou de ses ayants droit, à une indemnité.

Cette indemnité est à la charge du chef de l'entreprise, quelle qu'ait été la cause de l'accident. Toutefois, il ne sera dû aucune indemnité à la victime qui aura intentionnellement provoqué l'accident.

Sont assimilés aux chefs d'entreprise et considérés comme solidairement responsables : les membres des conseils d'administration, les sociétés anonymes pour l'exploitation des industries ou entreprises rentrant dans les catégories ci-dessus enseignées. »

---

[124] Il y a une demande de scrutin signée de Lecointre, Ad Creuzé, Bigot, Paulmier, Léon Martin, de Partz, de Saint-Martin, E. Berger, le comte de Terves, de Kermenguy, Larère, le comte de Lévis-Mirepoix, Leblanc, de Laborde Noguez, Trubert, A. Cibiel (médecin), du Mesmidot, A. Ollivier, de la Batie,

Nombre des votants : .... 500 voix
majorité absolue : .... 251 voix
pour l'adoption .... 145 voix
contre .... 355 voix

La Chambre n'a pas adopté.

Journal officiel du 21 juin 1888, Chambre des députés, débats, page 1856.

[125] Auteur des amendements :

- à la 6e séance du 26 mai 1888, article 10 (discussion), 1re délibération, proposition de loi de Félix Faure portant sur les accidents du travail ;
- à la 9e séance du 21 juin 1888, 2e délibération, proposition de loi de Félix Faure portant sur les accidents du travail ;
- à la 17e séance du 7 juillet 1888, article 14, 2e délibération, proposition de loi de Félix Faure portant sur les accidents du travail.

Article 2

« Lorsque l'accident aura occasionné une incapacité permanente absolue du travail, la victime aura droit à une pension viagère dont le montant pourra varier suivant les circonstances.

Cette pension ne pourra être inférieure au tiers de son salaire moyen annuel, ni supérieure aux deux tiers. Elle ne pourra, dans aucun cas, être moindre de 400 francs par an pour les hommes, ni de 250 francs par an pour les femmes. Est considérée comme incapacité permanente absolue de travail, la perte complète de la vue, de la raison ou de l'usage des deux membres. »

Article 8

« Dans tous les accidents ayant occasionné des blessures ou la mort, le chef d'entreprise supportera, indépendamment des indemnités déterminées par les articles qui précèdent, les frais médicaux et pharmaceutiques.

Il payera, en outre, pendant toute la durée de la maladie qui sera la conséquence de l'accident, une indemnité égale à la moitié du salaire de la victime, sans que cette indemnité puisse être supérieure à 2 fr. 50 par jour.

Toutefois, les frais médicaux et pharmaceutiques, qui ne pourront en aucun cas dépasser la somme de 100 fr., et l'indemnité temporaire ne seront dus qu'à partir du quatrième jour qui suivra l'accident. Cette dernière indemnité ne sera servie que pendant une période de temps au cours de laquelle l'indemnité temporaire continuera à être servie. »

Article 10

« Les patrons pourront se décharger de l'obligation qui leur est imposée par l'article 8 de payer aux victimes les frais de maladie et les indemnités temporaires, pendant les trois premiers mois à partir de l'accident, s'ils justifient : "1° Qu'ils ont créé, avec ou sans le concours de leurs ouvriers, des caisses particulières de secours, ou s'ils ont fait, à leurs frais, affilier leurs ouvriers à des sociétés de secours mutuel approuvées ou autorisées" ;

"2° Que ces caisses ou sociétés sont obligées de payer, indépendamment du traitement des blessés, une indemnité de la moitié de leur salaire, avec un maximum de 2 fr. 50 par jour, pendant la durée de la maladie, ou au moins pendant les trois premiers mois" »

Article 13

« La responsabilité résultant des articles 1382 et suivants du Code civil est déterminée, dans tous les cas prévus à l'article 1er, par les dispositions de la présente loi. Néanmoins, cette limitation n'est pas applicable lorsqu'une condamnation pénale a été directement prononcée contre le chef d'entreprise à raison de l'accident. Les dommages-intérêts alloués à la suite de cette condamnation pourront dépasser les indemnités prévues par la présente loi, mais ne pourront se cumuler avec elles. »

Article 15

« Tout accident survenu dans une des entreprises mentionnées à l'article 1er, sera l'objet d'une déclaration par le chef de l'entreprise ou, à son défaut et en son absence, par son préposé.

Cette déclaration sera faite dans les vingt-quatre heures de l'accident au maire de la commune, qui en dressera procès-verbal, dans la forme à déterminer par an un règlement d'administration publique. À cette déclaration sera joint, produit par le patron, un certificat du médecin, indiquant l'état d'un blessé, les suites probables de l'accident et l'époque à laquelle il sera possible d'en connaître le résultat définitif.

Récépissé de la déclaration et du certificat médical sera remis, séance tenante, au déposant. »

Article 22

« Le tribunal pourra, lorsque la contestation soulevée par la victime d'un accident ne lui paraîtra pas justifiée, par une disposition spéciale du jugement, que les frais faits par le chef de l'entreprise seront, en tout ou en partie, compensée avec l'indemnité. »

Article 25

« Les rentes, pensions ou indemnités accordées aux victimes d'accidents ou à leurs ayants droit sont incessibles et insaisissables ; elles jouissent du privilège de l'article 2101 du Code civil et y figurent sous le numéro 6.

Les tribunaux pourront toujours, sur la demande des victimes d'accidents ou de leurs ayants droit, obliger les patrons soit à verser à la caisse des retraites de l'État le capital destiné à assurer le service des premières pensions viagères, soit à garantir autrement le paiement desdites pensions. En cas d'assurance contractée par le chef d'entreprise, l'ouvrier ou l'employé victime d'un accident et de ses ayants droit auront un privilège, dans les termes de l'article 2012 du Code civil, sur l'indemnité due par l'assureur. »

Article 36

« La caisse d'assurance en cas d'accidents, créée par la loi du 11 juillet 1868, est autorisée à effectuer des assurances ayant pour objet de garantir, dans les conditions indiquées ci-après, les chefs d'entreprise contre les conséquences pécuniaires de la responsabilité déterminées par la présente loi. »

*** Les commentaires**

Du premier article

Le député Basly (1854-1928)[126] note une défaillance dans la loi ! Les compagnies étant obligées de payer les indemnités, elles trouveront toujours le moyen de démontrer devant les tribunaux les imprudences commises par les ouvriers et elles esquiveront, ainsi, le paiement. Il demande donc de faire représenter le conseil d'administration de la société anonyme. L'amendement de Basly n'a pas été retenu. Le député Thellier de Poncheville (1842-1915)[127] prend le soin de diviser les accidents en trois catégories : la première catégorie comprend les accidents qui sont liés à la faute lourde du patron ; la seconde catégorie assimile les accidents qui sont causés par la faute lourde de l'ouvrier ; et la troisième catégorie les accidents qui proviennent de toute autre cause que la faute lourde démontrée du patron ou de l'ouvrier. Selon Félix Faure (1841-1899)[128], le patron se couvrira par une compagnie d'assurances qui traînera l'ouvrier devant la juridiction afin de le lasser et de l'amener à transiger pour une indemnité dérisoire. L'amendement de Thellier de Poncheville est rejeté. Intervient ensuite Charles Floquet (1828-1896)[129] (ministre de l'Intérieur, futur Président du Conseil) pour dire qu'il est en accord avec tous les partisans de la proposition de la commission d'examen. Il précise que les catégories doivent être limitées aux professions où les risques professionnels sont les mieux établis. Il ne souhaite pas que cette loi devienne une loi d'assistance. La Chambre se divise entre les partisans de la commission d'examen qui proposent de restreindre les industries qui bénéficieront de la loi et la proposition du député de Clercq qui souhaite appliquer la loi à l'ensemble de tous les ouvriers. Le député du Pas-de-Calais de Clercq (1837-1901)[130], propriétaire possédant des intérêts dans des sociétés minières tient-il à conserver son public d'électeurs en optant pour cette largesse d'idées, à une année des prochaines élections législatives, qui auront lieu le 11 novembre 1889 ? Le texte est reformulé de la manière suivante :

> « Sont seuls admis, quant à présent, à bénéficier de cette disposition, les ouvriers ou employés occupés même pour le compte de l'État, des départements, des communes ou des établissements publics, ou travaux de

---

[126] Socialiste parlementaire en 1902.

[127] Union des Droites.

[128] Union républicaine (1881), républicain progressiste (1885-1889).

[129] Union républicaine (1871-1877), Gauche radicale (1881-1889).

[130] Union des Droites.

construction et de bâtiment, entreprise de transports, de chargement et de déchargements, magasins publics, mines, minières, carrières, travaux souterrains et en outre : 1° dans tout travail dans lequel on produit ou on emploie des matières explosibles ; 2° dans tout travail industriel, agricole ou forestier dans lequel il est fait usage soit des machines-outils, soit de machines à vapeur, soit de toute autre machine mue par une force élémentaire ou par des animaux. »

Le docteur en médecine Bernard Lavergne (1815-1903)[131] s'oppose à l'idée d'inclure les ouvriers agricoles considérant inapplicable la loi dans leur cas. Comment se fait-il que ce bon médecin d'origine tarnaise (député du Tarn entre 1876 et 1889 et sénateur entre 1889 et 1900) exerçant à Montredon au service des pauvres, époux d'Élise Guibal, le liant ainsi à l'importante famille d'industriels textiles de Castres et ayant une très bonne connaissance du milieu agricole pour en avoir publié à plusieurs reprises (*Agriculture des terrains pauvres*, en 1863, *Les souffrances de l'agriculture* en 1866), fort impliqué dans les discussions sur la question des alcools (taxes, douanes, bouilleurs de cru, réforme du régime hygiénique des boissons) (1882, 1883, 1884, 1888, 1893), des céréales (1886, 1887), des raisins secs (1888), expert sur la réforme de l'impôt sur les boissons (1889), ne défende pas la cause des ouvriers agricoles ? Intervenant dans la discussion relative aux syndicats professionnels de patrons et d'ouvriers (1890, 1893) sur la question des logements insalubres (1883), de la réglementation du travail des enfants, des filles mineures et des femmes dans les établissements industriels (1888), président de la commission chargée de l'examen de la proposition de loi de Paul Strauss sur l'assistance obligatoire aux vieillards et aux infirmes indigents (1898), il s'oppose à l'idée d'inclure dans la loi les victimes agricoles potentielles demandant à la Chambre si le risque professionnel existe véritablement pour cette profession (2e délibération) ? Puis il pose (le 23 juin, 2e délibération) une question. À qui doivent incomber les frais de l'assurance ? Est-ce au propriétaire ? Au fermier ? Au colon ? L'assurance sera-t-elle à la charge des syndicats ? Il pense que c'est impossible en raison de l'article 30 qui fait référence à une population de deux ou dix mille ouvriers qui pourraient être concernés par la mesure. Réunir deux mille ouvriers, note-t-il, relève d'une gageure ! De plus, si les ouvriers sont assurés, l'économie de la loi ne sera pas la même. La question importante qui est alors posée devient la suivante. L'assurance sera-t-elle facultative ou obligatoire ?

---

[131] Union démocratique (1876-1889).

Dans le premier cas, les grandes exploitations verront leur intérêt et elles pourront s'assurer tandis qu'une famille de petits paysans aura-t-elle le moyen de contracter une couverture sociale ? « Les conduirez-vous devant les tribunaux ? » s'adresse-t-il à la Chambre ? Pour toutes ces raisons, le médecin Lavergne s'oppose à l'inclusion du travail agricole.

Le professeur d'économie politique, auditeur du Conseil d'État : Frédéric Passy (1822-1912)[132] (législateur du département de la Seine) refuse le système d'assurance obligatoire qui risque de conduire à l'impôt au moyen de l'assurance. Il demande le partage des responsabilités de part et d'autre entre le patron et l'ouvrier et s'il fait défaut, l'ouvrier ne pourra bénéficier d'indemnités.

S'ensuit l'article 2 :

L'avocat député Le Cour[133] de Loire-Inférieure, avec l'industriel député Léon Renard[134] du Nord, déposent un amendement visant à introduire avant le premier paragraphe de l'article 2 un paragraphe qui définit les incapacités de travail et les catégories d'accidents (à la réclamation de l'Association de l'industrie française) afin d'avoir une définition claire et précise des différentes catégories d'accidents. Le député Le Cour précise que la rédaction effectuée par les deux législateurs permet une distinction entre les accidents qui donnent droit à une indemnité et ceux qui ne donnent droit qu'aux secours temporaires prévus par l'article 8 du projet de la commission d'examen et qui sont du ressort des caisses de secours et de prévoyance. Il commente :

> « Je ne veux pas revenir sur ce qui a été fait, mais je regrette que la Chambre n'ait pas voulu admettre dès le début le principe si juste de la participation des ouvriers aux dépenses de la cause des accidents.
>
> Voyez quelles en sont les conséquences ; vous allez créer la caisse de l'accident ; cette caisse sera alimentée et administrée, exclusivement, par les patrons. À côté de cette caisse, vous créez la caisse de retraites et de secours, qui sera alimentée à la fois par la contribution des patrons et les retenues faites sur les ouvriers et administrée par un conseil mixte. Vous aurez donc créé et juxtaposé deux caisses rivales et celles des ouvriers. Vous aurez rétabli législativement cet antagonisme que nous déplorons, qui a malheureusement subsisté à la suite de la loi de 1884[135] et vous au-

---

132 Centre Droit (1871-1877), Union conservatrice (1881-1885), Action libérale (1902-1906).

133 Union des Droites (1885-1889).

134 Appel au Peuple (1876-1877), Union des Droites (1885-1889).

135 Loi relative à la création d'une caisse nationale des retraites.

rez créé, si vous n'y prenez garde, une cause perpétuelle de conflits entre deux caisses. »[136]

L'amendement de Le Cour et de Léon Renard est rejeté.

Un amendement du mineur député Basly[137] (représentant le département du Pas-de-Calais) vise à changer l'expression « incapacité absolue du travail » par l'expression « impossibilité permanente absolue d'exercer sa profession ». Il propose de diminuer l'indemnité non pas lorsqu'il y a incapacité de tout travail, mais seulement si l'exercice de la profession peut encore être continué. Par ailleurs, il préconise le système d'assurance obligatoire. Si le principe n'est pas appliqué, l'indemnité sera supportée, complètement, par l'ouvrier pour la simple raison que le patron voudra rechercher la compensation de l'indemnité qu'il sera obligé d'accorder. Il alimentera la caisse de secours par les retenues qu'il imposera sur les salaires. Basly cite le cas qui se produit dans toutes les mines du Pas-de-Calais. Aux deux tiers de la Chambre, les députés n'ont pas adopté.

Sur la deuxième partie de l'article 2, l'industriel député du Nord, Le Gavrian[138] voudrait que les pensions viagères fussent fixes. La commission propose actuellement dans le cas d'incapacité permanente absolue de travailler de faire varier la pension viagère entre le tiers et les deux tiers du salaire moyen annuel. Le Gavrian soumet à la Chambre le questionnement suivant. Si la pension viagère peut varier du simple au double en passant par tous les chiffres intermédiaires quelle base aura l'assurance ? Quelle sécurité aura le chef d'entreprise qui assure à ses frais ses sacrifices doublés ? Si le juge lui impose le maximum au lieu du minimum ? La commission d'examen lui répond que les chiffres doivent être fixés suivant les circonstances. C'est-à-dire selon que l'ouvrier aura été plus ou moins négligent et qu'une faute plus ou moins lourde pourra être imputée soit au patron, soit à ses préposés. Et la question essentielle sur laquelle le tribunal doit toujours trancher est la suivante : L'accident a-t-il été causé par un cas de force majeure, par un cas fortuit, par la faute de la machine ou par la faute de l'ouvrier ? Dans sa première délibération, la Chambre a décidé que l'indemnité serait toujours égale à la moitié du salaire sans que le minimum puisse être inférieur à 1 fr. et le maximum supérieur à

---

[136] *Journal officiel* du 21 mai 1888, Chambre des députés, Débats, page 1491.

[137] Député pour la première fois, en 1885, il ne présente aucune parenté politique connue jusqu'en 1898, identifié sous l'étiquette « socialiste parlementaire » à partir de 1902.

[138] Union des Droites en 1885.

2 fr. 50. Le Gavrian réclame cette mesure d'autant qu'elle est acceptée pour les secours temporaires et les blessures légères. La Chambre n'adopte pas l'amendement. Les députés s'y sont opposés aux deux tiers à l'Assemblée.

Discussion de l'article 8

Le Cour propose l'amendement suivant :

« Pendant la maladie provenant des suites de l'accident, qu'il en résulte une incapacité totale ou seulement partielle, la victime recevra l'indemnité due pour incapacité temporaire, c'est-à-dire la moitié de son salaire quotidien, sauf le cas où l'incapacité résultant de l'accident n'aurait pas duré pendant plus de trois semaines. »

« Le reste comme au projet. »

Son amendement n'est pas retenu. Basly propose un amendement au premier paragraphe de l'article 8 qui est le suivant :

« Dans tous les cas ayant occasionné des blessures ou la mort, le chef d'entreprise supportera, indépendamment des indemnités déterminées par les articles qui précèdent, les frais médicaux et pharmaceutiques. »

Le premier paragraphe de l'article 8 mis aux voix est adopté. Le président de la Chambre passe ensuite à la lecture du second paragraphe 8 :

« Il payera, en outre, pendant toute la durée de la maladie qui sera la conséquence de l'accident, une indemnité égale à la moitié du salaire de la victime, sans que cette indemnité puisse être supérieure à 2 fr. 50 par jour. »

Le député Basly propose de rédiger le paragraphe de la façon suivante :

« Pendant la maladie provenant des suites de l'accident et l'incapacité temporaire de travail, la victime recevra une indemnité fixe de 2 fr. 50 par jour. »

Aux deux tiers de la Chambre, les députés ont voté contre cette mesure. L'avocat, député des républicains des Landes, Jumel, propose un amendement divisé en deux parties :

« Il paiera, en outre, pendant toute la durée de la maladie qui sera la conséquence de l'accident, une indemnité égale à la moitié du salaire de la victime… »

Cette première partie du paragraphe mise aux voix est adoptée.

Un scrutin de vote est demandé par Félix Faure, Picard, Georges Cochery, Maunoury, Bernier, Trouard-Riolle, Jules Siegfried, G. Hanotaux, Lesguillier, Jaurès, Maurice-Faure, Paul Casimir-Perier, Michou, Javal, H. Audiffred, etc. sur la seconde partie :

« Sans que cette indemnité puisse être supérieure à 2 fr. 50 par jour. »

La Chambre des députés l'a adopté. Et la dernière partie de l'amendement de Jumel : « … ni inférieure à 1 fr. par jour. » La commission d'examen l'accepte. Le Président reçoit une nouvelle demande de scrutin public. L'ensemble du paragraphe est ensuite mis aux voix et adopté.

L'industriel maître-verrier de la Haute-Saône, Mercier (1836-1897)[139] et l'ouvrier administrateur du journal *L'Humanité* de la Seine, Camélinat (1840-1932)[140] demandent la suppression de cette partie :

« Toutefois les frais médicaux et pharmaceutiques, qui ne pourront en aucun cas couvrir la somme de 100 fr., et l'indemnité temporaire ne seront dus qu'à partir du quatrième jour qui suivra l'accident. »

Si réellement on peut croire que les frais médicaux et pharmaceutiques ne doivent atteindre qu'une somme minime, il n'est pas nécessaire de les limiter à 100 fr. « Si l'accident est assez grave pour entraîner des frais, dépassant cette somme, il appartient à l'assureur et non à la victime de les supporter », argumentent-ils.

La Chambre approuve à 303 voix contre 188 cette suppression de l'article. À la seconde délibération l'ouvrier des Bouches-du-Rhône Antide Boyer (1850-1918)[141] demande, la suppression, du paragraphe suivant :

« Toutefois les frais médicaux et pharmaceutiques, qui ne pourront en aucun cas couvrir la somme de 100 fr., et l'indemnité temporaire ne seront dus qu'à partir du quatrième jour qui suivra l'accident. »

Cet amendement présenté par le docteur en médecine, Ernest Ferroul (1853-1921)[142], député de l'Aube, a déjà été soumis à la Chambre lors de la première délibération. Il avait été alors repoussé[143]. Antide Boyer commente :

---

139 Gauche républicaine (1876), Opportuniste (1877-1885).

140 Extrême gauche (1885).

141 Socialiste parlementaire en 1902.

142 Parti socialiste.

143 Cf. la réglementation commentée et détaillée par Eugène Pierre et Jules Poudra « Traité pratique de droit parlementaire », Paris, A. Quentin, 4e tirage (1885) qui précise à la page 592 qu'un amendement rejeté à la première délibération peut être reproduit et adopté à la seconde délibération. Tant que la Chambre ne s'est pas prononcée définitivement sur un article, le droit d'amendement existe. On peut même,

« Il me semble qu'il serait bien plus simple de dire aux chefs d'entreprise qu'ils n'auront qu'à continuer ce que beaucoup d'entre eux ont fait jusqu'à aujourd'hui, c'est-à-dire à contracter avec des médecins des abonnements d'accidents, quels que soient la gravité des blessures, le nombre des visites, de pansements, ou les opérations qu'ils nécessiteront. »[144]

La suppression n'est pas prise en considération.

Discussion de l'article 10

La commission d'examen chargée d'étudier la question des accidents jusqu'en 1888 au regard des travaux précédents portant sur les titres I (« Des indemnités en cas d'accident ») et II (« Détermination du salaire moyen ») de ce projet tend à montrer les conséquences contenues dans le principe de la responsabilité de droit commun telle qu'elle est inscrite au Code civil. Ce projet substitue aux règles générales des articles 1382 et suivants le principe du risque professionnel. Il reconnaît que l'industrie moderne entraîne avec elle des risques inévitables. L'assurance devient nécessaire mais elle ne présente pas encore le caractère obligatoire. Aux industriels de rester libres dans leurs souscriptions en étant eux-mêmes leurs propres assureurs ou de s'adresser à des compagnies privées ou de recourir à la Caisse de l'État créée par la loi du 11 juillet 1868 revue et améliorée ou de se grouper en syndicats d'assurance mutuelle. Le projet mettait à la charge du chef d'entreprise, tout accident du travail, quelle que fût la cause, sauf la volonté de la victime. Néanmoins, il déclarait l'article 1382 du Code civil applicable en cas de revendication exercée par l'ouvrier si le patron avait été condamné correctionnellement à plus de huit jours de prison à raison de l'accident. La commission a reconnu une indemnité minimum due dans tous les cas de figure et arrêtée par un plafond le montant maximum dont la victime pourrait bénéficier. Les titres III (« De la déclaration des accidents et de l'enquête ») et IV (« De la fixation de l'indemnité et de la procédure. Dispositions pénales ») visent à instituer de nouveaux procédés : 1° de rechercher les circonstances et les conséquences des accidents par une enquête immédiate et d'office et 2° de régler, par voie de conciliation, les différends émanant des accidents par une décision rapide et efficace. Les deux dernières grandes parties du projet de loi (partie V

---

au cours d'une dernière lecture ou d'une délibération unique, proposer une addition à l'un des paragraphes qui aurait pour résultat de remettre en question un principe voté par la Chambre.

[144] *Journal officiel* du 8 juillet 1888, Chambre des députés, Débats, 2e délibération, page 1991.

« Des syndicats d'assurance mutuelle » et VI « De l'assurance sous la garantie de l'État ») présentent une organisation nouvelle de l'assurance mutuelle par l'intermédiaire de syndicats librement constitués. Les chefs d'entreprise peuvent se garantir contre les risques qui leur incombent à moindre prix. Ce système d'assurance a ensuite été complété par le système d'assurances de l'État sous la loi de 1868 ainsi que la responsabilité de l'État et l'arrivée de nouveaux impôts dus à des charges pour le contribuable[145]. Cette proposition de loi de Félix Faure du 26 juin 1886 adoptée par la Chambre des députés le 10 juillet 1888 est transmise au Sénat une semaine plus tard le 17 juillet 1888.

Un rapport d'étude daté du 24 janvier 1889 par Tolain en découle. Le Sénat, après deux lectures, dans l'intervalle desquelles le rapporteur de la commission Tolain vota le 1er avril 1887 un texte qui maintenait le risque professionnel, modifiait en des points essentiels le projet accepté par la Chambre. Dans sa séance du 10 juillet 1888, la Chambre des députés a adopté un projet de loi concernant la responsabilité des accidents dont les ouvriers sont victimes dans leur travail. Le projet présenté aujourd'hui au Sénat diffère sur plusieurs points de celui qui avait été proposé par le gouvernement le 2 février 1886. Il met de plein droit dans tous les cas à la charge du patron les conséquences des accidents sauf lorsque ces accidents auront été intentionnellement provoqués par les victimes. Le texte déposé par le gouvernement se bornait à établir une présomption de responsabilité du patron, à qui incomberait dès lors la charge de la preuve contraire. Le projet du gouvernement laissait, préalablement, les tribunaux libres de fixer une indemnité plus ou moins élevée en tenant compte de la gravité de l'accident et de la part plus ou moins grande de responsabilité du patron. Selon le texte voté par la Chambre des députés, l'indemnité ne varie plus d'après les conséquences de l'accident, la situation de famille de la victime et son salaire annuel. On ne tient plus compte, pour la fixer, de la part de responsabilité du patron sauf dans le cas où celui-ci aurait subi pour l'accident une condamnation correctionnelle de plus de huit jours d'emprisonnement. Enfin, le gouvernement proposait d'instituer l'assurance obligatoire pour les établissements où il y a risque professionnel afin de garantir dans tous les cas aux ouvriers blessés une indemnité au moins égale au chiffre des pensions et se-

---

[145] Projet de loi (Impression n° 881), Chambre des députés, le 10 juillet 1888 à l'issue de la 1re délibération, le 29 mai 1888 et 2e délibération consultable dans la partie annexe de la thèse.

cours que la caisse d'assurances créée par la loi de 1868 alloue pour une prime annuelle de huit francs. Le texte voté par la Chambre des députés n'admet pas le principe de l'obligation, mais il contient des dispositions ayant pour but de faciliter l'assurance soit au moyen de la caisse créée par l'État soit à l'aide des syndicats d'assurances mutuelles[146].

CONCLUSION

En 1888, l'état de la discussion permet de définir et de mieux poser les problèmes. Nous voyons que si le principe de risque professionnel (donc de responsabilité de la part de l'employeur en cas d'accident de l'ouvrier) est désormais reconnu, la notion d'assurances sociales obligatoires quant à elle en est aux balbutiements. Il faut attendre le projet de loi définitif, en 1890, pour que ce deuxième principe fondateur de la loi soit acquis. Cette question d'assurances sociales obligatoires est définitivement traitée (chapitre suivant) au fil de l'évolution du travail législatif en cours d'élaboration. Le compte rendu des délibérations de 1888 – représentatives de la moitié des étapes parcourues dans ce projet de loi (cela fait maintenant huit ans que le sujet est posé) illustre parfaitement (une fois de plus !) les enjeux d'une question sociale excessivement lourde de conséquences. Les médecins députés ne sont pas les leaders des discussions en cours pas davantage qu'ils ne sont acteurs des enjeux. Ce qui montre, une nouvelle fois, que chaque législateur peut être ou non partie prenante d'un texte législatif et qu'il aura ou non un intérêt quelconque à s'investir dans ce travail plus qu'un autre. Mais la règle du jeu parlementaire, sous cette IIIe République, rappelons-le, renvoie à la démocratie intégrale. C'est-à-dire la désignation par tirage au sort des membres de chaque bureau qui nomment chacun un représentant dans chaque commission d'examen. Si les médecins sont tirés au sort, ils pourront participer aux travaux de la commission d'examen désignée à cet usage. Certes, les discussions en hémicycle sont évidemment ouvertes à l'ensemble des députés. Cependant, la réalité des discussions se déroule devant une assistance composée de ces mêmes acteurs qui se sont préoccupés en commissions d'examen du problème. Le dépouillement des scrutins de vote sur telle et telle mesure permettrait de prendre connais-

[146] Le projet de loi est distribué et renvoyé à la commission des accidents dont les ouvriers sont victimes le 18 juillet 1888. Un rapport par M. Tolain est établi (Impression n° 9). Cf. le projet de loi en partie annexe de la thèse.

sance de la position d'un groupe socioprofessionnel donné. Mais les députés suggèrent souvent à leurs homologues d'assister au débat sur la question au moment des scrutins. Cette tactique qui permet de faire passer tel ou tel amendement ou telle ou telle mesure. Elle nous éclaire sur la composition socioprofessionnelle des votes.

CHAPITRE II

Dix-huit années de discussions parlementaires. Analyse de la situation

1/ Un projet de loi sur la notion de responsabilité des accidents du travail pris en considération définitivement au Parlement en 1890

Avant de rendre compte de ce que deviennent les notions de « risque professionnel » et d'« assurance obligatoire » dans la période décisive de la législation en matière d'accidents professionnels qui se clôt sur la validation du dernier projet de loi, proposé par le gouvernement, en 1890[147], résumons à présent les positions qui ont été prises

[147] Projet de loi adopté par la Chambre des députés concernant les responsabilités des accidents dont les ouvriers sont victimes dans leur travail et l'organisation de l'assurance obligatoire :
Rapport au Sénat le 3 avril 1895 par Poirier (Seine), Impression n° 73, session de 1895, distribué le 5 avril.
Rapport supplémentaire le 28 juin par Poirier (Seine), Impression n° 146, session de 1895, distribué le 2 avril.
Première délibération le 5 décembre 1895.
Démission de la Commission d'examen le 3 février 1896. Nomination d'une nouvelle commission le 6 février 1896.
Rapport le 2 mars par Thévenet (Impression n° 48), session de 1896.
Deuxième délibération et adoption avec modifications le 24 mars 1896.
Projet de loi n° 98, session de 1896.
Représenté à la Chambre des députés le 2 avril 1896 (renvoyé à la Commission d'assurance et de prévoyance sociales) (Impression n° 1890) ;
– rapport le 7 juillet 1897 par Maruéjouls (Impression n° 2624) et annexe, distribué le 10 juillet ;
– urgence déclarée ;
– adoption avec modifications le 28 octobre 1897, projet de loi n° 1002.
Représenté au Sénat, le 5 novembre 1897 (renvoyé à la commission précédemment saisie), (Impression n° 14), session extraordinaire de 1897, distribué et renvoyé à la commission le 9 novembre ;

sur le problème jusqu'en 1896. Moment où la commission d'examen à la Chambre démissionne immédiatement remplacée par une nouvelle commission qui reprend le flambeau des discussions. Deux années se sont écoulées depuis le renvoi à la commission des accidents des ouvriers au Sénat du projet de loi daté du 25 juin 1893 intitulé : « Projet de loi concernant la responsabilité des accidents dont les ouvriers sont victimes dans leur travail et l'organisation de l'assurance obligatoire ». Quelques propositions de loi ont été déposées à la Chambre des députés[148]. Deux rapports établis par le sénateur Poirier* (sénateur du département de la Seine) sont dressés successivement le 3 avril et le

---

Rapport le 25 janvier 1898 par Thévenet (Impression n° 15), session de 1898 ;
Première délibération le 7 mars 1898.
Deuxième délibération et adoption avec modifications le 19 mars 1898 (projet de loi n° 118, session de 1898).
Représenté à la Chambre des députés le 22 mars 1898 (renvoyé à la commission précédemment saisie), (Impression n° 3142) ;
Rapport le 24 mars 1898 par Maruéjouls (Impression n° 3150) ;
Adoption le 26 mars 1898 projet de loi n° 1120.
Loi du 9 avril 1898 promulguée au *Journal officiel* du 10 avril.

[148] Ce sont les suivantes :
1891. Proposition de loi de Dron (médecin) concernant la responsabilité dont les ouvriers sont victimes dans leur travail ; renvoyée à la commission du travail dans les usines, présentée à la Chambre des députés, le 2 février 1891 distribuée et renvoyée à la commission le 5 février.
Proposition de loi de Le Cour et ses collègues sur les accidents dont les ouvriers sont victimes dans leur travail ; renvoyée à la commission du travail dans les usines ; présentée à la Chambre des députés le 9 mars 1891 (Impression n° 1274) distribuée et renvoyée à la commission le 16 mars.
Proposition de loi de Le Cour et de Lamarzelle sur les accidents dont les marins et les pêcheurs sont victimes dans l'exercice de leur profession à la Chambre des députés le 27 avril 1891 (Impression n° 1377) distribuée et renvoyée à la 13e commission d'initiative parlementaire le 25 mai ; renvoyée le 26 mai à la Commission de la Marine.
Nota – Cette proposition n'a pas été rapportée.
1894. Proposition de loi de Montfort et plusieurs de ses collègues sur les accidents dont les marins et les pêcheurs sont victimes dans l'exercice de leur profession (renvoyée à la commission de la marine), présentée à la Chambre des députés le 25 janvier 1894 (Impression n° 305) ; distribuée et renvoyée à la commission le 12 février.
Nota. Il n'a pas été fait de rapport sur cette proposition de loi.
1895. Proposition de loi sur la sécurité du travail et sur les accidents dans les arsenaux et établissements de la marine (renvoyée à la commission de la marine), présentée à la Chambre des députés le 1er mars 1895 (2e séance) par Paul Guieysse et plusieurs de ses collègues (Impression n° 1201) ; distribuée et renvoyée à la commission d'examen le 7 mars.
Nota – Il n'a pas été fait de rapport sur cette proposition de loi.

28 juin 1895 au Palais du Luxembourg[149]. Dans son premier rapport au Sénat l'industriel François Poirier résume la situation de la question après quinze ans de débats. Il rappelle que la question de la responsabilité des conséquences des accidents dont les ouvriers sont victimes dans leur travail est en suspens au Parlement depuis une quinzaine d'années à partir du moment où fut déposée la proposition de loi du 29 mai 1880 par le promoteur de la question Martin Nadaud. Vinrent ensuite les propositions de Georges Graux, Remoiville, Alfred Girard, Peulevey, Maurel, Félix Faure, Henry Maret. La Chambre des députés a adopté en première lecture le 23 octobre 1884 un projet élaboré par la commission chargée de rapporter les propositions ci-dessus énoncées. Enfin, deux projets de loi furent présentés au nom du gouvernement l'un le 23 mars 1885 par Maurice Rouvier, l'autre le 2 février 1886 par Édouard Lockroy ministre du Commerce améliorant le texte du premier. Sur le rapport du député Duché – la Chambre des députés a adopté le 10 juillet 1888 – un projet de loi contenant dans son article premier la disposition suivante :

« Tout accident survenu dans leur travail aux ouvriers et employés, occupés dans les usines, manufactures, chantiers, entreprises de transport, mines, minières, carrières, et, en outre, dans toute exploitation où il est fait usage d'un outillage à moteur mécanique, donne droit au profit de la victime ou de ses ayants droit à une indemnité dont l'importance et la nature sont déterminées ci-après. Cette indemnité est à la charge du chef d'entreprise, quelle qu'ait été la cause de l'accident. »

Le Sénat a voté après une étude très approfondie de cette question et une longue discussion (le 20 mai 1890) un projet dont le premier paragraphe de l'article premier est ainsi conçu :

« Dans toute entreprise où le travail sera reconnu dangereux, le chef d'entreprise est responsable de tout accident survenu par le fait du travail ou à l'occasion du travail à ses ouvriers ou employés, à moins qu'il ne prouve que cet accident est survenu par la faute lourde de la victime. »

Sauf divergence sur le cas de la faute lourde que le Sénat laissait sous le régime du droit commun tandis que la Chambre ne faisait à cet égard aucune exception ni réserve. L'accord existait entre les deux assemblées sur le principe même du risque professionnel. La loi avait un caractère transactionnel et forfaitaire. Parce que si d'une part, elle

---

[149] Rapport au Sénat le 3 avril 1895 par Poirier (négociant en produits chimiques, Seine), (Impression n° 73), session de 1895, distribué le 5 avril. Rapport supplémentaire le 28 juin par Poirier (Seine) (Impression n° 146) session de 1895, distribué le 2 juillet 1895.

faisait supporter par le chef d'entreprise le préjudice causé à la victime sans rechercher les causes de l'accident, d'autre part, elle ne mettait à la charge du patron qu'une partie du domaine. Il y avait donc bien transaction. Quant au caractère forfaitaire, il était plus nettement accusé par le vote du Sénat que par celui de la Chambre. Si celle-ci admettait le principe de la pension accordée à la victime atteinte d'incapacité absolue de travail cette pension pouvant varier en raison des circonstances du tiers aux deux tiers du salaire moyen annuel avec un minimum de 400 francs pour les hommes et de 200 francs pour les femmes alors que le Sénat concédait lui une indemnité fixe (soit une pension égale à la moitié du salaire moyen de la victime). On trouve ce même caractère transactionnel et forfaitaire dans les lois allemandes et autrichiennes. On le trouve, également, dans la loi norvégienne du 23 juillet 1894. Enfin, les projets de loi élaborés dans les différents pays sur la question des accidents du travail s'inspirent de cette même idée notamment le projet italien déposé le 5 mai 1893 sur le bureau de la Chambre des députés. Le projet de loi voté par le Sénat, en 1890, admettant le principe du risque professionnel aujourd'hui à la date du 3 avril 1895, la commission d'examen constituée à cet effet à la Chambre haute demande de confirmer ce vote. C'est donc justement que le Sénat a admis et consacré par son vote de 1890 le principe du risque professionnel mettant à la charge du chef d'entreprise la réparation limitée du dommage causé à la victime d'un accident survenu au cours de son travail. Mais il n'a pas cru devoir ratifier comme le lui demandait sa première commission par l'organe de son rapporteur Tolain les dispositions votées par la Chambre des députés pour faciliter et assurer l'exécution de la loi. Il ne s'agissait pas d'une assurance obligatoire. La Chambre s'était bornée à voter des dispositions permettant aux chefs d'entreprise de former entre eux des syndicats d'assurances mutuelles contre les risques prévus par la loi. Ces syndicats, dont le fonctionnement se trouvait réglementé, devaient verser les fonds provenant des cotisations des associés, créées par la loi du 11 juillet 1808, qui devait faire aux ayants droit le service des pensions. D'autre part, la Caisse nationale d'assurance contre les accidents était autorisée à assurer directement les chefs d'entreprise. C'est sur ces deux points que le Sénat se sépara de sa première commission, et par là même de la Chambre des députés. Il admet que les syndicats visés par la loi du 21 mars 1884 pourraient (sans autorisation) constituer des caisses spéciales d'assurance mutuelle contre les risques prévus par la nouvelle loi. Cependant, le Sénat a cherché, dans une certaine mesure, à garantir d'une façon effective aux victimes d'accidents le bénéfice des dispositions de la loi en précisant que les rentes, pensions et indemnités seraient incessibles et insaisissables, qu'elles jouiraient du privilège de l'article 2101 du Code civil pour deux années d'arrérages de la rente ou pension et qu'en cas d'assurance contractée par le chef d'entreprise, l'ayant droit aurait un privilège dans les termes de l'article 2102 du Code civil sur l'indemnité due par l'assureur.

Le projet voté par la Chambre se présente plus libéral que celui déposé par le gouvernement parce qu'il laisse aux chefs d'entreprise la faculté de rester leurs propres assureurs, soit individuellement, soit réunis en syndicats sous la condition de verser un cautionnement à déterminer par un règlement d'administration publique. L'assurance obligatoire mutuelle et régionale a été votée par la Chambre à une très forte majorité et le projet de loi renvoyé à l'examen de la commission. Animée du vif désir de faire aboutir la question qui lui était soumise la commission d'examen s'est mise en rapport avec cinq délégués de la commission du travail de la Chambre des députés : Bourgeois, Guieysse, Maruéjouls, Ricard et Sarrien. Puis elle a arrêté définitivement ses résolutions en regrettant qu'un accord parfait n'ait pas pu se réaliser entre la délégation de la commission de la Chambre et elle-même.

Trois solutions se présentaient comme possibles :

1° Maintenir purement et simplement le vote émis par le Sénat en 1890 qui faisait supporter par les chefs d'entreprise les conséquences du risque professionnel, mais qui ne garantissait aux victimes d'accidents que bien insuffisamment le bénéfice de l'exécution de la loi.

2° Adopter le projet voté par la Chambre qui soumettait à l'assurance obligatoire tous ceux qui ne resteraient pas leurs propres assureurs moyennant garanties suffisantes.

3° Chercher une solution mixte pour résultat de garantir les victimes d'accidents contre toute éventualité de non-paiement des rentes et pensions tout en laissant aux chefs d'entreprise une liberté aussi étendue que possible dans le choix des garanties à fournir.

Était-il nécessaire d'aller jusqu'à l'assurance obligatoire comme l'a fait la Chambre des députés ? Tel n'a pas été l'avis de la commission d'examen. Le système de la Chambre tend, en effet, non seulement à mettre l'ouvrier à l'abri de toute éventualité dont il aurait à souffrir mais encore à garantir le chef d'entreprise contre sa propre imprévoyance. Les membres de la commission ont pensé qu'il y avait là un excès de protection qui pouvait contenir le germe de conséquences redoutables. L'assurance obligatoire n'a pas été acceptée, en 1888, par la commission de la Chambre des députés et voici le rapporteur Duché (médecin) justifiait sur ce point les résolutions de la Commission :

> « L'État, doit-il et peut-il imposer l'obligation de s'assurer contre un risque en invoquant l'intérêt présumé de celui qu'il contraint ? Ce serait pour l'État se porter meilleur juge de l'intérêt privé des citoyens que les citoyens eux-mêmes. »

L'assurance obligatoire à la commission d'examen actuelle notifiée comme « un système dangereux » et l'application qu'en a faite le projet de la Chambre des députés présente à son avis, d'une façon toute particulière, les plus graves inconvénients. Doit-on songer aux conséquences économiques et financières qui en résulteraient ? Le principe de l'obligation de la garantie a paru à la commission d'examen d'avoir pour conséquence nécessaire la mise à la disposition des intéressés d'une caisse d'assurance par l'État. Dans le cas inverse, il pourrait arriver que les patrons se trouvent dans l'impossibilité de satisfaire aux exigences de la loi ou du moins ne le puissent qu'à des conditions trop onéreuses. Plusieurs objections ont été soulevées contre l'assurance par l'État. Sur le on-dit : « Ceci tuera cela ; les compagnies privées ne pourront soutenir la concurrence d'une Caisse d'État. » À cette objection, la meilleure réponse est celle des compagnies (elles-mêmes) qui ont déclaré ne pas redouter la concurrence de l'État pourvu que celle-ci soit équitable. C'est précisément pour enlever à la concurrence de l'État le caractère d'une lutte inégale que les membres de la commission ont pris le soin de dire que la caisse d'assurance de l'État devra faire face au moyen de ses seules recettes tant au service des pensions qu'au paiement des frais d'administration et autres. La commission d'examen pense que l'État ne doit faire lui-même que ce que l'industrie ne peut ou ne veut pas faire parce que cette dernière lui sera toujours supérieure au point de vue d'une bonne exploitation ! A-t-on jamais eu la conviction que l'État est responsable des opérations des compagnies d'assurances sur la vie qui reçoivent des capitaux si importants d'une clientèle extrêmement juteuse ?

Après avoir examiné les différentes questions qui viennent d'être évoquées dans son rapport, la Commission a eu à se prononcer sur la juridiction compétente pour connaître des contestations auxquelles l'application de la loi pourrait donner lieu. La Chambre des députés a décidé d'organiser pour connaître de toutes les difficultés qui se rattacheraient à un accident suivi d'une incapacité de travail présumée permanente un tribunal spécial appelé « tribunal arbitral ».

Le projet soumis par la commission d'examen, aujourd'hui, se trouve en harmonie avec le projet de la Chambre des députés sur les points fondamentaux suivants :

1° Risque professionnel à la charge des chefs d'entreprise.

2° Ouverture aux victimes d'accidents et à leurs représentants du droit à une réparation transactionnelle et forfaitaire.

3° Faculté pour le tribunal de réduire, sans limitation, les indemnités dans le cas de faute lourde de la victime et de les augmenter jusqu'à concurrence du montant du salaire moyen de cette dernière dans le cas de faute lourde du patron.

4° Création d'une juridiction spéciale compétente pour connaître des différends pouvant naître entre patrons et ouvriers dans l'application de la loi.

5° Nécessité d'assurer aux victimes l'exécution de la loi.

En définitive, le projet de loi de la commission actuelle ne diffère guère de celui de la Chambre que sur les moyens. Les membres de la commission laissent aux chefs d'entreprise un choix dans les garanties à fournir. La Chambre ne paraît trouver cette garantie que dans l'assurance obligatoire qu'elle a organisée et que la commission d'examen du Sénat a été obligée de repousser pour les motifs indiqués. Un autre trait qui distingue les deux projets – c'est que celui de la commission tout en donnant à l'ouvrier autant de garanties que le projet de la Chambre – atténue de façon singulière le montant des sommes à réclamer à l'industrie et surtout diminue dans une très large mesure les versements à effectuer dans les caisses de l'État. Si comme les membres de la commission l'espèrent, le Sénat consent à ratifier les propositions de sa commission d'examen, il donnera à la démocratie un nouveau souffle et il prouvera en repoussant l'utopie qu'il accepte toutes les solutions justes et réalisables ! De son côté, la Chambre des députés abandonnera ou tout au moins consentira à ajourner la réalisation du système de l'assurance obligatoire. Elle estimera que la question de la responsabilité des accidents que la commission d'examen s'efforcera de résoudre présente à elle seule d'assez grandes difficultés pour ne pas la compliquer ; encore d'une autre question moins grave celle de l'assurance obligatoire. L'accord se trouvant établi sur le fond, elle ne voudra pas retarder (à cause d'un désaccord sur les moyens) le vote d'une loi qui est devant le Parlement depuis de trop nombreuses années, et qui est attendu avec impatience par le monde du travail aussi bien par les patrons que par les ouvriers. La commission d'examen du Sénat reformule ainsi l'intitulé du projet de loi « Projet de loi sur la responsabilité résultant des accidents dont les ouvriers des entreprises ou exploitations industrielles sont victimes dans leur travail » contre l'intitulé de la Chambre des députés : « Projet de loi concernant les responsabilités des accidents dont les ouvriers sont victimes dans leur travail et l'organisation de l'assurance obligatoire. » La commission d'examen présente un projet comprenant cinquante-sept articles contre quatre-vingt-deux à la Chambre des députés. La commission du Sénat supprime le titre du texte portant sur la caisse d'assurance et le paiement et les caractères des indemnités. Elle propose une partie nouvelle sur les garanties d'exécution de la loi ne conservant que cinq articles sur les vingt-cinq à l'égard du principe de l'assurance mutuelle obligatoire[150].

Un deuxième rapport supplémentaire de la commission suivra le 28 juin 1895 présenté par le sénateur Poirier (Seine)[151] en raison d'un amendement déposé par le sénateur Bérenger qui souhaitait modifier

---

[150] À la date du 3 avril 1895, la Chambre des députés et le Sénat sont en accord sur l'article 1er du texte de loi. La commission d'examen du Sénat au nom de Bardoux, président ; Lourties (médecin), Cuvinot, Charles Floquet, Poirier (négociant en produits chimiques, Seine) rapporteur, Cordier, Duc de Montesquiou-Fezensac, Chovet, de Casabianca, propose un projet de loi composé des titres suivants :

1. Entreprises soumises à l'assurance – accidents – indemnités ;
2. Détermination du salaire servant de base à la fixation des rentes et indemnités ;
3. Déclaration des accidents – enquêtes ;
4. Compétence – juridiction ;
5. Responsabilité – action en indemnité – révision (article 30 en partie modifié – article 35 supprimé) ;
6. Assurance mutuelle obligatoire (comprenant 25 articles, dont 20 articles supprimés) ;
7. Garanties pour assurer l'exécution de la loi (partie nouvelle) ;
8. Caisse nationale d'assurance – paiement et caractère des indemnités (partie supprimée) ;
9. Application de la loi (9 articles nouveaux) ;
10. Assurances individuelles et syndicales – garanties spéciales (partie supprimée) ;
11. Dispositions générales – pénalités ;

Voir détail du texte de loi en annexe.

[151] Impression n° 146 (Sénat, session 1895, annexe au procès-verbal de la séance du 28 juin 1895). Rapport supplémentaire fait au nom de la commission chargée d'examiner le projet de loi, adopté par la Chambre des députés, concernant les responsabilités des accidents dont les ouvriers sont victimes dans leur travail et l'organisation obligatoire par Poirier (négociant en produits chimiques, Seine), sénateur. Cette commission est composée de Bardoux, président ; Lourties (médecin), Cuvinot, Charles Floquet, Poirier (négociant en produits chimiques, Seine), Cordier, Duc de Montesquiou-Fezensac, Chovet, de Casablanca, R. Falcon de Cimier attaché à la Questure, secrétaire-adjoint.

le principe de la loi en discussion[152]. Admis par trois votes des deux Chambres la question du risque professionnel est remise à l'étude. La commission a cru devoir reprendre la notion en précisant ceci :

[152] René Bérenger (1830-1915) magistrat, représentant à l'Assemblée nationale de 1871, ministre des Travaux publics du 18 au 25 mai 1873 et sénateur inamovible (1875), vice-président du Sénat. Partisan actif du plébiscite de 1870 il fut après le 4 septembre jeté en prison par les ordres du comité du salut public de Lyon, pour avoir voulu s'opposer à l'arrestation du procureur général. Le procureur général du gouvernement de la Défense nationale M. Le Royer le fit remettre en liberté au bout de douze jours. Il se fit inscrire au barreau de Lyon, entra dans la garde nationale, réclama et obtint une distribution de cartouches pour les bataillons à maintenir l'ordre contre les agitateurs et aurait encore été arrêté sans l'intervention de M. Le Royer et du maire Hémon. Marié et père de famille il s'engagea dans les mobilisés du Rhône et fut blessé à la bataille de Nuits (18 décembre 1870). Élu représentant de l'Assemblée nationale du Rhône, il participa aux travaux de la Chambre aussi bien en commission qu'en séance publique ; il se consacra surtout aux œuvres de préservation et de relèvement de l'enfance et de l'adolescence. Il se prononça pour la paix (1er mars 1871), contre l'obligation des lois d'exil (8 juin), pour le cautionnement des journaux (5 juillet), contre la pétition des évêques (22 juillet), pour le pouvoir constituant de l'Assemblée (30 août), pour le retour des Chambres à Paris (2 février 1872), contre la proposition de trois ans pour la durée du service militaire (8 juin), contre la démission de Thiers (24 mai 1873), pour la prorogation des pouvoirs du Maréchal de Mac-Mahon (19 novembre), pour l'admission à titre définitif dans l'armée, des princes de la famille d'Orléans (28 mars 1874), contre le ministère de Broglie (16 mai), pour l'amendement Wallon (30 janvier 1875), pour l'ensemble des lois constitutionnelles (25 février). Dans la même législature, il proposa la création d'un jury spécial en matière de presse et présenta (mai 1872) un projet de réorganisation de la magistrature qui fut repoussé. Il entra aussi le 19 mai 1873 – comme ministre des Travaux publics dans la combinaison Casimir-Périer – mais en sortit cinq jours après le 24 mai à la chute de Thiers. Le 16 décembre 1875 élu sénateur inamovible, il prend place au centre-gauche et a voté plus fréquemment qu'à la Chambre avec les groupes républicains. En juin 1877, il parle contre la dissolution de la Chambre redoutant « l'écrasante responsabilité de l'acte du 16 mai ». En mars 1880, lors de la discussion de l'article 7 de la loi Jules Ferry sur la liberté de l'enseignement supérieur il soutint que « les lois existantes » ne pouvaient pas s'appliquer aux congrégations non autorisées. Il reprocha à Ferry d'opposer les convictions religieuses aux convictions politiques et de jeter un brandon de discorde dans le parti républicain. Il proposa sans succès (mai 1881) un amendement à la loi sur les titres de capacité exigés pour l'enseignement primaire, demandant la dispense de brevet pour les congréganistes entrés en fonction avant le 1er mars 1880 ; parla (juin 1882) sur la réforme du Code d'instruction criminelle et dans la discussion de la loi des syndicats professionnels (août 1832), combattit l'article 5 qui permettait l'union des syndicats de diverses professions, union qui amènerait la formation de grandes fédérations que la lutte des intérêts jetterait vite dans la politique. Le 29 mai 1883, il protesta contre la suppression des aumôniers dans les hôpitaux de Paris, contesta l'autorité prise par le conseil municipal sur l'Assistance publique, parla contre la suspension de l'inamovibilité de la magistrature proposée par le ministre de

« Votre Commission est d'avis que le Sénat a nettement défini le risque professionnel dans le deuxième paragraphe de l'article premier du projet de loi qu'il a adopté en 1890. Cette définition implique que le risque professionnel qui doit être supporté par les chefs d'entreprise consiste dans la réparation des conséquences des accidents "dus à une imprudence ou à une négligence légère du patron, de ses préposés ou de l'ouvrier, à un cas fortuit ou de force majeure, à une cause inconnue." »

Et selon le premier paragraphe de l'article précité ; le chef d'entreprise est responsable de tout accident survenu à l'occasion "du travail aux ouvriers et employés de toute industrie où le travail sera reconnu dangereux, à moins qu'il ne prouve que l'accident est survenu par la faute lourde de la victime." »

La commission d'examen semble en accord, avec le Sénat, sur deux points essentiels :

1° Sur la responsabilité du chef d'industrie dans tous les cas où celui-ci ne fait pas la preuve que l'accident est le résultat de la faute lourde de l'ouvrier. Cependant, dans le cas où cette preuve est faite le système de la commission diffère du système du projet de 1890, se bornant à faire subir à l'indemnité une réduction laissée à

---

la Justice Martin-Feuillée (juillet 1883) et propose en décembre un projet de loi sur la recherche de la paternité qui, déjà admise en cas d'enlèvement, devait être entendue selon lui aux cas de viol, de séduction et de possession d'état. Il fut l'auteur en 1884 et le rapporteur en 1890 de la proposition de loi sur l'atténuation et l'aggravation des peines. Il cherchait à préserver de contacts pervers les délinquants primaires donnant l'impression d'avoir agi par faiblesse ou par erreur accidentelle en autorisant les juges à leur accorder le sursis de la peine. Par contre, le tribunal pouvait aggraver la peine pour les récidivistes. Ce fut la loi du 26 mars 1891 qui porte son nom. Dans la discussion de la loi municipale (mars 1884), il réclama en vain contre la publicité des séances des conseils municipaux ; il fit adopter une proposition sur la loi des récidivistes relative aux moyens préventifs de combattre la récidive, mais combattit le projet de loi lui-même (octobre 1884) et développa (février 1885) un contre-projet qui substituait à la relégation des aggravations successives de peines et qui fut rejeté. Nommé en juin 1886, rapporteur de la commission chargée d'examiner le projet d'expulsion des princes, il conclut au rejet de la proposition. En février 1888, il vote contre la loi accordant des pensions viagères aux blessés de février 1848 et dans la dernière session, il vote pour le rétablissement du scrutin uninominal (13 février), pour le projet de loi Lisbonne restrictif de la liberté de la presse (18 février). Il s'abstient (29 mars) dans le scrutin sur la loi de procédure à suivre devant le Sénat pour juger des attentats contre la sûreté de l'État (affaire Boulanger). Il a conduit une campagne contre la licence des rues et des spectacles, le néo-malthusianisme et la traite des blanches. Il était vice-président du Conseil supérieur de l'assistance publique, président de la *Société générale des prisons* et de la *Société du patronage des libérés.* Il a été membre de l'Académie des sciences morales et politiques.

l'appréciation des tribunaux, tandis que ce dernier projet, laisse les accidents dus à la faute lourde sous l'application de l'article 1382.

2° Sur la définition du risque professionnel du rapprochement des deux premiers paragraphes de l'article premier du projet de 1890, il résulte que toutes les fois qu'un accident se produira sans que le patron puisse prouver qu'il y a eu faute lourde de l'ouvrier, ni que l'accident a été intentionnellement provoqué par la victime, celle-ci aura droit à une réparation.

Avec le projet de 1890, la commission d'examen admet que les accidents qui peuvent être imputables à la faute lourde de la victime ni être considérés comme intentionnellement provoqués par cette dernière sont donc inhérents à l'exercice même du travail industriel. Il est inadmissible que la victime d'un accident soit privée de toute indemnité par le seul fait que le patron et ses préposés ne se sont rendus coupables d'aucune faute personnelle ou même par le seul fait que la preuve de cette faute ne pourra être fournie. Dans le système de la Chambre des députés, le paiement des indemnités et des pensions se trouvait garanti par l'organisation de l'assurance obligatoire ou l'obligation du dépôt d'un cautionnement imposé à ceux qui voulaient se soustraire à l'assurance. En dehors de la garantie qu'il conférait aux victimes d'accidents, ce système se proposait de soustraire le patron aux risques que son imprévoyance eût pu lui faire courir. Mais l'assurance obligatoire avait, selon la commission, le grave défaut de substituer la prévoyance de l'État à celle de l'individu et au point de vue économique le projet de la Chambre présentait des dangers considérables en obligeant le chef d'industrie (faisant partie de la caisse d'assurance mutuelle régionale) à verser le capital constitutif des pensions viagères dans une caisse d'État ; on opérerait un drainage, très préjudiciable, à l'industrie des capitaux par elle employés. Bérenger propose de faire bénéficier des dispositions de la loi, les seules victimes d'accidents survenus dans l'accomplissement d'un travail dangereux et des industries déterminées. La commission n'a pas cru devoir adopter cet amendement. L'amendement de Bérenger (tel qu'il a été commenté par son auteur) a donc paru susceptible de donner lieu de la part des tribunaux à cette interprétation qui aurait pour résultat de supprimer le principe même du risque professionnel. La limitation que les parlementaires fixeraient ne pourrait être qu'arbitraire et pourrait donner lieu aux plus légitimes et aux plus vives réclamations de la part des victimes d'accident qui ne seraient pas appelées à profiter des dispositions favorables de la loi. Cette énumération des usines et des manufactures comprend en effet les chantiers, entreprises de transport, de chargement et de déchargements, les magasins publics, mines, usines, carrières, etc.

La commission propose en revanche d'accepter l'amendement de Sébline (1846-1917)[153] qui met l'agriculture en dehors de la loi à l'exception du cas où elle emploie des machines à moteur inanimé[154].

La commission d'examen du Sénat démissionne le 3 février 1896 une nouvelle commission est formée trois jours plus tard[155]. À l'ouverture des débats, un débat est transmis pour informer qu'André Labeyrie, Directeur général des caisses d'amortissement et des dépôts et consignations, devient le nouveau commissaire du gouvernement pour conseiller et seconder André Lebon, ministre du Commerce, de l'Industrie, des Postes et Télégraphes, sur la question[156]. Le gouver-

---

[153] Centre-gauche.

[154] Charles Sébline (1846-1917) préfet d'origine est sénateur de l'Aisne (1886-1917). Une cruelle infirmité interdisait à Sébline d'accéder à la tribune du Sénat. Bien qu'il ne pût ainsi parler que de sa place, il aimait à intervenir dans les débats de façon parfois passionnée mais toujours précise. On put ainsi l'entendre sur les sujets les plus variés : police rurale et administrative, trésoriers-payeurs généraux, travail des femmes et des enfants dans l'industrie, conciliation et arbitrage entre patrons et ouvriers, chemins de fer d'Orléans, assistance médicale gratuite, boissons hygiéniques, instituteurs, prestations, accidents du travail, mandats des conseillers généraux, pensions de retraite, chambre de commerce, calamités agricoles, propriété rurale, police sanitaire des animaux, évaluation des propriétés non bâties, patente, contrat d'association, recrutement de l'armée, construction d'office des maisons d'école, repos hebdomadaire, assistance aux vieillards et aux infirmes, prévention du mouillage des vins, emploi de la céruse, suppression des économats, codification des lois ouvrières, exploitations forestières, régime des aliénés, impôt sur le revenu, etc. En 1904, il avait demandé à interpeller le gouvernement sur la course dite « marche de l'armée ». Il avait souvent parlé dans les discussions budgétaires et il s'était fait une spécialité des questions douanières. Il avait d'ailleurs été nommé secrétaire de la commission générale des douanes en 1890. Il fut aussi secrétaire d'autres commissions : armée (1893), enfants mineurs et femmes, récompenses à décerner à l'occasion de l'exposition universelle de Chicago (1894), finances (1896). La commission des douanes l'avait porté à sa vice-présidence en 1896 et en 1897 et à sa présidence en 1900. Secrétaire provisoire du Palais du Luxembourg en 1891 il le devient à titre complet en 1892 et en 1893.

[155] Démission de la commission le 3 février 1896, *Journal officiel*, Sénat, page 48. Les membres démissionnaires sont les suivants : Bardoux, Poirier (négociant en produits chimiques), Lourties (médecin), Chovet, Cuvinot, Montesquiou-Fezensac et un huitième membre dont le nom n'est pas mentionné. Le 6 février 1896, une commission nouvelle est nommée. Composition de la commission (feuilleton n° 11) session de 1896. Le rapporteur Poirier est remplacé par le sénateur Thévenet.

[156] Nommé précédemment par décret au cours de cette première délibération du 5 juillet 1895. Directeur de la prévoyance et de l'assurance sociale il a assisté au nom du gouvernement le ministre de l'Industrie, des Postes et des Télégraphes au

nement et la commission d'examen demandent l'urgence sur la question. L'état d'urgence a été rejeté pour approfondir le problème posé.

Les discussions de cette première délibération vont être perturbées en raison des élections présidentielles organisées le 17 janvier 1895 avec l'arrivée d'un nouveau président de la République, Félix Faure (républicain modéré succédant à Casimir-Perier également républicain modéré) ayant occupé le pouvoir seulement six mois très critiqué par la gauche en raison de ses origines sociales.

Il appartenait à la haute bourgeoisie (propriétaire de la majeure partie des actions des Mines de charbon d'Anzin, Nord de la France). Originaire du Havre, Félix Faure devient le premier adjoint municipal à l'âge de 29 ans en pleine guerre franco-allemande. C'est un ardent défenseur du nouveau régime de la IIIe République. Député de la Seine-Inférieure (entre 1881 et 1895) il devient sous-secrétaire d'État aux Colonies dans plusieurs cabinets successifs puis sous-secrétaire d'État à la Marine et ministre de la Marine. Il participe à l'expansion coloniale avec la conquête de Madagascar. Son mandat est marqué par l'affaire Dreyfus. Le gouvernement est alors tenu par Léon Bourgeois entre le premier novembre 1895 et le 23 avril 1896 lui-même titulaire du portefeuille de l'Intérieur ; Gustave Mesureur au ministère du Commerce, de l'Industrie et des Télégraphes ; Albert Viger au ministère de l'Agriculture ; Pierre-Paul Guieysse au ministère des Colonies ; Émile Combes au ministère de l'Instruction publique, des Beaux-Arts et des Cultes ; Édouard Lockroy au ministère de la Marine.

Les idées abordées dans cette discussion sont les suivantes :

– l'assurance obligatoire,

– les indemnités à régler[157],

– le principe du risque professionnel[158],

Sénat dans la discussion du projet de loi concernant les responsabilités des accidents dont les ouvriers sont victimes dans leur travail et l'organisation de l'assurance obligatoire, *Journal officiel*, 5 juillet 1895, Sénat (séance du 4 juillet 1895, session ordinaire, p. 721).

[157] Deux cas de figure se présentent : 1° Admettre encore que les accidents sont des choses qui sont réglées pour le mieux par le Code civil c'est-à-dire en examinant les circonstances de l'accident ; il faut alors maintenir les réparations, sans chiffres, sans tarifs et conserver la juridiction ordinaire avec ses lenteurs. 2° Ou affirmer que la réparation des accidents de l'industrie incombera à l'industrie ; que les conséquences de ces accidents doivent être fixées par des tarifs gradués à l'avance et attribuées par une juridiction rapide et technique.

[158] Faut-il appliquer la loi du « risque professionnel » à toutes les industries comme la demande de la commission ou l'appliquer seulement aux industries dangereuses

– l'assurance des ouvriers sachant que les patrons sont assurés,
– la question des frais médicaux et pharmaceutiques (article 5),
– la détermination du salaire moyen servant de base à la fixation des rentes et indemnités (article 9),
– la question des compétences et des juridictions compétentes pour les accidents du travail (Titre IV « compétence – juridictions » article 14, article 16),
– les garanties d'indemnisation des victimes,
– la question des marins pêcheurs.

A/ Une notion ébranlée

Les deux chambres s'accordent pour admettre la notion de « risque professionnel ». Leur accord ne va toutefois pas durer. Des renversements de position vont se produire jusqu'à la promulgation du texte de loi.

Le projet représenté à la Chambre des députés le 2 avril 1896 et renvoyé à la Commission d'assurance et de prévoyance sociales, examiné précédemment à la Chambre haute[159], revient dénaturant la notion de risque professionnel en proposant une indemnité non définie (à propos du type) et non fixée (à propos du barème) des dommages causés par un accident. La loi envisagée par le Sénat supprime la juridiction arbitrale et renvoie le demandeur devant la juridiction ordinaire sans facilités et moyens de défense suffisants. Elle laisse au chef d'industrie la liberté de s'assurer ou de ne pas s'assurer. Le Sénat rejetant ce qu'il avait accepté en première lecture se rallie à un contre-projet qui reste en deçà de la loi votée en 1890.

La Commission constituée pour l'examen de la question a dû revoir quatre grandes orientations du projet de loi portant sur : 1° le risque

---

comme l'a décidé la Chambre des députés ? En 1890, le Sénat avait adopté le principe et n'avait pas changé d'avis.

[159] Rapport fait au nom de la Commission d'assurance et de prévoyance sociales chargée d'examiner le projet de loi adopté par le Sénat, concernant les responsabilités des accidents dont les ouvriers sont victimes dans leur travail par Maruéjouls, député (Impression n° 2624, Chambre des députés, 6e législature, session de 1897, annexe au procès-verbal de la séance du 7 juillet 1897). Cette commission est composée de Jules Siegfried président ; Sarrien, Audiffred, vice-présidents ; Alexandre Bérard (Ain), Raiberti, de La Batut, secrétaires ; Maruéjouls, Bansard des Bois, Guieysse, Denys Cochin (Seine), Alicot, Léon Bourgeois (Marne), Lannelongue (médecin), Ville, Louis Ricard (Seine-Inférieure), Amodru (médecin), Henri Ricard (Côte-d'Or), Jullien, Émile Rey (médecin, Lot), Papelier, Rameau, Jouffray, Rivet, Jourde, Georges Trouillot, Maurice-Faure (Drôme), Drake, Chevallier, Aynard, Linard. Sur trente membres comptabilisés, trois seulement sont médecins.

professionnel et la fixation de l'indemnité ; 2° la déclaration des accidents et des enquêtes ; 3° les compétences, les juridictions, les procédures, les révisions ; 4° les assurances. La commission d'examen a repris l'article premier du projet de loi par le Sénat en définissant le risque professionnel et en précisant de ne pas laisser au Conseil d'État déterminer annuellement le classement des industries concernées. L'indemnité doit présenter un caractère forfaitaire. La commission a repris le travail de la première commission du Sénat pour ce qui est de la déclaration des accidents et des enquêtes. La commission décide que les contestations relatives aux indemnités dues en matière d'accident seront portées devant les tribunaux ordinaires avec un traitement des affaires rapide et économique. Puisque les ouvriers victimes d'un accident ont le droit de percevoir une indemnité, la commission pense que les chefs d'entreprise peuvent être leurs propres assureurs individuellement ou réunis en syndicats. Ils devront annuellement faire une déclaration au préfet de leur département et justifier du dépôt de cautionnement auxquels ils sont assujettis à la caisse nationale d'assurance contre les accidents. Un règlement d'administration publique fixera les bases et la nature des cautionnements en tenant compte des dangers de l'industrie, du nombre des ouvriers, du coefficient des risques et de la durée du travail.

De retour à la Chambre haute, le 5 novembre 1897[160], le projet de loi est renvoyé à la commission chargée d'examiner le projet de loi adopté par la Chambre des députés, adopté avec modifications par le Sénat, modifié par la Chambre des députés concernant les responsabilités des accidents dont les ouvriers sont victimes dans leur travail. Le rapporteur est le sénateur Thévenet[161]. La commission d'examen du Sénat se déclare favorable à l'introduction de la notion de risque professionnel avec ses conséquences au point de vue de la responsabilité des chefs d'entreprise. Les règles de l'article 1382 du Code civil et celles du contrat de louage de service doivent être modifiées pour cer-

---

[160] Le projet de loi est représenté au Sénat le 5 novembre 1897 (renvoyé à la commission précédemment saisie, Impression n° 14) session extraordinaire de 1897 distribué et renvoyé à la commission le 9 novembre.
Première délibération, le 7 mars 1898.
Deuxième délibération et adoption avec modifications le 19 mars 1898 (projet de loi n° 118, session de 1898).

[161] (Impression n° 15, session de 1898) annexe au procès-verbal de la séance du 25 janvier 1898. Cette commission est composée de : Bérenger, président ; Charles Prevet, secrétaire ; Thévenet, Trarieux, N***, André Déprez, Huguet, Léopold Faye, Rolland, R. Falcon de Cimier attaché à la Questure, secrétaire adjoint.

taines industries qui présentent des dangers à raison de leur outillage. L'idée d'une juridiction chargée d'apprécier les litiges est aussi désormais acquise. Les tribunaux de droit commun restent saisis et la juridiction arbitrale définitivement abandonnée. La Chambre semble avoir écarté, comme l'avait fait le Sénat, l'assurance obligatoire par l'État. Le projet que le Sénat avait voté en 1896 fixait les indemnités qui pouvaient varier entre un maximum et un minimum suivant l'appréciation des juges, dans chaque espèce, qui leur serait soumise. La Chambre a préféré fixer « à forfait » le montant de l'indemnité pour chaque catégorie d'incapacité de travail. La commission d'examen admet pour le principe cette discussion. Les points de divergence sont apparus au sujet des garanties à donner à l'ouvrier pour le paiement de sa créance et de l'organisation de l'assurance. Le projet voté par la Chambre semble fort simple dans l'application. Cependant, il devrait présenter de graves inconvénients. Il est le suivant. Pour garantir l'indemnité due à l'ouvrier chaque chef d'entreprise qu'il soit assuré ou qu'il soit son propre assureur devra verser à la caisse nationale d'assurance contre les accidents :

1° Les capitaux nécessaires à la constitution des rentes et pensions allouées dans l'année précédente.

2° Les sommes mandatées pour frais de perception et à tout autre titre.

3° Les sommes provenant de la majoration de l'indemnité (article 24 du projet de la Chambre).

Chaque victime ou ses représentants recevront de la caisse nationale des accidents un titre de pension contre l'État qui lui en servira les arrérages. La caisse des accidents créée par la loi du 11 juillet 1868 est une caisse de l'État. C'est donc l'État, lui-même, qui encaissera les capitaux nécessaires aux services des pensions. Il faudra pour déterminer le montant de ces capitaux prendre pour base : 1° l'âge des ayants droit à la pension ; 2° des tables de mortalité faites spécialement pour les victimes d'accidents. L'État sera en réalité et à ce point de vue l'assureur du patron. Si celui-ci s'est adressé à une compagnie d'assurance mutuelle ou à primes fixes pour se garantir contre les risques d'accident, ce sera la compagnie qui versera à la place du chef d'entreprise le capital nécessaire au service de la pension. L'État (dans ce cas) sera vraiment le réassureur de la compagnie et endossera à sa place tous les aléas de l'avenir.

La commission du Sénat a pensé que ces mesures sont déjà suffisantes et elle se propose d'adopter la disposition contenue dans l'article 30 du projet voté par la Chambre. Il est le suivant sous une forme résumée.

Pour parer à l'insolvabilité des chefs d'entreprise : 1° il sera ajouté au principal de la contribution des patentes des industriels visés par l'article premier quatre centimes additionnels ; 2° il sera perçu sur les mines une taxe de 1 fr. par 10 000 francs de valeur extraite d'après les estimations admises à la redevance. Cette disposition constitue une innovation dans les lois, admise après une longue réflexion. La commission a hésité à créer par ce système une caisse de protection et de garantie. Cependant, elle a pensé que cette solution avait ce double avantage d'être à la charge légère pour l'industrie et de solidariser les chefs d'entreprise pour la réparation des accidents du travail. Est-il nécessaire que l'État se substitue à l'initiative individuelle en devenant le promoteur de mutualités ? Les industriels ne sont-ils pas les meilleurs juges de leurs véritables intérêts ? La Chambre, pour compléter l'organisation, avait créé un conseil supérieur des accidents du travail. La commission d'examen du Sénat ne voit pas l'intérêt de maintenir cette institution. Le conseil supérieur du travail peut parfaitement remplir la seule attribution qui lui resterait ; celle de dresser et de réviser, chaque année, la liste des industries auxquelles devra s'appliquer la loi.

L'examen des articles conduit aux formulations suivantes[162] :

Titre premier – Indemnités en cas d'accident (10 articles)

Article premier

Cet article énumère les industries qui, par leur nature, sont soumises à la loi nouvelle.

La commission d'examen n'a changé qu'un mot à la rédaction du projet, pour rendre plus claire, la pensée du législateur.

Le Sénat apporte une précision. Au lieu de dire : « Dans les exploitations où seront *employées* des matières explosives, nous (les membres de la commission) avons écrit : où seront *mises en œuvre* ».

Une fausse interprétation pouvait, en effet, se produire. Le gaz, l'acétylène, peuvent être considérés comme des matières explosives. On les *emploie* pour l'éclairage d'ateliers, d'ouvroirs, de salles de réunion quelconques. Le seul emploi de ces substances ne doit évidemment pas donner lieu à l'application de la loi. Il faudra *mettre en œuvre* ces matières. En d'autres termes, l'article premier vise la fabrication, la manipu-

[162] Cf. nouveau texte de loi joint dans la partie annexe de la thèse présenté au Sénat avant la discussion en première délibération.

lation industrielle de ces substances et seulement les accidents qui peuvent survenir dans l'usine où elles sont préparées pour la consommation et à l'occasion de cette préparation.

Article 2

Des différences entre les deux Chambres :

Le Sénat (dans le projet de 1896) avait décidé que la loi nouvelle s'appliquerait à tous ceux qui étaient soumis au risque professionnel, c'est-à-dire à tous les ouvriers et employés quels que fussent leurs salaires ou traitements. Les industriels paraissaient accepter cette disposition.

La Chambre a pensé qu'il était plus prudent de limiter l'application de la loi à ceux dont le salaire annuel ne dépasserait pas 2 400 francs.

Cette solution, si elle n'est pas conforme aux principes du risque professionnel, puisque ce risque est évidemment couru sans distinction par tous ceux qui sont dans l'atelier, elle a cependant l'avantage de décharger l'industriel d'obligations qui peuvent être lourdes. Or, le souci est de savoir si le risque professionnel pourra agir contre le chef d'entreprise selon les principes de droit commun, c'est-à-dire en vertu des articles 1382 et suivants du Code civil. Le projet de la Chambre des députés ne s'explique pas sur ce point et la commission d'examen du Sénat propose de combler cette lacune en décidant que les employés dont il s'agit n'auront aucune autre action pour le surplus et ne pourront, en conséquence, invoquer le droit commun.

Article 3

Le Sénat accepte le principe de l'indemnité forfaitaire sous réserve.

L'article 3 du projet consacre l'indemnité forfaitaire. Les membres de la commission d'examen, du Sénat, acceptent le principe admis par la Chambre mais ils craignent que ce système de réparations uniformes n'aboutisse, dans bien des cas, à de flagrantes injustices. Les membres de la commission reconnaissent, il est vrai que le chef d'entreprise aura par le forfait l'avantage de connaître exactement les charges que lui impose le risque professionnel. C'est ce motif surtout qui a orienté la commission. La fixation du forfait a présenté de graves difficultés et un grand nombre de pétitions que la commission d'examen a reçues se préoccupent de cette question. Les membres de la commission examineront les principales objections qu'elles soulèvent. La première peut se préciser ainsi : Sous quelle forme l'indemnité sera-t-elle donnée ? Sera-ce un capital ou une pension ? La plupart des chambres du commerce et presque tous les chefs d'entreprise auraient préféré verser à la victime de l'accident ou à ses ayants droit un capital, et se décharger ainsi pour l'avenir de toute obligation.

Titre II

Ce titre a trait à la déclaration des accidents et à l'enquête (4 articles). Le Sénat avait, en 1896, voté deux articles qui chargeaient le juge de paix de dresser le procès-verbal de l'accident. La Chambre a pensé que le maire de la commune où l'accident s'était produit serait plus apte à dresser le procès-verbal et pourrait instruire plus rapidement. La commission d'examen propose au Sénat d'admettre la procédure. Elle est favorable à l'adoption du titre II sans modifications.

Titre III

Le titre III règle la compétence et la procédure qui devra être suivie en cas de litige (9 articles).

> « Les articles 15 et 16 n'ont subi que des modifications de texte sans importance. La suite de nos observations les expliquera suffisamment.
>
> Mais nous n'avons pu admettre la suppression de l'appel édicté par l'article 17 ».

La commission du Sénat propose de rétablir le droit d'appel et d'édicter des dispositions qui rendront plus rapide la procédure devant la Cour. De plus, les membres de la commission autorisent le tribunal à ordonner le paiement d'une provision et l'exécution de sa décision sur ce point. Les membres de la commission croient, ainsi, ne compromettre ni l'intérêt des patrons ni celui des ouvriers.

L'article 17 sera donc rédigé comme suit :

> « Article 17 – Les jugements rendus en vertu de la présente loi sont susceptibles d'appel selon les règles du droit commun. Toutefois, l'appel devra être interjeté dans les quinze jours de la date du jugement s'il est contradictoire, et s'il est par défaut dans la quinzaine à partir du jour ou l'opposition ne sera plus recevable.
>
> La Cour statuera d'urgence dans le mois de l'acte d'appel. Les parties pourront se pourvoir en cassation. »

Ensuite, les membres de la commission demandent d'adopter les articles 19 et 20 sans modifications. Ils revoient la rédaction du texte de l'article 21. Enfin, ils acceptent l'article 22 tel que l'a voté la Chambre. La commission a cru devoir placer ici un article 23 relatif à l'assistance judiciaire. Elle demande à l'assemblée du Palais du Luxembourg de reprendre le texte qu'elle a déjà voté en 1896 et qui constitue l'article 9 du projet de loi de la commission. Puis la commission a introduit une légère modification pour le mettre en harmonie avec l'article 16 du projet actuel. Devant ces juridictions, le droit commun sera appliqué, c'est-à-dire, les bureaux d'assistance judiciaire institués par la loi de 1851 statueront sur chaque demande.

Quelques pétitions ont été adressées à la commission pour accorder l'assistance judiciaire aux chefs d'entreprise. La commission les a écartées par une fin de non-recevoir tirée de l'esprit général de la loi sur l'assistance judiciaire qui ne permet d'accorder cette faveur qu'aux indigents.

Titre IV (4 articles)

Le titre IV du projet voté par la Chambre a longtemps préoccupé la commission par les questions très graves qu'il lui fallait trancher. Dans la première partie de ce rapport, la commission a tranché sur les aspects les plus importants de ces questions, ceux des garanties à donner aux victimes des accidents et des assurances. Elle ne reviendra pas sur les considérations qu'elle a déjà développées. La commission a la conviction que la caisse des accidents réorganisée offrira aux chefs d'entreprise qui n'auraient pu s'assurer à une compagnie ou trouver une place dans une association mutuelle un refuge qui les garantira contre les exigences exagérées des intermédiaires et les risques de la loi nouvelle. La commission a toujours la conviction, comme elle le disait en 1896, que les associations mutuelles et les syndicats ayant la solidarité pour base se développeront de plus en plus.

Titre V (5 articles)

La commission a adopté le titre V tel que l'avait rédigé la Chambre des députés néanmoins avec deux légères modifications. L'une est relative à l'exécution de la loi ; elle a pensé que les industriels ne devaient pas être surpris par une promulgation du texte législatif qui ne comprendrait que les règlements d'administration publique, elle a rendu la loi exécutoire trois mois après la publication de ces règlements. L'autre modification consiste en la suppression de l'article 40 qui visait les colonies mais elle a pensé que les conclusions de contrat de louage à la Guadeloupe, à la Réunion et à la Martinique, ne permettaient pas pour le moment, de leur appliquer la loi nouvelle et qu'en ce qui concerne l'Algérie, il n'était pas besoin de la mentionner.

B/ Les délibérations finales

Les dernières discussions au Palais du Luxembourg auront lieu respectivement le 3 mars 1898 (première délibération) et le 15 mars 1898 (deuxième délibération).

*** Première délibération le 3 mars 1898**[163]

La discussion générale se déroule principalement entre Thévenet rapporteur de la commission, Girault, Henri Boucher ministre du Commerce, Le Cour Grandmaison, Darbot, Félix Martin, De Marcère, Charles Prevet. Le docteur en médecine du Creusot (sénateur de Saône-et-Loire) Félix, Jean, François, Martin[164] proposera beaucoup d'amendements en première délibération. Sans livrer les détails qui nécessiteraient des pages de commentaires supplémentaires, les questions abordées, furent les suivantes :

– les insolvabilités,
– la caisse nationale des accidents,
– les mutualités,
– l'extension aux travailleurs agricoles,
– la protection des ouvriers,
– les mineurs,
– les indemnités dues aux enfants,
– le pouvoir du juge de paix,
– les caisses d'assurance sociale.

*** Deuxième délibération le 15 mars 1898**[165]

Les questions abordées furent les suivantes[166]

– les délégués mineurs,
– les indemnités dues aux enfants,
– le forfait en cas de faute inexcusable,
– le fonds de garantie,
– l'insolvabilité,
– la question des colonies.

Les discussions portent, notamment, sur l'ensemble des articles 3, 9, 10, 20.

Le projet de loi revient à la Chambre des députés le 22 mars 1898 [167]. Conformément aux règles parlementaires, il revient à la

---

[163] *Journal officiel* du 3 mars 1898, Sénat (session ordinaire de 1898), page 230.

[164] Centre gauche en 1884 il participe à la Chambre haute aux discussions sur la prévoyance sociale, les syndicats professionnels patronaux et ouvriers, le travail des enfants et des femmes, l'hygiène et la sécurité des ouvriers, l'arbitrage relatif aux retraites des agents des trains, chauffeurs et mécaniciens.

[165] *Journal officiel* du 15 mars 1898, Sénat (session ordinaire de 1898) page 321.

[166] *Idem*, énumération seule des problématiques abordées.

[167] Le couperet final tombe. Le projet de loi est représenté une dernière fois à la Chambre le 22 mars 1898 (Impression n° 3142) renvoyé à la Commission d'assurance et de prévoyance sociales chargée d'examiner le projet de loi adopté par

Chambre des députés de valider définitivement en les votant, les articles de loi. Le député-avocat Maruéjouls est de nouveau nommé rapporteur de la commission d'examen alors qu'il assume déjà ce rôle le 7 juin 1897. La loi que la Chambre des députés a votée jusqu'à présent repose sur deux grands principes : 1° Le risque professionnel, c'est-à-dire la mise à la charge du chef d'industrie de la responsabilité des accidents survenus à des ouvriers par le fait ou à l'occasion du travail. 2° La reconnaissance que l'indemnité qui est la conséquence de cette responsabilité constitue au profit de la victime, une créance d'un ordre particulier, dont le paiement doit être garanti dans tous les cas. Le risque professionnel impliquait d'établir une indemnité forfaitaire comprenant tous les accidents à l'exception des cas de fautes intentionnelles commises par l'ouvrier. Enfin, pour voir une loi effective, il fallait mettre en place une procédure rapide et économique des litiges. Le Sénat est d'accord sur ces points avec la Chambre des députés. Au sujet de la faute lourde (article 21 de la Chambre des députés), le Sénat donne au tribunal le droit de réduire l'indemnité en cas de faute inexcusable commise par l'ouvrier. En matière de garanties, la Chambre avait adopté un système d'insolvabilité des patrons. Le paiement de l'indemnité due aux victimes leur était assuré par la Caisse nationale des retraites pour la vieillesse par le biais d'un fonds spécial de garanties dont la gestion lui était confiée. Pour constituer ce fonds spécial aux patentes des industriels concernés s'ajoutaient une taxe de quatre centimes et cinq centimes, par hectare, concédé aux entrepreneurs des mines. Toutefois, ce système présente un grave danger pour les chefs d'industrie devenus insolvables et qui ne seraient pas couverts par des assurances mutuelles ou affiliés à des syndicats de garantie. La réorganisation de la caisse des accidents (loi de 1868) promise par le ministre du Commerce devait couvrir ces cas de figure.

Il reste alors deux divergences entre la loi approuvée par la Chambre et celle qui revient du Sénat. La première divergence porte

---

le Sénat, adopté avec quelques modifications par la Chambre des députés, adopté de nouveau avec modifications par le Sénat concernant les responsabilités dont les ouvriers sont victimes dans leur travail. Urgence déclarée. Rapport établi par le député Maruéjouls (Impression n° 3150) annexe au procès-verbal de la séance du 24 mars 1898. Cette commission est composée de Léon Bourgeois (Marne) président ; Sarrien, Audiffred vice-présidents ; Alexandre Bérard (Ain), Rabairti, de la Batut secrétaires ; Maruéjouls (Seine-Inférieure), Amodru (médecin), Henri Ricard (médecin, Côte-d'Or), Émile Julien, Émile Rey (médecin, Lot), Brincard, Papelier, Jouffray, Rivet, Jourde, Georges Trouillot, Maurice-Faure (Drôme). Sur dix-neuf membres, trois médecins participent aux travaux de la commission d'examen.

sur l'article 3 qui fixe la quotité de l'indemnité qui devra être allouée à la victime. Pour l'incapacité absolue et permanente, le Sénat maintient la rente égale aux deux tiers du salaire annuel de la victime. Pour l'incapacité partielle et permanente, il fixe cette rente à la moitié de la réduction que l'accident aura fait subir au salaire. Le Sénat est resté, fidèle à sa décision, prise lors de la discussion au vote du 20 mai 1890 et dans laquelle il a toujours persisté depuis. La deuxième divergence porte sur l'article 17. Pour faciliter les procédures des litiges, la Chambre des députés avait décidé que les jugements rendus en vertu de la nouvelle loi ne seraient pas susceptibles d'appel. Le Sénat affirme que les jugements sont susceptibles d'appel – selon les règles du droit commun – dans un délai fixé de deux semaines à la date du jugement. La loi qui revient du Sénat n'est autre que celle votée par la Chambre en dehors des deux points de divergence énoncés précédemment. Tous les principes défendus au cours de ces vingt dernières années – le risque professionnel, l'indemnité forfaitaire et transactionnelle, la faute lourde écartée, la garantie assurée du paiement de la créance de la victime – sont finalement adoptés sans discussion le 26 mars 1898. La loi du 9 avril 1898 sera promulguée au *Journal officiel* dès le lendemain, le 10 avril[168].

2/ LE TRAVAIL DE COMMISSION : UN EXEMPLE D'ILLUSTRATION, AU PALAIS BOURBON, EN 1888

Les commissions nommées pour l'examen des projets parlementaires jouent un rôle considérable dans les Chambres. Ces noyaux de réflexion, d'étude et d'avis à transmettre aux Chambres sur les propositions et les projets de loi qui leur sont soumis catalysent le vote final – qu'ils soient suivis ou non pour autant que dans ce dernier cas, ils auront clairement présenté les enjeux.

La commission d'examen fait appel à autant de spécialistes extérieurs qu'il est nécessaire pour se documenter sur le problème. À l'issue de l'enquête, de l'étude soumise à l'ensemble des membres de la commission d'examen, le président de la commission remet un rapport à la présidence de la Chambre et lorsque la proposition ou le projet de loi est renvoyé en discussion, en hémicycle, un rapporteur de la commission d'examen est désigné pour représenter et défendre les positions de cette dernière. D'une façon générale, les parlementaires

[168] Adoption des articles de loi, Chambre des députés, le 26 mars 1898 (projet de loi n° 1120).

sont répartis dans les bureaux[169]. Ils peuvent être désignés comme membres de telle ou telle commission spécialisée pour telle ou telle proposition et pour tel ou tel projet de loi. Sous la IIIe République, les chambres comprennent une présidence de Chambre qui contrôle l'ensemble du fonctionnement parlementaire. À chaque législature de la Chambre des députés et de mandatures au Sénat, l'ensemble des députés et des sénateurs est réparti par tirage au sort dans les onze bureaux respectifs tous les mois. Les bureaux ont pour unique fonction la constitution des commissions. Ils ne donnent aucun avis sur telle ou telle question. Ils ne se rassemblent jamais pour débattre d'une question. À chaque renouvellement des bureaux, il est nommé dans les deux chambres quatre commissions mensuelles à savoir une commission chargée d'examiner les propositions émanant de l'initiative parlementaire (c'est-à-dire toute question à légiférer formulée en une proposition de loi) et de donner son avis sur la prise en considération ; une commission chargée de l'examen des projets de loi relatifs aux intérêts communaux et départementaux, une commission chargée de l'examen des pétitions, une commission chargée de donner son avis sur toute demande de congés. Les commissions d'initiative parlementaire jouent un rôle assez important puisqu'elles représentent les éléments fédérateurs qui décident de l'intérêt à étudier, à légiférer, sur telle ou telle proposition de loi. Il y a prise en considération ou rejet de la proposition de loi qui lui a été soumise. Les commissions d'initiative permettent de soulager les charges de travail parlementaire qui sont énormes et qui ne cessent de s'accumuler avec la multiplication des initiatives parlementaires pour répondre aux préoccupations des citoyens.

---

[169] Dans leur *Traité de droit parlementaire*, Paris, éditions A. Quantin, 4e tirage, 1885, Jules Poudra et Eugène Pierre donnent ces précisions suivantes :
« L'Assemblée nationale de 1871 était composée d'abord de 768 représentants ; la perte de l'Alsace et de la Lorraine la réduisit à 738 membres. Elle appliqua le règlement de la législative de 1849 et se partagea en quinze bureaux qui avaient d'abord 51 membres et qui descendirent ensuite à 49 » (article 981, page 496). « Le Sénat actuel compte 300 membres ; aux termes de l'article 11 de son règlement, il se partage en neuf bureaux ; les trois bureaux ont chacun 34 membres ; les six autres n'en ont que 33. » (Article 982, page 496). « La Chambre des Députés est composée de 533 membres ; l'article 3 de son règlement a décidé qu'elle se diviserait en onze bureaux ; les cinq premiers bureaux ont chacun 49 membres ; les autres n'en ont que 48. » (Article 983, page 496).

Si la prise en considération de la proposition de loi est acceptée alors celle-ci est renvoyée à une commission désignée à cet effet et qui va survivre à la composition des bureaux qui l'ont constituée[170].

Le gouvernement peut soumettre à la Chambre un projet de loi sur telle ou telle question. Il sera directement pris en considération et soumis à la commission d'examen spécialisée parce qu'il est proposé par le gouvernement qui fait autorité ! La commission d'examen spéciale comprend autant de membres qu'il y a de bureaux dans l'assemblée c'est-à-dire un parlementaire désigné par bureau. La commission spéciale d'examen nommée est indépendante. Elle désigne un président, un secrétaire et un rapporteur qui rend compte de ses travaux dans l'hémicycle. Sa composition perdurera au-delà du renouvellement mensuel des bureaux. Il faut alors attendre une démission ou un décès d'un membre pour y voir un changement de composition. La démission collective de l'ensemble de la commission désignée n'est pas autorisée. Les membres de la commission doivent déposer une demande à titre individuel. Chaque parlementaire peut faire partie de plusieurs commissions jusqu'à cinq ou six. Lorsqu'une commission prend fin, l'un de ses membres peut se porter volontaire dans telle autre commission qui nécessiterait un renouvellement qui viendrait à être nommé. C'est ainsi que les parlementaires apprennent à travailler ensemble indépendamment de leurs étiquettes politiques.

Le fonctionnement des Chambres sous la IIIe République est rigoureusement démocratique dans la mesure où les parlementaires ne se rassemblent pas en fonction des questions à débattre ni de leurs colorations politiques ou idéologiques ni de leurs appartenances socioprofessionnelles ! Chaque parlementaire peut prendre la parole, interpeller en assemblée plénière ou donner son avis par la voie de l'urne.

Il faut le redire les médecins législateurs ne représentent pas un groupe socioprofessionnel, acteur comme tel !, dominant les débats sur les lois sanitaires et hygiénistes qui vont être votées entre 1870

[170] La commission d'initiative est composée de deux membres par bureaux. Par conséquent elle compte 18 membres au Sénat et 22 à la Chambre des députés. Les autres commissions mensuelles ont autant de membres qu'il y a de bureaux, c'est-à-dire 9 au Sénat et 41 à la Chambre des députés [...] Actuellement, les commissions d'initiative des deux Chambres doivent présenter des rapports sommaires qui concluent au rejet pur et simple, à la prise en considération ou au renvoi à une commission existante. La commission d'initiative de la Chambre des députés peut en outre conclure à la question préalable ou à la déclaration d'urgence. (Articles 1045 et 1049, p. 529, 531, *Traité de droit parlementaire* de Pierre Poudra, Eugène Pierre, 1885, 4e tirage.)

et 1914. La notion de « groupe » ou de « force », ou de « majorité », n'existe pas en tant que telle au Parlement. Le député ou le sénateur peut afficher sa coloration politique ou se réclamer de tel intérêt socioprofessionnel, idéologique, religieux, pour défendre telle ou telle question à débattre. Ce n'est pas interdit et d'ailleurs l'affichage des colorations politiques s'affirmera par l'existence de groupes politiques extraparlementaires, en attendant la création officielle des partis politiques, dans les premières années du XXe siècle.

L'investissement du député ou du sénateur se traduit par son engagement dans le travail du Parlement, par sa participation plus ou moins active dans telle ou telle commission, par ses initiatives législatives sous forme de propositions de loi, par ses interpellations en tribune, par sa présence dans l'hémicycle et par ses votes au moment des scrutins. Et son influence sera d'autant plus grande qu'il sera, à la fois, présent au Parlement pour défendre les intérêts de ses électeurs et sur le terrain à l'écoute des besoins des citoyens. Alors si un médecin législateur (déterminé à défendre tel ou tel projet sur une question sanitaire et sociale qui lui semble capitale pour mettre en place une politique hygiéniste à la fin du XIXe siècle[171]) veut en appeler à ses homologues médecins parlementaires, les règles du fonctionnement des chambres ne le lui permettent pas directement. Ce type d'action se passe ailleurs, en dehors du Parlement, où il pourra adhérer à une institution médico-sociale.

Comme nous le savons, la question des accidents professionnels posée initialement par Martin Nadaud en 1880 va générer une série de débats pendant près de vingt ans ! Alors, pourquoi s'être penché sur les travaux des commissions parlementaires, au Sénat, en 1888, sur le thème des accidents professionnels ?

Le travail en commission parlementaire à la Chambre des députés ou au Sénat est toujours bien rodé. Le scénario est le suivant :

1. Un sujet formulé en proposition de loi ou en projet de loi est donné à examiner en commission spéciale.

2. Chaque membre désigné en fonction de la question à traiter, du détail ou de l'article de loi, débat ou propose un amendement, c'est-à-dire un texte de loi qui vient compléter, défaire ou proposer, des articles de loi.

3. La commission reproduit le modèle de fonctionnement en hémicycle. Chaque membre peut donner son avis.

---

[171] Cf. I. CAVÉ, *État, santé publique et médecine à la fin du XIXe siècle*, Paris, éditions L'Harmattan, collection « Médecine à travers les siècles », 2016.

4. Au final, l'argumentaire se traduit par un amendement qui est accepté ou rejeté.

La réponse à la question ci-dessus est la suivante. Cinq cahiers de procès-verbaux manuscrits de la commission d'examen à la Chambre haute ont été conservés depuis le 22 octobre 1888 et sont actuellement consultables au service des archives du Sénat. Un matériau, aussi complet, s'est rarement rencontré au cours de mes recherches. La description théorique du jeu parlementaire décrite en introduction de cette partie va trouver son illustration dans le compte rendu ci-dessous. Voyons ce qui se passe lorsque le Sénat est consulté pour la première fois sur un premier projet de loi adopté à la Chambre des députés[172]. La composition de la commission d'examen est la suivante (22 octobre 1888) :

1er bureau : Foucher de Careil écrivain, sénateur de Seine-et-Marne

2e bureau : Géry Legrand écrivain, sénateur du Nord

3e bureau : Tolain ciseleur, sénateur de la Seine, *secrétaire de la commission*

4e bureau : Bardoux avocat, sénateur des Basses-Pyrénées

5e bureau : Guyot médecin, sénateur du Rhône

6e bureau : Cordier directeur de manufactures, sénateur inamovible

7e bureau : Hippolyte Maze enseignant, sénateur de Seine-et-Oise

8e bureau : Testelin médecin, sénateur inamovible, *président de la commission*

9e bureau : Chantemille négociant, sénateur de l'Allier.

Il faut noter deux médecins Guyot et Testelin (ce dernier est désigné comme président de la commission d'examen, rôle d'importance dans le champ des discussions et des discussions sur un travail d'étude en cours de législation)[173]. Six mois plus tard, la composition a sensiblement changé. Notons les changements (notés en caractères gras) :

1er bureau : Foucher de Careil écrivain, sénateur de Seine-et-Marne

2e bureau : Cuvinot ingénieur des ponts et chaussées, sénateur de l'Oise

---

172 Ces procès-verbaux de commission du Sénat pour l'examen du projet de loi adopté par la Chambre des députés relatif à la responsabilité des accidents dont les ouvriers sont victimes dans leur travail sont datés à partir de la nomination de la commission au 22 octobre 1888 et ils s'estompent à la séance du 24 janvier 1894. Les pièces documentaires annexes ne sont pas jointes à ces cahiers. Source : service des archives du Sénat, Palais du Luxembourg, 75006 Paris.

173 Cf. biographie en conclusion générale du livre.

3e bureau : Félix Martin médecin, sénateur de Saône-et-Loire démissionnaire le 5 décembre 1889 et remplacé par Lourties médecin (sénateur des Landes)

4e bureau : Bardoux avocat, sénateur des Basses-Pyrénées, président de la commission

5e bureau : Georges Martin médecin, sénateur de la Seine

6e bureau : Cordier directeur de manufacture, sénateur inamovible

7e bureau : Hippolyte Maze enseignant, sénateur de Seine-et-Oise, secrétaire de la commission

8e bureau : Chovet avocat, sénateur de l'Oise

9e bureau : De Casabianca profession non précisée, sénateur de la Corse.

Les changements de membres entre 1888 et 1894 (dates des procès-verbaux) seront ponctuels palliant le départ des démissionnaires et des sénateurs décédés. Il faut noter que les acteurs les plus actifs de ces débats sont finalement les membres permanents de la Commission à travers le temps. Notons, les sénateurs Cuvinot et Chovet, qui s'affronteront avec le sénateur médecin Félix Martin. Dès les séances d'ouverture, les membres de la commission d'examen débattent du fond de la question des accidents professionnels se demandant si les ouvriers agricoles doivent être inclus dans la mesure. Pour cela le ministre de l'Agriculture Faye[174] intervient, il donne les chiffres suivants :

– 2 167 669 exploitations au-dessous de 1 hectare ;
– 2 635 000 ....de 1 à 10 hectares ;
– 727 222 ....de 10 à 40 hectares ;
– 142 188 .... de plus de 40 hectares.

Soit 5 672 077 exploitations agricoles. Les exposants agricoles se décomposent ainsi :

4 325 000 agriculteurs faisant valoir directement
749 000 fermiers
347 858 colons ou métayers
Total : 5 421 858.

La population agricole est de 18 millions d'individus en y incluant les femmes et les enfants. À la séance du 2 mars 1888, le ministre déclare ceci :

[174] Apparenté « Gauche républicaine » en 1871 et en 1876. Étiquette politique non identifiée à partir de 1877. Député puis sénateur du Lot-et-Garonne, il devient sous-secrétaire d'État à l'intérieur en 1876, ministre de l'Instruction publique, des Cultes et des Beaux-arts en 1887 pour occuper le poste de ministre de l'Agriculture en 1889 pendant une année.

« Grâce à ces chiffres, on constate que les plus petites exploitations agricoles sont les plus nombreuses. Que peut-on faire pour elles ? Il est évident que ces petits propriétaires se servent de machines ne leur appartenant pas, qu'on leur apporte ou qu'on leur prête moyennant une rétribution payée en nature. Doit-il y avoir là responsabilité ? Quant à la moyenne et grande culture, il faut distinguer entre les machines proprement dites et celles qui ne sont pas des "moteurs mécaniques" ; ainsi les bestiaux et les animaux faisant tourner des manèges. Dans ce cas, lequel du patron, du fermier ou du colon doit être responsable ? La loi doit être précise. »

Et plus loin, il ajoute en référence à l'article 1er :

« Qu'entendez-vous par l'expression « chef d'entreprise » ? Comprend-elle le colon ? Tolain souhaite conserver les machines à battre et à hacher la paille dans sa nomenclature, Guyot demande à Tisserand s'il pouvait fournir le chiffre officiel des machines à battre. Tisserand répond qu'elles sont au nombre de 211 880 sur lesquelles 12 800 mues par l'eau, 10 000 par la vapeur, 9 400 par le vent c'est-à-dire 32 200 mues par des moteurs inanimés.

Il reste donc 178 800 machines mues par des moteurs animés (bœufs, chevaux…) »

Les membres de la commission d'examen n'entendent pas pour le moment étendre la mesure à cette population agricole conservant jusqu'à présent un cadre restrictif quant aux bénéficiaires potentiels à la loi. Lors de la séance du 4 juillet 1889, le docteur en médecine Félix Martin propose un contre-projet sur le montant de l'indemnité à attribuer à la victime véritable enjeu de la loi. Son texte est le suivant :

Article 2

« La catégorie d'accidents soustraite par l'article premier aux responsabilités du Code civil donne droit aux réparations suivantes :

1° Pour l'incapacité absolue de travail, l'indemnité consiste en une allocation journalière égale à la moitié du salaire quotidien moyen. Elle est servie sous forme de pension viagère dûment garantie si cette incapacité est (ou devient) définitive. Si le traumatisme est de nature à abréger la survie de la victime, le tribunal civil pourra affecter tout ou partie du capital constitutif de sa rente à la création de rentes temporaires ou viagères sur la tête de ses ayants droit ;

2° Pour l'incapacité partielle du travail, l'indemnité précédente est diminuée de la moitié du salaire que la victime est capable d'obtenir ;

3° En cas de mort, le capital constitutif d'une pension viagère de moitié du salaire, calculé d'après l'âge de la victime et les tables de survie, servira à constituer des rentes temporaires ou viagères au profit de ses ayants droit : orphelins, petits-enfants orphelins de père âgés de seize ans ; conjoint ou mari incapable de subvenir à ses besoins ; ascendants dont la victime était le soutien.

La répartition entre ces divers ayants droit sera faite par le tribunal civil du domicile du défunt, sans toutefois qu'aucun d'eux puisse recevoir par jour plus du quart de son salaire quotidien moyen.

Le médecin Félix Martin demande en conséquence de faire supprimer les articles 2, 3, 4, 5, 6, 7, 8, 9, 10, 11 et 13 du projet de la commission.

L'auteur lui-même s'explique sur le but qu'il a poursuivi. À savoir alléger la loi puisque dans un article il comprend toutes les dispositions des articles 2, 3, 4, 5, 6, 7, 8, 9, 10, 11 et 13 du projet de la commission : rendre les indemnités fixes et indépendantes de la situation de famille de l'ouvrier. En plus, cette considération de salaire va créer une sorte de droit de réversion au profit des enfants de la victime, parer à certaines conséquences injustes ou inadmissibles auxquelles doit aboutir ce qu'on a proposé.

Puis à la séance du vendredi 22 décembre 1889, le docteur en médecine Félix Martin divise les accidents en deux catégories. Tout d'abord, ceux qui proviennent de la faute lourde soit du patron ou de ses préposés, soit de l'ouvrier. Ici pas de dérogation aux règles de droit commun ! Ensuite, les accidents survenus par cause inconnue (cas fortuits, imprudence ou négligence) qui donnent lieu à la charge du chef de l'entreprise et au profit de la victime, à une réparation d'un caractère particulier, à une indemnité spéciale et limitée.

Il déclare :

« C'est sur cette indemnité que mon amendement a pour but de déterminer et d'évaluer. Étant admis que nous devons faire une loi arbitraire, non une loi philanthropique, mais une loi de justice complémentaire, nécessitée par les dangers de l'industrie moderne, les points de départ, à mon sens, sont au nombre de deux : Accidents pour causes inconnues et cas fortuits – le patron ou l'ouvrier ne peuvent pas être responsables, quel est le coupable ? C'est la profession – donc, c'est à la profession, qui supprime le salaire, à le restituer. Mais qu'est-ce que la profession, sinon l'association du patron et de l'ouvrier ? En bonne logique, chacun des deux associés devrait, en cas d'accident, être garant, débiteur de la moitié du salaire. Mais nous ne pouvons obliger à se restituer à lui-même, le cas échéant, la moitié de son salaire. Seulement, ce que nous pouvons et devons faire, c'est intervenir pour lui garantir la seconde moitié, qui demeure à la charge du patron.

Restent les accidents par suite d'imprudence ou de négligence légère, soit du patron ou de ses préposés, soit de l'ouvrier. – Ici, le débat change de nature mais il aboutit en pratique comme une transaction qui consiste en la demande du salaire réclamée au patron dans tous les cas, qu'il soit fautif ou non, parce qu'il a intérêt à l'accorder. Ou pour éviter la déconsidération et l'impopularité, ou pour éviter des procès longs et coûteux.

[...] voici les motifs qui m'ont guidé lorsque j'en ai conçu le plan :

Activement, comme leurs conséquences, j'ai pensé qu'il convenait et qu'il suffisait de diviser les accidents en trois groupes :

Incapacité absolue de travail – incapacité partielle, – suprême incapacité, c'est-à-dire la mort. »

À la séance du 29 novembre 1889, l'ingénieur des ponts et chaussées de l'Oise Cuvinot (apparenté Gauche), propose un contre-projet à celui du Dr Félix Martin. En premier lieu, il voudrait que la loi ne laissât point de côté certaines classes d'ouvriers qui, tout en n'appartenant pas à la grande industrie, sont exposés à des dangers réels résultant de l'exercice de leur profession sans qu'il y ait eu à proprement parler d'« accident ». Tels sont, par exemple, les ouvriers cérusiers ? Ceux qui travaillent dans les fabriques d'allumettes chimiques ? Ceux qui sont employés à l'étamage des glaces ? Ils y contractent de graves incapacités, des maladies incurables et bien qu'atteints lentement par le mal au lieu d'être brutalement frappés, ils n'en sont pas moins des victimes du travail. Par conséquent, il propose d'introduire dans le texte « les infirmités prématurées absolument constatées » à l'instar de ce qu'a fait la loi du 20 juillet 1886 sur la caisse nationale des retraites qui comporte des extensions en ce sens. Félix Martin note que la législation ne se fait pas sur les indemnités mais sur la notion de responsabilité des accidents. Ainsi, le président de la commission rappelle qu'il s'agit bien d'accidents professionnels lorsqu'une catastrophe arrive inopinément et violemment. Cuvinot désirerait qu'au moins dans le rapport, il fût parlé des incapacités par suite d'infirmités prématurées résultant de l'exercice de la profession. Il ajoute qu'il serait possible d'adapter, au projet, un règlement concernant les individus frappés.

L'avocat-sénateur de Compiègne (département de l'Oise) Chovet[175] propose également un contre-projet :

[175] Apparenté Gauche politique, il participe aux travaux de la Chambre du Luxembourg à propos de la question ouvrière celle de la réglementation du travail des enfants et des femmes, les sociétés de secours mutuel, la conciliation et l'arbitrage facultatifs entre patrons et ouvriers.

Article 1er (Texte adopté par le Sénat le 1er avril 1889)

Article 2

La victime aura droit, à partir du jour de l'accident – en outre des frais médicaux et pharmaceutiques, – aux indemnités ci-après, à savoir :

1° Pour une incapacité complète temporaire : À une indemnité journalière équivalente à la moitié de son salaire quotidien ;

2° Pour une incapacité partielle temporaire : À la même indemnité que celle énoncée ci-dessus, mais diminuée toutefois de la moitié du salaire que l'état de santé de la victime lui permettrait encore de gagner.

3° Pour une incapacité permanente absolue : À une pension alimentaire viagère d'une importance équivalente à la moitié du salaire quotidien.

4° Et lorsque l'accident sera suivi de la mort survenue soit au moment même de l'accident, soit postérieurement – le chef de l'entreprise sera tenu de servir *in globo*, c'est-à-dire à l'ensemble indivisible des ayants droit de la victime, une pension alimentaire équivalente à la moitié du défunt, pension dont le chiffre et la durée seront fixés par le tribunal civil du domicile dudit défunt d'après l'âge de ce dernier comme dans les tables officielles de survie. Le même tribunal répartira la totalité des pensions ainsi fixée entre les divers ayants droit, eu égard à l'importance de la pension à distribuer et aux besoins de chacun des ayants droit.

Seront considérés comme ayants droit de la victime : « le conjoint survivant au moment de l'accident, non divorcé ni séparé et jusqu'à son convol à un autre mariage ; les enfants et petits enfants de plus de 16 ans incapables de subvenir à leurs besoins, ainsi que les ascendants et les enfants naturels reconnus et dont la victime était le soutien. »

Article 3

« Le service de la pension alimentaire prévue aux nos 3 et 4 de l'article qui précède, sera garanti par l'achat, aux frais du Chef de l'entreprise ou de la Compagnie d'assurances le représentant, d'un titre de rente 3 % français inscrit au nom du patron, pour la nue-propriété, et au nom de la victime ou de ses ayants droit pour les arrérages.

Lors de l'extraction des droits à la pension de l'un des co-créditrentiers, arrivée soit par décès, soit par limite d'âge, le tribunal civil, à la requête de la partie la plus diligente, décidera si la part de pension ainsi restée disponible doit profiter au chef de l'entreprise ou accroître dans les proportions que le tribunal fixera la part de l'un ou plusieurs des co-créditrentiers. »

L'avocat de Compiègne précise ses intentions en deux propositions :

1° que l'indemnité sera due à partir du jour de l'accident ;

2° que les frais médicaux et pharmaceutiques seront à la charge du patron.

Dans la séance du 4 décembre 1889, aux contre-projets de Cuvinot de Maze, le docteur en médecine Félix Martin ajoute un nouveau contre-projet :

> Article premier (Texte adopté par le Sénat, le 1er avril 1889).
>
> Article 2
>
> « Pour l'incapacité absolue de travail de trois jours au moins, l'indemnité consiste en une allocation journalière égale à la moitié du salaire quotidien moyen. Elle est servie sous forme de pension viagère, dûment garantie, si cette garantie est, ou devient, définitive.
>
> [Second paragraphe non lisible en raison d'un cache-texte] Que la victime ait ou n'ait pas usé de cette faculté à sa mort, même survenue prématurément et du fait de l'accident, ses ayants droit ne pourront être admis à recours ni révision.
>
> 1° Enfants âgés de moins de 16 ans, et même petits-enfants s'ils sont orphelins de père ;
>
> 2° Conjoint non séparé au moment de l'accident, à condition, pour le mari, qu'il soit incapable de subvenir à ses besoins ;
>
> 3° Ascendants, si la victime était leur soutien. Entre ces divers ayants droit, l'attribution et la répartition desdites rentes, temporaires dans le premier cas et viagères dans les cas suivants, seront faites par le tribunal civil du domicile du défunt, sans toutefois qu'ils puissent individuellement recevoir, par jour, plus de 20 % du salaire quotidien moyen de la victime. »
>
> …
>
> Article 3
>
> « Pour l'incapacité partielle de travail, il est fait application des règles précédentes, mais l'indemnité est diminuée de la moitié du salaire que la victime demeure capable d'obtenir. Si du fait de l'accident et moins de trois ans après, l'incapacité partielle devient totale ou entraîne la mort, il y aura lieu à révision ;
>
> Article 4
>
> « En cas de mort, le capital constitutif d'une pension viagère de moitié du salaire, calculé d'après l'âge de la victime et les tables de mortalité, servira à constituer des rentes individuelles au profit de ses ayants droit […]

Article 5

« L'acception de la réparation spéciale et limitée qui fait l'objet de la présente loi, entraînera renonciation à toute action en responsabilité devant la juridiction civile ou répressive. Celle des parties qui, témérairement, prétendra établir à la charge de l'autre partie l'existence d'une faute lourde sera condamnée à des dommages et intérêts qui, le cas échéant, viendront en diminution ou augmentation de l'indemnité dite du « risque professionnel. »

Ce contre-projet est examiné mais considéré comme inacceptable, il est repoussé par la commission d'examen. Le médecin Félix Martin démissionne le lendemain le 5 décembre 1889. Il est remplacé par le sénateur médecin Victor Lourties[176] du département des Landes. Qui sont ces deux médecins parlementaires ?

Félix Martin est un médecin parlementaire, très engagé, sur les problématiques sociales de ses concitoyens. À plusieurs reprises, il intervient au Parlement, à propos des questions de prévoyance sociale, dans les débats concernant les syndicats de patrons et d'ouvriers, la création de caisse de retraite pour les ouvriers de l'industrie. Il est intervenu au sujet des lois précédentes relatives au travail des enfants et des femmes, au travail des filles mineures dans les établissements industriels, ainsi que dans les problématiques de l'hygiène et de la sécurité des travailleurs en milieu industriel. Nous le retrouvons dans les discussions concernant l'arbitrage, les retraites des agents de trains, chauffeurs et mécaniciens. Il participe également à la commission spéciale relative aux habitations ouvrières, aux sociétés coopératives, aux prud'hommes, aux sociétés de secours mutuel, à l'exercice de la médecine et de la pharmacie. Il est l'auteur même d'une proposition de réforme du Code pénal concernant « l'infanticide ». Député de 1884 à 1885, puis sénateur de 1887 à 1924 de Saône-et-Loire, il représente ces médecins parlementaires très engagés sur la condition sociale et morale de la classe ouvrière au cours de ces trois dernières décennies du XIXe siècle. L'inventaire biographique amorcé jusqu'à présent ne permet pas de prétendre d'affirmer qu'il était médecin hygiéniste. Les pièces d'archives annoncent sa pleine participation à ces questions sociales. Au sujet des accidents professionnels, il semblerait s'opposer au projet de loi adopté par la Chambre des députés en 1888 de manière ferme jusqu'à sa démission le 5 décembre 1889 puisque la

[176] Il prend place à la Gauche de l'Assemblée sénatoriale « Gauche républicaine » en 1897 ; « Union républicaine » en 1901. Une biographie figure dans la conclusion générale de ce livre.

commission d'examen n'approuve pas son contre-projet à l'encontre de la position adoptée par la Chambre. Pourtant, la commission d'examen reviendra sur ses contre-projets.

Son remplaçant le médecin Lourties présente moins d'engagement politique sur ces sujets. Sénateur des Landes de 1888 à 1920 (pendant trente-deux ans), il aspire à une carrière politique, puisqu'il devient ministre du Commerce et de l'Industrie, des Postes et des Télégraphes, du 30 mai 1884 au 26 janvier 1895, occupant les fonctions de la présidence à l'Assemblée sénatoriale entre 1892 et 1894. Le docteur en médecine, Victor Lourties, est par contre très engagé dans le mouvement mutualiste en France puisqu'il est nommé président de la « Ligne nationale de la prévoyance et de la mutualité » en 1892. Il partage les mêmes préoccupations que son homologue de Seine-et-Oise, membre de la commission des accidents du travail, le professeur d'histoire, Hippolyte Maze[177], spécialiste lui aussi des questions de la mutualité au parlement[178]. Toutefois, le docteur Victor Lourties ne siégera pas longtemps dans cette commission relative aux accidents professionnels puisqu'il devient ministre le 31 mai 1894. La séance du 7 décembre 1889 illustre parfaitement la prise de contact avec les acteurs concernés à l'extérieur du Parlement. Le président communique à ses collègues :

1° Une délibération du Conseil général des Bouches-du-Rhône qui lui a été envoyée par M. le ministre du Commerce, et dans laquelle ce Conseil a émis le vœu de voir régler le plus tôt possible par une loi, les moyens de garantir aux victimes du travail une réparation efficace.

2° La réponse de M. le ministre de la Marine à la demande qui lui avait été faite par la commission, de certains documents concernant le personnel ouvrier des arsenaux. Dix exemplaires de la loi du 28 juin 1862, qui règle les pensions de ces employés, etc. Dix exemplaires des tarifs qui leur sont applicables ont été adressés au secrétaire adjoint qui les tient à la disposition des membres de la commission.

Malgré le rejet de ses contre-projets (janvier 1888 et décembre 1889) par la commission d'examen Félix Martin revient à la charge avec un nouveau contre-projet le 14 janvier 1890, qui donne

---

[177] Apparenté politique : « Gauche républicaine ».

[178] La société de secours mutuel est un groupe d'individus qui se propose de pourvoir à un seul ou à plusieurs des services suivants : secours de maladie, pensions de retraite, assurances en cas de vie, de décès ou d'accident, frais funéraires, secours aux ascendants, veufs ou veuves, orphelins des participants décédés. Source : « Almanach des Mutualistes », année 1906, p. 24.

lieu à une étude très approfondie[179]. Le texte qu'il propose est le suivant :

Article premier (texte adopté par le Sénat le 1er avril 1889)

Article 2

« Pour l'incapacité absolue de travail, de trois jours au moins, l'indemnité consiste en une allocation égale à la moitié du salaire quotidien moyen. Elle est servie sous forme de pension viagère, dûment garantie, si cette incapacité est ou devient définitive. La victime peut exiger que le capital représentatif de la rente viagère, à laquelle il aurait droit, soit employé, d'une part à lui constituer une rente viagère avec réversibilité sur la tête son conjoint, et d'autre part à créer des rentes individuelles au profit de ses autres ayants droit, sous les conditions et réserves formulées à l'article 4. Que la victime ait eu ou non usé de cette faculté, à sa mort, même survenue prématurément et du fait de l'accident, ses ayants droit ne pourront être admis à recours ni révision. »

Article 3

« Pour l'incapacité partielle du travail, il est fait application des règles précédentes, mais l'indemnité ci-dessus est diminuée de la moitié du salaire que la victime demeure capable d'obtenir. Si du fait de l'accident, et moins de trois ans après, l'incapacité partielle devient totale ou entraîne la mort, il y aura lieu à révision. »

Article 4

« En cas de mort, le capital constituait d'une pension viagère de moitié du salaire, calculé d'après l'âge de la victime et les tables de mortalité, servira à constituer des rentes individuelles au profit de ses ayants droit :

1° Enfants, jusqu'à l'âge de 16 ans, et même petits enfants s'ils sont orphelins de père ;

2° Conjoint non séparé au moment de l'accident, à condition, pour le mari, qu'il soit incapable de subvenir à ses besoins ;

3° Ascendants, si la victime était leur soutien. À défaut d'arrangement amiable, l'attribution dudit capital et sa répartition en rentes, temporaires pour les ascendants et viagères pour les ascendants et conjoints, seront faites par le tribunal civil du domicile du défunt, sans toutefois que les ayants droit puissent individuellement recevoir, par jour, plus de 20 % du salaire quotidien moyen de la victime. »

[179] Amendement n° 51 présenté au cours de la 1re délibération par le Dr Félix Martin, sénateur. Séance du procès-verbal à la date du 30 janvier 1890.

Article 5

« L'acceptation de la réparation spéciale et limitée, qui fait l'objet de la présente loi, entraînera renonciation à toute action en responsabilité devant la juridiction civile ou répressive. Celle des parties qui, témérairement, prétendra établir à la charge de l'autre partie l'existence d'une faute lourde sera condamnée à des dommages et intérêts qui, le cas échéant, viendront en diminution ou augmentation de l'indemnité du risque professionnel. La victime de l'accident ou ses ayants droit ne pourront en aucun cas assigner devant le tribunal correctionnel par voie de citation directe les auteurs de l'accident. »

Article 6

« Les allocations et pensions attribuées par la présente loi sont incessibles et insaisissables. Toutefois, les titulaires de rentes pourront, avec l'autorisation du tribunal civil et pour cinq ans au plus, affecter tout ou partie des arrérages à courir à l'exécution d'engagements commerciaux. »

Article 7

« Les patrons qui contribueront, pour une somme au moins égale au prélèvement effectué sur les salaires, à l'entretien d'une *Caisse de secours en cas de maladies ou blessures*, destinée à assurer à leur personnel une allocation de moitié du salaire pour chaque journée d'invalidité, pendant trois mois, seront pendant cette période déchargés du service des indemnités déterminées par la présente loi. »

Article 8

« L'article à intenter en vertu de la présente loi se prescrit par trois ans à dater du jour de l'accident. »

Après un long échange d'observations, la Commission vote le rejet de ce contre-projet. En effet, l'addition faite à l'article 2 par Félix Martin : « La victime peut exiger, etc. [...] » « [...] est tout ce qu'il y a de moins juridique » précise le président de la commission : « Parce que si les ayants droit de la victime ne pourront être admis à recours ni révision ; ni dans les deux cas qui se présentent 1° ou il y a eu contrat entre le patron et l'ouvrier et alors il est inutile de dire que les ayants droit ne pourront être admis à recours ou à révision ou 2° rien n'a été réglé. Faudra-t-il décider dans cette hypothèse qu'il n'y aura pas de recours possible ? Cette disposition n'a aucune raison d'être et doit, par conséquent, disparaître. » Le docteur Félix Martin a fait davantage. Il a dit : « Lorsqu'il s'agit de l'incapacité partielle de travail qui du fait de l'accident devient totale ou entraîne la mort, il y aura lieu à révision. » En d'autres termes, il fait planer sur la tête du chef de l'entreprise un procès qui n'éclatera qu'au bout de trois années. « Est-il admissible que l'on consacre un sentiment pareil (d'empathie) par un texte législatif ? » s'exclame le président Gauche républicaine de la commission d'examen Bardoux en ajoutant ceci : « Enfin, la fixation du délai de la prescription à 3 années, que demande M. Félix Martin, est impossible. »

De son côté, Chovet restant sur le rapport dit qu'il l'approuve complètement ainsi que l'on fait ses collègues à l'unanimité. Mais présente un amendement sur l'article qui prévoit l'enquête. Pour lui, cette enquête, qui est le point capital de toute la procédure indiquée dans les articles suivants comme le pivot des dispositions qui s'y rattachent, doit être entourée de garanties plus sérieuses ; celles au moins que l'on oppose dans les enquêtes devant le juge de paix. Aussi, demandera-t-il que les parties puissent appeler des témoins ? Quand bien même cette mesure produirait-elle un certain retard (ce retard serait compensé en ce sens) qu'il éviterait toute réclamation ultérieure. Et il y en aura certainement de nombreuses parties avec le projet actuel. Dans l'amendement qu'il a présenté à la commission dans l'une de ses premières séances, il avait déjà exposé cette manière de voir qui depuis n'a fait que prendre toujours plus de consistance dans son esprit !

Paul de Casabianca[180] combat cette proposition. Bien qu'il faille conserver le mot « enquête » dans le texte, il ne s'agit, en réalité, que d'une information. Si les parties faisaient venir des témoins, ceux-ci seraient forcément irréprochables. Qu'on se rende alors compte des lenteurs qui en résulteraient et le juge de paix d'ailleurs n'a pas qualité, en ce cas, pour juger des reproches. La commission se rallie à cette dernière opinion. Cette séquence du travail de commission montre à quel point les détails de vocabulaire font camper les membres sur leurs positions. Le métier de législateur ne s'improvise pas. Si la législation vient soulager quelques problèmes de la vie citoyenne en contrepartie elle empiète, parfois, sur la liberté individuelle.

Le lundi 16 février 1890, la question se pose de savoir si les travailleurs étrangers peuvent bénéficier de ces mesures au risque d'alourdir la somme des bénéficiaires. Le président Bardoux répond par l'affirmative « puisque la France accepte les étrangers comme ouvriers, il est juste qu'ils bénéficient des mêmes faveurs que les autres. » Une discussion sera réservée sur le sujet à cet égard à la tribune.

[180] Sénateur de la Corse placé à la Gauche modérée de l'hémicycle du Palais du Luxembourg.

Que devient le texte du Sénat, à l'issue de la première délibération avec modifications, le 13 février 1890[181] ? Le voici.

Titre premier

Des indemnités en cas d'accidents

Article 1er

Dans toute industrie où le travail sera reconnu dangereux, le chef d'entreprise est responsable de tout accident survenu par le fait du travail, ou à l'occasion du travail, à ses ouvriers ou employés, à moins qu'il ne prouve que cet accident soit survenu par la faute lourde de l'ouvrier ou employé.

Ce principe est applicable aux exploitations gérées pour le compte de l'État, des départements, des communes et des établissements publics.

Un règlement d'administration publique déterminera les industries dans lesquelles le travail sera reconnu dangereux.

Dans le cas où l'accident serait dû à la faute lourde du chef d'entreprise ou de ses préposés, la réparation comprendra la totalité du dommage causé, conformément aux articles 1382 et suivants du Code civil.

Si l'accident est dû à une imprudence ou à une négligence légère du patron ou de ses préposés, ou de l'ouvrier ; à un cas fortuit ou de force majeure ; ou si la cause est inconnue, l'indemnité est à la charge du chef d'entreprise, dans les conditions et suivant les distinctions qui seront déterminées ci-après.

Dans les cas prévus par les précédents paragraphes du présent article, le bénéfice de l'assistance judiciaire sera acquis à l'ouvrier ou l'employé victime de l'accident ou à ses ayants droit, dans les conditions qui seront déterminées ultérieurement.

Article 2

Dans les cas prévus au paragraphe 5 de l'article premier, le chef d'entreprise doit les indemnités suivantes :

1° Pour l'incapacité partielle et temporaire de travail d'une durée de plus de trois jours, il est alloué à la victime une indemnité journalière égale à la moitié de la réduction que l'accident a fait subir au salaire quotidien moyen. Si l'incapacité partielle de travail devient permanente,

[181] La réponse se trouve dans la séance précédente à la délibération (vendredi 7 février 1890), procès-verbal de la Commission d'examen sur la responsabilité des accidents dont les ouvriers sont victimes dans leur travail (Service des archives, Palais du Luxembourg, 75006 Paris).

l'indemnité consiste dans une pension viagère dont le capital est calculé sur la même base.

2° Pour l'incapacité absolue et temporaire de travail, il est alloué à la victime une indemnité journalière égale à la moitié du salaire quotidien moyen.

Si l'incapacité absolue du travail devient permanente, il est alloué à la victime une pension viagère dont le capital est calculé sur la même base.

Toute indemnité journalière est due à partir du jour de l'accident et payable par quinzaine ; toute pension viagère est payable par trimestre et d'avance.

Le versement de la somme représentative de la pension doit être fait, si la victime le demande, en totalité ou en partie, à capital réservé.

Un tiers au plus de la somme représentative de la pension peut être immédiatement alloué par le tribunal, à la victime, sur sa demande.

3° En cas de mort avec le règlement de « xxx » (coupure du texte, mot illisible), les personnes ci-après désignées auront droit aux deux tiers des allocations qu'aurait reçus la victime ; L'attribution d'un tiers du capital représentatif de la pension, ainsi qu'il est dû au n° 2, et de la pension viagère elle-même, sera faite par le tribunal au profit des ayants droit suivants :

1° Au conjoint non séparé ou divorcé et sans enfants ;

2° S'il y a des enfants mineurs, moitié au conjoint, moitié aux enfants jusqu'à leur majorité ;

3° En totalité aux enfants, si le conjoint est précédé ;

4° À défaut d'enfants, moitié au conjoint, moitié aux ascendants, dont la victime était le soutien ;

5° À défaut de conjoint et d'enfants aux ascendants, dont la victime était le soutien.

Les frais funéraires seront, en outre, à la charge du chef d'entreprise.

Article 3

La victime, ou ses ayants droit, conserve contre les auteurs de l'accident, autres que le chef d'entreprise ou ses préposés, le droit à la réparation du préjudice causé. Toutefois, le chef d'entreprise sera exonéré de toute indemnité, dans le cas où la victime de l'accident aurait obtenu, d'un tiers déclaré responsable, une allocation égale ou supérieure à celle qui lui est due par application de la présente loi.

Article 4

Les employés et ouvriers dont les appointements dépassent 2 400 francs ne bénéficieront que jusqu'à concurrence de cette somme des dispositions de la présente loi.

Titre II

De la déclaration des accidents et de l'enquête, tout accident, ayant occasionné une incapacité de travail et survenu, sera dans une des entreprises auxquelles se réfère l'article premier, sera l'objet d'une déclaration par le chef d'entreprise ou, à son défaut et en son absence, par son préposé. Cette déclaration sera faite, dans les vingt-quatre heures de l'accident, au maire de la commune qui en dressera procès-verbal, dans la forme à déterminer par un règlement d'administration publique.

Il sera produit, dans les quarante-huit heures, par le patron, un certificat de médecin indiquant l'état du blessé, les suites probables de l'accident et l'époque à laquelle il sera possible d'en connaître le résultat définitif.

Récépissé de la déclaration et du certificat médical sera remis, séance tenante, au déposant.

(Absence d'article 5)

Article 6

Lorsque la blessure paraîtra devoir entraîner la mort ou une incapacité de travail de plus de vingt jours, le maire transmettra sur-le-champ copie de la déclaration au juge de paix du canton.

Dans les vingt-quatre heures de la réception de cet avis, le juge de paix procédera à une enquête aux fins de rechercher :

1° La cause, la nature et les circonstances de l'accident ;

2° La personne ou les personnes tuées ou blessées ;

3° La nature des blessures produites ;

4° Le lieu où se trouvent les personnes blessées ou tuées ;

5° Les parents des personnes tuées ou blessées dans l'accident et qui pourraient prétendre à une indemnité.

Article 7

L'enquête aura lieu, contradictoirement, en présence des parties intéressées ou elles ont été dûment convoquées, d'urgence, par lettre chargée.

Si l'avis médical fourni par le chef d'entreprise ne lui paraît pas suffisant, le juge de paix pourra, dans tous les cas, commettre un médecin pour examiner le blessé.

Le juge de paix pourra commettre un ou plusieurs experts qui l'assisteront dans l'enquête.

Toutefois, il n'y aura pas lieu à constitution d'experts dans les établissements de l'État où s'effectuent des travaux qui doivent rester secrets. Dans ces établissements et dans les entreprises administrativement surveillées, les fonctionnaires chargées de la surveillance ou du contrôle transmettront au juge de paix, pour être au procès-verbal d'enquête, un exemplaire du rapport que le Service doit adresser à l'autorité judiciaire. Le juge de paix pourra réclamer du Service tous autres renseignements qui seraient utiles à la manifestation de la vérité.

Article 8

L'enquête devra être close dans le plus bref délai et au plus tard dans la huitaine, à partir de l'audition du premier témoin.

Le juge de paix avertira, par lettre chargée, les parties de la clôture de l'enquête et du dépôt de la minute au greffe, où elles pourront toujours en prendre connaissance et s'en faire délivrer une expédition sur papier libre.

Titre III

De la fixation de l'indemnité et de la procédure.

Dispositions pénales.

Article 9

Les contestations entre les victimes d'accidents et les chefs d'entreprise, relatives aux indemnités temporaires prévues par l'article 2, seront jugées, en dernier ressort, par le juge de paix.

Article 10

En ce qui concerne les autres indemnités, le dossier de l'enquête, prévue à l'article 6, sera, le jour même de la clôture, transmis au président du tribunal de l'arrondissement où l'accident aura eu lieu.

Dans les huit jours de cette transmission, le président convoquera les parties à son cabinet, à l'effet de tenter une conciliation. Les parties seront tenues de se présenter en personne. En cas d'empêchement dûment justifié, elles pourront se faire représenter par un mandataire spécial.

Si les parties se concilient, le président rendra une ordonnance qui constituera leur titre.

Si l'une des parties ne comparait pas, ou si les parties ne tombent pas d'accord, le président autorise la partie la plus diligente à assigner à bref délai pour la plus prochaine audience. Il sera statué, comme en matière sommaire, conformément au titre 24 du livre II du Code de procédure civile.

Le délai pour interjeter appel sera de quinze jours.

Ce délai courra, pour les jugements contradictoires, du jour de la signification à personne ou domicile, et pour les jugements par défaut, du jour où l'opposition ne sera plus recevable.

Article 11

Toute demande d'assistance judiciaire est soumise au juge de paix du domicile du demandeur.

Le juge de paix prononce d'urgence au vu de l'extrait du rôle et après s'être rendu compte de la situation du demandeur. La décision est ensuite adressée au bureau compétent qui statue, en la forme ordinaire, dans le délai de la quinzaine.

En cas de rejet de la demande par le bureau, l'assistance est retirée et il est fait application des articles 24 et 25 de la loi du 22 janvier 1851.

L'assistance judiciaire est étendue aux actes d'exécution du jugement de condamnation.

Les frais de ces actes seront recouvrés comme les dépenses de l'instance.

Article 12

Les ordonnances du président prévues à l'article 10, et les jugements, rendus en vertu de la présente loi, seront exécutoires, nonobstant opposition ou appel, sauf en ce qui concerne le versement d'une partie de l'indemnité en capital, prévu par l'article 2.

Ils pourront être exécutés sur simple extrait, qui devra être délivré par le greffier du tribunal, dans les vingt jours du prononcé du jugement.

Article 13

Le tribunal pourra, lorsque la contestation soulevée par la victime d'un accident sur le chiffre de l'indemnité ne lui paraîtra pas justifiée, décider, par une disposition spéciale du jugement, que les frais faits par le chef d'entreprise seront, en tout ou en partie, compensés avec l'indemnité.

Article 14

Seront punis d'une amende de 16 francs au moins et de 100 francs au plus, les chefs d'entreprise ou (mot illisible) qui auront contrevenu aux dispositions de l'article 5 de la présente loi.

En cas de récidive dans l'année, l'amende sera élevée de 100 à 300 francs.

L'article 463 du Code pénal est applicable aux condamnations prononcées en vertu des paragraphes précédents.

Article 15

Sauf la portion du capital versée aux termes de l'article 2, les rentes, pensions et indemnités accordées aux victimes d'accidents ou à leurs ayants droit, sont incessibles et insaisissables ; elles jouissent du privilège de l'article 2101 du Code civil et y figurent sous le n° 4 et, en concours, pour deux années d'arrérages de la rente ou pension. Dans tous les cas, les ordonnances et les jugements de condamnation détermineront les garanties nécessaires pour assurer le paiement desdites pensions.

En cas d'assurance contractée par le chef d'entreprise, l'ouvrier ou l'employé victime d'un accident ou ses ayants droit auront un privilège, dans les termes de l'article 2102 du Code civil, sur l'indemnité due par l'assureur.

Article 16

L'action et l'indemnité, prévue par la présente loi, se prescrivent par un an, à dater du jour de l'accident.

Article 17

Toute contravention contraire à la responsabilité du chef d'entreprise telle qu'elle est établie dans la présente loi, est nulle de plein droit.

Si le chef d'entreprise, par des conventions particulières passées avec ses employés et ouvriers, ou par des versements faits à leur profit dans les caisses d'une institution de prévoyance, a assuré aux victimes d'accidents des indemnités ou des pensions viagères, il sera tenu seulement de compléter jusqu'à concurrence le montant des allocations prévues par la présente loi.

Titre IV

Des caisses et compagnies d'assurances contre les accidents

Article 18

Les syndicats visés par la loi du 21 mars 1884 pourront, sans autorisation constituée des caisses spéciales d'assurance mutuelle contre les risques prévus par la présente loi.

Article 19

Un règlement d'administration publique déterminera les garanties que devront fournir les Caisses et les Compagnies d'assurances contre les accidents.

Titre V

Disposition exceptionnelle

Article 20

Il n'est en rien dérogé aux lois, ordonnances et règlements qui concernent les pensions des ouvriers, apprentis et journaliers appartenant aux arsenaux de la marine.

À la séance du 3 juillet 1893 de la commission d'examen de la Chambre haute, des changements de personnel sont notables (signalés en caractères gras dans le texte) :

1er bureau M. **Trarieux** avocat – député de la Gironde, remplace Bardoux comme rapporteur

2e bureau Cuvinot

3e Lourties, médecin nommé ministre du Commerce, de l'Industrie et des Télégraphes le 3 mai 1894

4e Bardoux, président de la commission

5e Poirier industriel – sénateur de la Seine a remplacé M. Georges Martin

6e Cordier

7e **Duc de Montesquiou Fézensac**, profession non précisée – sénateur du Gers, remplace le sénateur Maze

8e Chovet

9e De Casabianca

Raymond Falcon de Cimier (attaché à la questure) est nommé secrétaire adjoint. Les sénateurs Testelin (médecin), Tolain, Félix Martin (médecin), Guyot, Chantemille ont entre-temps démissionné. Les sénateurs Foucher de Careil, Georges Martin, Maze sont décédés. Le président dit alors qu'après avoir lu le projet voté par la Chambre des députés en date du 10 juin 1893 croit devoir signaler brièvement les différences qui existent avec le projet que le Sénat avait adopté le 20 mai 1890. Ces différences portent :

1° sur les catégories de travailleurs qui seront compris dans la loi ;

2° sur la « faute lourde » bien que la Chambre l'ait admise, cette fois, d'une certaine façon ;

3° sur le calcul des indemnités pour la victime et ses ayants droit ;

4° sur la juridiction compétente ;

5° sur l'assurance obligatoire.

Et il ajoute :

« Nous ne pouvons guère, il me semble, aborder l'examen de ces questions dès aujourd'hui. J'estime, d'autre part, qu'il serait utile de nous renseigner auparavant, et aussi complètement que possible – en convoquant pour être entendus – surtout au sujet des assurances – des gens distingués et particulièrement compétents en ces matières. »

Poirier demande si la commission supérieure du travail a émis un avis sur la question. Il considère qu'il serait intéressant de le savoir et suggère de consulter aussi le président de la chambre de commerce de Paris et le président du groupe des chambres syndicales du bâtiment. Les séances des mercredi 5 juillet, samedi 8 juillet, mercredi 12, samedi 15, mercredi 22 et 29 novembre 1893, 17 janvier 1894 ont été consacrées à l'audition des personnes suivantes que la commission d'examen avait convoquées :

– Messieurs Dulan, président de la Chambre syndicale des entrepreneurs de travaux publics de Paris ;

– Alfred Gigot, directeur des Forges d'Alais ;

– Bertrand, président du groupe des Chambres syndicales de l'industrie et du bâtiment ;

– A. Kenfer, délégué de la Fédération française des travailleurs du livre ;

– Delannay-Belleville, président de la chambre de commerce de Paris ;

– H. Mamy, ingénieur des arts et manufactures, directeur de l'association des industriels de France contre les accidents du travail ;

– S. Périssé, ingénieur expert, président de l'association des industriels de France contre les accidents du travail ;

– M. le directeur de l'Office du travail et M. Fontaine, ingénieur des Mines, chef de section à l'Office du travail ;

– M. le directeur général de la Caisse des Dépôts et consignations ;

– Cheysson, inspecteur général des ponts et chaussées ;

– Grüner, inspecteur général des ponts et chaussées ;

– Buisson, délégué de la Chambre consultative des sociétés ouvrières de production ;

– Matignon, directeur adjoint de la Caisse d'assurances mutuelles des Chambres syndicales contre les accidents du travail ;

– Marestaing, directeur général de la compagnie « La Préservatrice » ;

– Fix, directeur de la compagnie « Le Soleil-Sécurité » ;

– Odier, directeur de la Caisse des familles ;

– Mayen, directeur de la Compagnie « La Prévoyance ».

Odier, Fix et Mayen, ont parlé au nom du « Comité des Sociétés et Compagnies d'Assurances contre les accidents du travail » dont ils font partie[182]. À défaut de pouvoir entendre ces intervenants extérieurs

[182] Inopportunément, les comptes rendus de ces intervenants annoncés comme documents annexes par le secrétaire de la Commission n'ont pas été joints au procès-

au Parlement sur la question des accidents professionnels, il reste intéressant de noter la diversité des institutions qui ont été consultées. Ces interventions et ces consultations des milieux et des institutions professionnelles concernés permettent de documenter d'une part, les parlementaires sur les enjeux de situation, et d'autre part d'appuyer leur argumentation, sur des connaissances concrètes de la réalité du terrain. Le gouvernement tient compte bien souvent des avis éclairés de la commission d'examen. Il en appelle aussi à des commissions extraparlementaires indépendantes des travaux de la commission. Autant de compétences qui viennent éclairer de toutes parts les délibérations parlementaires.

Nous sommes rendus à la séance du mercredi 24 janvier 1894 ; les mesures se concrétisent la réflexion sur le projet de loi prend de la maturité alors que le lendemain sera déposée une proposition de loi à la Chambre par le député de Seine-Inférieure, Montfort (propriétaire, Droite républicaine) sur la nécessité de prendre en considération sur ce sujet la population des marins et des pêcheurs. Aucun rapport n'a été rendu sur cet aspect de la question. Au Sénat, le programme des questions est le suivant :

1° Quels sont les accidents qui doivent donner lieu à des indemnités ?

2° Quel est le mode de règlements ?

3° Quelle juridiction pourra en être chargée ?

Ce seraient les trois points principaux à discuter dans la première partie de la loi. La seconde moitié de la séance qui se présente comme absolument détachée et distincte comprendrait :

4° L'assurance mutuelle ?

5° L'assurance individuelle et les syndicats ?

6° L'assurance par l'État ?

Trois éléments à régler qui se rapprochent, selon le sénateur Bardoux, des préoccupations de la Chambre des députés. Il y a aussi la question de la « faute lourde » qui pourrait entrer dans le numéro un de ce programme bien que la Chambre l'ait envisagé d'un autre point de vue que le Sénat n'en parle que dans son titre V (article 31). La Chambre entend couvrir tous les domaines du travail où pourrait se produire un accident, tandis que le Sénat ne vise que les industries où le travail sera reconnu dangereux par un règlement d'administration publique. Les maladies professionnelles sont rejetées parce qu'elles ne

---

verbal de la commission d'examen, je n'ai donc pas pu prendre connaissance du contenu de leurs participations.

peuvent être rapportées à des accidents ; il faut, en effet, y être prédisposé de sorte qu'elles n'atteignent que quelques personnes tandis que les accidents peuvent frapper n'importe qui. Cette question, a-t-on ajouté, n'aurait pu trouver sa place dans la loi sur l'hygiène du travail qui a été votée tout récemment.

Ces derniers relevés d'observations sur le travail en commission d'examen montrent qu'il est prudent de présenter un texte de loi concis et court pour éviter les confusions. Il s'agit bien de traiter la problématique de la « responsabilité face aux accidents professionnels dont les ouvriers sont victimes dans leur travail » et de n'introduire aucune ambiguïté en multipliant les cas de figure et les situations pathogènes. Les législateurs ne veulent donc pas entendre parler d'assurances sociales qui ne sont pas encore à l'ordre du jour. Ne pas mélanger œuvres de bienfaisance et d'assistance publique, des sociétés de secours mutuel et des caisses d'assurances alimentées par l'État. Chaque acteur est responsable et doit assumer sa part de responsabilités. C'est la raison pour laquelle les parlementaires des deux Chambres vont finir par s'accorder sur la notion de risque professionnel et d'un système d'indemnités.

En conclusion, il est simplement possible à présent de se rendre compte que le jeu des commissions d'examen des Chambres est calqué sur la réglementation codifiée et régentée des deux assemblées. À cette différence, près, cependant, que les commissions d'examen représentent des petites sphères de travail qui rendent compte de leurs travaux en séance publique à l'hémicycle. Un rapporteur est désigné à cette occasion pour être le porte-parole de la commission d'examen. Il doit être présent à chaque séance publique. Il peut être interrogé par n'importe quel membre des assemblées à condition que les sénateurs ou les députés en aient formulé la demande à la présidence respective des Chambres. Et il doit rendre compte devant l'Assemblée, le gouvernement si ce dernier est représenté, le président de la Chambre des propos tenus en séances fermées.

Conclusion

Une question reste à trancher. Des acteurs prennent position sur la question. Et une discussion s'ensuit à travers vingt années de débats et d'activités parlementaires. La question cruciale est la suivante. La part de responsabilité au cours d'un accident professionnel sera-t-elle partagée, à la fois, entre l'ouvrier victime et l'employeur ? La réponse est affirmative. La notion de « risque professionnel » est évoquée pour la première fois à la Chambre des députés, en 1886, alors que les débats sur la question des accidents professionnels démarrent en 1880. Le chef d'entreprise reconnaît sa part de responsabilité lorsqu'un ouvrier se blesse au cours de son travail dans son établissement.

Quinze années de législation en matière d'accidents professionnels ne s'improvisent pas. Pour la première fois – en France à la fin du XIXe siècle –, les conditions de travail des ouvriers vont être prises en compte et une jurisprudence qui défend leurs droits va être clairement énoncée. La compréhension de cette juridiction apporte la conviction que les décisions dans les arènes du pouvoir législatif ne seront jamais prises à la légère. Il semble évident que les législateurs prennent le temps de la réflexion parce que la vie parlementaire et politique nécessite obligatoirement des compromis entre les différents groupes sociaux pour garantir la paix nécessaire intérieure à une communauté, une nation, afin que celles-ci restent cohérentes. En l'occurrence, l'État ne peut se résoudre à devenir une grande caisse de financement libre-service. L'ouvrier est victime de l'accident mais les employeurs et l'État représentent des victimes morales des dommages causés par la faute de l'ouvrier. Tels sont les grands enjeux du moment sous-jacents à la question financière posée initialement par l'ouvrier Martin Nadaud, ouvrier, qui voyait avant tout avec cette question l'amélioration du sort de vie des ouvriers.

À ces rouages du jeu parlementaire et des procédures languissantes qui en découlent, il faut ajouter un certain nombre de facteurs, inhérents ou extérieurs, au pouvoir législatif. Pour la législation en cours d'élaboration les facteurs pourraient être les suivants :

– Le renouvellement du personnel politique au cours de ces quatre législatures qui viennent perturber et ralentir les procédures en cours d'élaboration ;

– Les événements de la politique sociale, économique et financière du pays en cours d'actualité qui doivent se greffer aux discussions dans l'hémicycle ;

– La politique étrangère du pays et les difficultés rencontrées ;

– Le contexte social du pays ébranlé par l'agitation ouvrière, avec les grèves, les manifestations relayées par les syndicats professionnels.

La question ouvrière est depuis longtemps posée au Parlement qui a déjà accepté la reconnaissance du droit des enfants et des femmes à d'autres tâches que le travail par les lois de 1874 et de 1892. En même temps que la question des accidents professionnels est posée à la Chambre des députés, la question de la durée légale du travail et la notion de « jour férié ». Donc il est vrai que cette question des accidents professionnels posée au Parlement ne s'improvise pas. Elle aurait pu être plus rapidement conclue compte tenu du fait que certains hommes politiques soulignent que la France est en retard sur les pays voisins en matière du droit du travail et de la législation ouvrière. Encore faut-il compter avec les désaccords et les tiraillements entre le Palais du Luxembourg de tradition conservatrice et la Chambre des députés de tendance plus novatrice qui se veut à l'écoute des besoins des transformations sociales, économiques, financières du pays.

Par ailleurs, si ce projet de loi ne relève pas directement des initiatives des médecins législateurs hygiénistes à proprement parler ils sont bien présents dans les chambres. Ils contribuent, largement, à mettre en place depuis longtemps déjà une législation en faveur de l'amélioration de la condition sanitaire et sociale du pays. N'oublions pas qu'ils sont présents, au Parlement, lors de la réglementation du travail pour les enfants et les femmes et qu'ils ont été également présents lors de la discussion sur l'hygiène et la sécurité des travailleurs. En regardant, de plus près, il convient d'affirmer que ces médecins sont présents en toile de fond au même titre que leurs homologues parlementaires qui vont se tenir présents au moment du vote. Incidemment, les hygiénistes sont présents partout. Leurs actions de toute nature sont très efficaces. Nous les retrouvons d'une façon ou d'une autre dans les commissions d'examen. Et pour prendre la mesure de l'engagement entier de ces médecins de IIIe République, il faudrait reprendre un à un tous les scrutins de vote ; y repérer les médecins et voir si ces médecins se prononçaient en faveur de cette loi sur les accidents du travail[183].

---

[183] Étape d'analyse qui ne prend pas sa place ici parce que la phase de décodage de cette recherche et de cette mise en relief des données d'archives est l'essentiel de ce texte de thèse qui a la volonté d'apporter elle-même un éclairage des réalités historiques.

CONCLUSION GÉNÉRALE

L'émergence de l'histoire française de la protection en matière de santé des travailleurs fut progressive au XIXe siècle. Rappelons qu'en 1835 l'Académie des sciences morales ordonna une enquête nationale pour mieux connaître les conditions de travail en milieu ouvrier. L'économiste statisticien, démographe, fort peu connu François Benoiston de Châteauneuf (1776-1856) et le médecin Louis René Villermé (1782-1863) l'un des précurseurs de la sociologie et de la médecine du travail se rendent dans les régions les plus industrialisées du pays où l'on y travaille le coton, la laine et la soie dans les villes de Mulhouse, Lille, Roubaix, Tourcoing, Nîmes, Carcassonne puis à Lyon et à Saint-Étienne où ils y étudient les conditions du travail des ouvriers, leurs logements, leurs alimentations, leurs salaires. En 1840, le Dr en médecine Louis René Villermé propose un ouvrage de référence sur le sujet intitulé : *Tableau de l'état physique et moral des ouvriers employés dans les manufactures de coton, de laine et de soie* qui va inspirer deux grandes jurisprudences de la protection sanitaire et sociale du XIXe siècle. Un premier texte sur le travail des enfants dans les manufactures, en 1841, qui limite l'âge d'admission dans les entreprises à huit ans concernant les entreprises de plus de 20 salariés, refondé en 1874 comme loi sur le travail des enfants et filles mineures dans l'industrie limitant cette foi l'emploi avant 12 ans, dont les discussions portent sur la création d'un corps d'inspecteurs du travail car la loi de 1841 avait été très peu respectée jusqu'à la IIIe République. Il s'agit d'un texte de loi en date du 19 mai 1874 instituant un service de 15 inspecteurs divisionnaires et des inspecteurs départementaux devenus inspecteurs fonctionnaires d'État par une autre loi celle du 2 novembre 1892. Villermé inspira un second texte précurseur de jurisprudence concernant l'urbanisme en France qui interdit la location de logements insalubres en 1850. Le Dr Villermé publia en 1843 un mémoire sur *Le travail et conditions des enfants dans les mines de Grande-Bretagne* et il rédigea un grand nombre de rapports relatifs aux accidents du travail produits dans les ateliers industriels par les appareils mécaniques. On lui doit bon nombre d'études et d'ouvrages en hygiène et en santé publique (observations de terrains, études statistiques, études démographiques, médicales, cliniques, etc.) en particulier à propos des ravages du choléra morbus dans les maisons (près de 19 000 morts en mars 1832 à Paris), le scorbut, le typhus, sur la durée moyenne des maladies aux différents âges de la vie, de la mortalité des enfants trouvés, des sociétés de prévoyance et de secours mutuel, etc. En 1829, il est un des fondateurs des *Annales d'hygiène publique* qui correspond à la première revue professionnelle des hygiénistes. Élu membre de l'Académie de médecine, en 1823, membre de l'Académie des sciences morales et politiques en 1832 (il en sera président en 1849) il entre, en 1831, au *Conseil consultatif d'hygiène publique et de salubrité de France* : organisme gouvernemental chargé des questions de santé publique, successeur du *Conseil de salubrité* dont la première structure départementale est créée, à Paris, en 1802, sous l'Empire napoléonien et rendue obligatoire pour chaque département français en 1848.

Issus des différents secteurs professionnels (chimie, pharmacie, médecine, architecture, urbanisme, ingénierie de métiers, administration...), les hygiénistes du XIXe siècle comme le Dr Villermé se concertent pour sensibiliser les autorités publiques à propos d'un certain nombre de dangers sanitaires qui menacent la population humaine comme les pollutions industrielles, les épidémies et les épizooties, proposent des études sur la construction des villes (l'aménagement des rues et des habitats), l'organisation salubre des casernes, des écoles, des prisons, etc. Ils s'intéressent de très près aux maladies contagieuses naturellement ou aux maladies les plus courantes de la période, aux remèdes et aux soins qu'ils peuvent proposer, etc. Leurs centres d'intérêt touchent à une multitude de domaines sans limites dont les convictions en pensées et en actions très profondes pour certains d'entre eux surtout après les découvertes scientifiques pastoriennes entre 1850 et 1895 (année de la première vaccination humaine contre la rage pour cette dernière date) les engagèrent en tant que législateurs dans les deux chambres parlementaires sous la IIIe République, afin d'élaborer un programme gouvernemental de santé et de distiller une véritable politique institutionnelle qui sera émergente dans les années 1920 (période de la création d'un ministère de la Santé), malgré leurs capacités présentes à fonder des structures officielles à l'échelle du pays, du département et des localités animées dans les contrées rurales mutantes en pôles urbanistes importants (les métropoles). Pendant tout ce siècle, le mouvement hygiéniste va donc contribuer à poser les jalons de la médecine du travail.

Il y a cent vingt ans aujourd'hui exactement (1898-2018) qu'une loi relative aux accidents professionnels est votée. C'est une grande première pour le pays ! Peu de temps avant, le 15 mars 1890, *la Conférence internationale du travail* réunie à Berlin, en Allemagne, prévoit l'organisation d'une législation internationale inspirant à la France un renforcement du statut des inspecteurs du travail par la création d'un vrai corps professionnel de la fonction publique (loi du 2 novembre 1892) suivi en 1893 de la création de l'*Association des industriels de France contre les accidents du travail* et la publication du *Bulletin de l'office national du travail* l'année suivante en 1894, pour que les statistiques recueillent les faits. Jusqu'ici, peu d'entreprises prenaient des dispositions de prévention et de réparation en cas d'outrages malgré une juridiction existante du conseil des prud'hommes créé, celui-ci, en 1806. L'organisation administrative pêchait dans la transmission des plaintes des salariés au tribunal. Martin Nadaud député ouvrier – tout premier investigateur de la mesure à la Chambre des députés en 1880 – avance que ce projet n'est que la continuité des propositions de loi qui se sont positionnées sur le travail des enfants, sur la protection des apprentis et sur l'inspection des manufactures sous la période du Second Empire. Le député Martin Nadaud sera appuyé par le médecin Henri Napias (1842-1901) au profil tout à fait exceptionnel puisqu'il est à la fois fondateur de la *Société de médecine publique et d'hygiène professionnelle*, en 1877, inspecteur du travail, inspecteur général des services administratifs du ministère de l'Intérieur pour les établissements hospitaliers, membre de l'Académie nationale de médecine, directeur de l'Assistance publique de Paris, président de la *Section des établissements de bienfaisance* au ministère de l'Intérieur puis membre du Comité consultatif d'hygiène publique de France (organe du ministère du Commerce). Ce n'est pas rien ! Henri Napias, qui n'est pas député il faut le rappeler est désigné rapporteur de commission au sein de cet organisme réfléchissant aux projets de loi et règlements relatifs à la salubrité et à la sécurité du travail, en 1885, avec des noms bien connus du milieu hygiéniste et médical de l'époque dont le Professeur de médecine à la Faculté de médecine de Paris P. Brouardel, C. Nicolas, conseiller d'État, Faure-Dujarric, architecte auteur de nombreux immeubles parisiens, Paul Girard docteur en médecine, Grimaux pharmacien (élève à la Faculté de chimie de Paris), Jacquot inspecteur général des Mines.

Le Dr Napias est l'auteur de hautes références dans le domaine, avec un *Manuel d'hygiène industrielle*, comprenant la législation française et étrangère et les prescriptions les plus habituelles des conseils d'hygiène et de salubrité relatives aux établissements insalubres, incommodes et dangereux, publié en 1882 aux éditions médicales G. Masson et d'une *Encyclopédie d'hygiène et de médecine publique*, sous la direction du Dr Jules Rochard, en 1893 (tome cinquième) où il évoque l'hygiène professionnelle à l'hôpital, la désinfection à pratiquer dans les locaux comprenant les habitations, les fosses d'aisances, les écuries et les étables, déjections, voitures, wagons, navires, chiffons, etc. ; des malades et du personnel hospitalier. Nous ne comptons même plus toutes ses parts d'action d'hygiéniste à amplifier le mouvement en son époque dont il faut signaler qu'il a été membre des Commissions d'assainissement de la ville de Paris en 1882 et les années suivantes (préfecture de la Seine) qui conduisaient en particulier les travaux d'aménagement des égouts ; adhérant à plus d'une quinzaine de sociétés savantes médicales, sans omettre ses parts d'engagement dans *les congrès internationaux d'hygiène* comme secrétaire général entre 1878 et 1894 (Paris ; 1878, 1889 ; Turin ; 1880, Genève ; 1882, La Haye ; 1884, Vienne ; 1887, Londres ; 1891, Budapest ; 1894). Il est également auteur d'un rapport des moyens de diminuer les dangers qui résultent pour les travailleurs des différentes industries de l'emploi des substances minérales toxiques en collaboration du Pr Gubler (médecin à l'Hôpital Beaujon, membre de l'Académie nationale de médecine) publié en 1878. D'une conférence, à noter, aussi donnée à l'*Association française pour l'avancement des sciences* (session de Limoges, 1890) relative aux revendications ouvrières au point de vue de l'hygiène dont Brouardel à l'Académie nationale de médecine (séance du 21 octobre 1890) en fit des éloges le décrivant comme un spécialiste de ces questions. Et plein d'autres études qu'il faudrait mentionner donnant des recommandations et des précautions d'hygiène et de sécurité aux ouvriers. Par exemple, une étude relative à « L'intoxication saturnine des ouvriers qui travaillent au poudrage dans la Lithographie-Céramique » (1895) in *Revue d'hygiène et de police sanitaire.* D'ailleurs d'une revue, composée pour celle-ci, d'articles sérieux relatifs à la protection des ouvriers et des risques encourus au travail touchant à des activités professionnelles qui livrent un joli panorama des types de confections à l'ouvrage complètement désuets à l'heure actuelle et qui interpellent les contemporains que nous sommes sur les procédés de fabrication. En faisant appel à ces deux grands profils hygiénistes du corps médical (le Dr Villermé d'une part et le Dr Napias d'autre part), il convient d'imaginer la teneur argumentative dans les différentes instances pour prendre les décisions qui vont peser lourd dans les commissions d'examen des chambres législatives. La loi de 1898 visait la généralisation de l'idée à reconnaître les victimes d'accidents à toute forme d'entreprise. Simplement, la difficulté en jeu était de dresser un tableau des degrés de gravité des blessures et des dommages collatéraux causés. Le second défi où le médical va jouer une grande part de décision dans l'orientation du texte de loi renvoie à la question du traitement des griefs pour déterminer les natures d'incapacité de travail. Les accidents devant être gradués par des tarifs à l'avance et attribués par une juridiction rapide et technique. Mais tous les acteurs professionnels invités, à réfléchir, sur le problème avaient à penser aussi au caractère incontournable de dangerosité de l'activité et au type même d'établissement dans lequel évoluait l'individu au travail. Évidemment, les chefs d'industrie et les inspecteurs avaient la part belle au chapitre, mais les médecins (hommes d'hygiène sur le terrain) avaient leurs mots à dire ! Il restait à évaluer la notion du risque accidentogène du lieu et du type de production. D'où la prolongation des discussions législatives pendant quelques années à définir en deux catégories d'industries : 1° je le rappelle les usines, manufactures, fabriques, chantiers, mines et carrières, entreprises de transport, c'est-à-dire tous les établissements de la grande industrie où l'ouvrier est exposé à un danger permanent, 2° toute exploitation quelconque où il est fait un outillage à moteur mécanique. Le défi d'application de cette distinction rendait l'inventaire des entreprises françaises un peu ardu à la tâche en faisant du cas par cas. La loi, s'appliquerait-elle à tous les domaines d'activités ? Grandes ou très petites structures salariées ? Car la cause plus ou moins indéterminée du dommage devait être recherchée dans les conditions mêmes de l'industrie, au fonctionnement propre de son outillage mécanique ou de ses procédés chimiques et physiques employés ! Là encore, le gâteau des difficultés pouvait être partagé avec un grand nombre d'acteurs impliqués dont on consultera, immédiatement, le corps médical par les expertises médico-légales, par exemple, blessures graves ou décès professionnels par intoxications, inhalations de produits chimiques (liquides, gaz, solides), étouffements, chocs et traumatismes du tronc, des membres, du cou, de la tête, etc. Les médecins pouvant être consultants en judiciarisation devaient prendre en compte l'importance du salaire de la victime et surtout évaluer avec justesse la nature des suites de l'accident avec la collaboration fructueuse des garde-mines (les agents auxiliaires des ingénieurs des mines) et des ingénieurs. Bien au-delà de la problématique majeure de financement pour garantir la loi de 1898 qui va être un coût énorme pour l'État, les chefs d'entreprise et les travailleurs, l'article 5 renvoie au coût des frais pharmaceutiques et des actes médicaux qui restent à la charge de réflexion par les principaux concernés.

Depuis 1880 au commencement de la réflexion parlementaire spécifique au sujet, à l'issue de six propositions de loi déposées sur le bureau du président de la Chambre ; un premier projet de loi est formulé par Maurice Rouvier, ministre du Commerce le 24 mars 1885 d'un texte qui connaîtra deux nouvelles reformulations par la tutelle gouvernementale du Commerce et de l'Industrie en charge de la question : Une, en 1886, par le ministre Édouard Lockroy, et l'autre, en 1890, par le ministre Jules Roche, hauts fonctionnaires d'État, tous les trois impliqués en matière de législation du travail et des conditions sociales des travailleurs de l'époque. Le 28 juin 1890, le projet reconnaît le droit à une indemnité des ouvriers victimes d'un accident dans leur travail. La situation d'urgence est déclarée le 3 juin 1893 par la Chambre des députés et le projet de loi est alors présenté au Sénat sous le titre de : « Projet de loi concernant les responsabilités des accidents dont les ouvriers sont victimes dans leur travail et l'organisation de l'assurance obligatoire ». Alcide Poirier industriel sénateur de la Seine (1889-1917) est nommé rapporteur de la commission d'examen à la Chambre haute. Il fut, pour un temps, le dirigeant de la *Société des matières colorantes et produits chimiques* de Saint-Denis. Il institua dans ses usines le système de la participation ouvrière aux bénéfices et des caisses de retraite. En 1870, il est nommé président à la chambre syndicale des produits chimiques, en 1879, il est nommé secrétaire, vice-président et président par trois fois de la chambre de commerce de Paris. Il est connu pour son engagement à différents organismes extraparlementaires comme le conseil supérieur du travail, la commission supérieure relative au travail des enfants et des femmes dans l'industrie, le comité consultatif des assurances contre les accidents du travail, la commission de protection de l'épargne populaire, etc. Au Sénat, son activité est considérable soldée par sa participation aux discussions économiques, financières et sociales du pays. S'inspirera-t-il de son homologue député du Morbihan Albert de Mun (profession militaire) repéré lui pour son discours philanthrope, en juin 1888, concernant la réglementation du travail des femmes dans les manufactures et demanda pour les syndicats mixtes le droit de recevoir des dons et des legs et d'organiser des caisses contre le chômage, la pauvreté, la maladie et la vieillesse ? À propos des accidents professionnels, Albert de Mun pense que la question de la présomption de culpabilité attribuée à l'ouvrier est une injustice. Dans le projet d'étude, il associe au système d'indemnités le risque professionnel, le droit à l'indemnité dans tous les cas, l'obligation de l'assurance et la constitution de caisses corporatives alimentées par les caisses des ouvriers et des patrons. Sans nul doute, les chefs d'entreprise participent, pleinement, aux commissions d'examen des chambres et aux débats passionnés des séances publiques. Seulement, le 3 février 1896, la commission d'examen du Sénat en parfait désaccord avec la Chambre des députés démissionne et trois jours plus tard le sénateur du Rhône François Thévenet (de profession avocat) succède à l'industriel Poirier au poste de rapporteur de la commission d'examen en 1896 et en 1898. Au Sénat, cet avocat siège à la Gauche républicaine et participa à de nombreuses commissions (dont il sera secrétaire à la commission relative à la répression des outrages aux bonnes mœurs). Il se rallia, notamment, avec Scheurer-Kestner et Trarieux pour la révision du procès du capitaine Dreyfus en 1898. Il prend part à de nombreuses discussions relatives aux droits des enfants naturels dans la succession de leur père et mère (1895), du projet de finances (1895), la réforme de l'impôt sur les boissons (1896), la répression dans le commerce du beurre et la fabrication de la margarine (1897), autres préoccupations urgentes de politique sanitaire à régler. C'est un personnage haut en couleur au Parlement puisqu'il a été député du Rhône de 1885 à 1892, puis sénateur de ce même département de 1892 à 1900 et enfin ministre de la Justice et des Cultes du 23 février 1889 au 17 mars 1890.

Chefs d'industrie, militaires, avocats engagés en tant que députés ou sénateurs sont fort impliqués au projet. Dans la salle d'archives du Palais du Luxembourg sur le cahier des procès-verbaux manuscrits, je note au 8e bureau (date du 22 octobre 1888) le nom du sénateur-médecin Achille Testelin (1814-1891) nommé président de la commission d'examen en lien avec le projet de loi. Représentant du Nord, en 1849, puis représentant du Nord, en 1871, il sera élu *sénateur inamovible* de 1875 à 1891. Il s'impliqua dans les discussions relatives à la loi pour la répression sur l'ivresse, le recrutement de l'armée, le monopole des allumettes, l'enseignement de la médecine, la loi électorale, et il vota contre la pétition des évêques, contre le pouvoir constituant de l'Assemblée, contre le service militaire de trois ans, contre la démission de Thiers, contre le septennat, contre le ministère de Broglie, pour l'amendement Wallon et en faveur des lois constitutionnelles. Sa dernière intervention à la tribune (avant sa mort à l'âge de

77 ans) portait sur le projet de loi concernant le code rural ainsi que sur le projet de loi portant création d'une école du service de santé de la marine et sur le régime des raisins secs et des raisins frais (matières premières très précieuses pour la fabrication des alcools ; autre grand chapitre historique croustillant de la législation sanitaire de la période !) La ville de Lille où il est né lui a dédicacé un monument géant à sa mémoire place de Strasbourg (le 26 août 1894), représenté par deux femmes l'une qui symbolise la liberté et l'autre les vertus civiques et fût détruit par les forces allemandes en 1917 et remplacé par une sculpture plus modeste le 13 octobre 1933 près du pont Ramponneau. La médecine lui doit la traduction française du *Traité pratique des maladies de l'œil* (tome premier) de l'Anglais W. Mackenzie publié aux éditions médicales parisiennes G. Masson en 1856-1865. Six mois plus tard, la composition de la commission d'examen sur la question des accidents au Sénat avait déjà changé et le médecin Testelin avait été remplacé dans le rôle de présidence par l'avocat Bardoux (4e bureau), sénateur des Basses-Pyrénées, qui lui-même était entouré de médecins au 3e bureau par le Dr Félix Martin sénateur de Saône-et-Loire démissionnaire le 5 décembre 1889 remplacé par un autre médecin, Lourties, sénateur des Landes, puis au 5e bureau le Dr Georges Martin, sénateur de la Seine. Le Dr Félix Martin (1840-1924), né et décédé au Creusot originaire de l'une des grandes cités de la production industrielle nationale est nommé député de Saône-et-Loire de 1884 à 1924 et sénateur de ce même département de 1887 à 1924. Au Sénat, il défendit les questions de prévoyance sociale concernant les syndicats de patrons et d'ouvriers. Il s'impliqua dans tous les projets de loi traitant les questions d'hygiène et de sécurité des travailleurs en industrie. Il a démissionné car l'amendement du sénateur avocat Bérenger supposait la suppression de la notion du « risque professionnel » évoquée la première fois en 1885, défendue jusqu'à présent dans le projet en proposant tout un contre-projet émis à la commission d'examen de la Chambre (4 juillet 1889), relatif au montant de l'indemnité à attribuer à la victime dont le contenu était le suivant pour rappel : « La catégorie d'accidents soustraite par l'article premier aux responsabilités du Code civil donne droit aux réparations suivantes : 1° Pour l'incapacité absolue de travail, l'indemnité consiste en une allocation journalière égale à la moitié du salaire quotidien moyen. Elle est servie sous forme de pension viagère dûment garantie si cette incapacité est, ou devient, définitive. Si le traumatisme est de nature à abréger la survie de la victime, le tribunal civil pourra affecter tout ou partie du capital constitutif de sa rente à la création de rentes

temporaires ou viagères sur la tête de ses ayants droit ; 2° Pour l'incapacité partielle du travail, l'indemnité précédente est diminuée de la moitié du salaire que la victime est capable d'obtenir ; 3° En cas de mort, le capital constitutif d'une pension viagère de moitié du salaire, calculé d'après l'âge de la victime et les tables de survie, servira à constituer des rentes temporaires ou viagères au profit de ses ayants droit : orphelins, petits-enfants orphelins de père âgés de seize ans ; conjoint ou mari incapable de subvenir à ses besoins ; ascendants dont la victime était le soutien. La répartition entre ces divers ayants droit sera faite par le tribunal civil du domicile du défunt, sans toutefois qu'aucun d'eux puisse recevoir par jour plus du quart de son salaire quotidien moyen. » Par ce contre-projet, il souhaite alléger le texte de loi de la commission qui allait créer une sorte de droit de réversion au profit des enfants de la victime parer à certaines conséquences injustes ou inadmissibles. Ainsi, qu'il distingue bien deux catégories d'accidents : ceux de la faute lourde en provenance du patron ou de l'ouvrier ; ceux survenus par cause inconnue qui donneraient lieu à une réparation d'un caractère particulier à indemnité spéciale et limitée qui resterait à la charge du chef de l'entreprise et au profit de la victime. Au mois de novembre de cette même année 1889, le projet virevolte en deux nouveaux projets : celui de l'ingénieur des ponts et chaussées Cuvinot et celui de l'avocat Chovet, deux sénateurs élus du même département de l'Oise. Ce qui conduisit le Dr Félix Martin à démissionner. Il est, immédiatement, remplacé par son collègue le Dr Victor Lourties, sénateur des Landes de 1880 à 1920 nommé ministre du Commerce et de l'Industrie, des Postes et des Télégraphes appelé à occuper les fonctions de secrétaire de la présidence de l'Assemblée sénatoriale entre 1892 et 1894 ; c'est pourquoi il sera peu impliqué aux questions des accidents professionnels. Après des études médicales à Strasbourg, portant sur les thromboses cachectiques et l'embolie pulmonaire (thèse doctorale en médecine soutenue en 1867, 45 pages) Lourties devient médecin militaire à l'hôpital du Val-de-Grâce à Paris, servit en qualité d'aide-major au siège de Paris dans l'ambulance du 14e corps, puis donna sa démission pour exercer la profession de médecin civil dans sa ville natale dont il a été le maire entre 1884 et 1922. Victor Lourties est considéré comme un des leaders du mouvement mutualiste, en France, dont il est président de la *Ligue nationale de la prévoyance et de la mutualité* entre 1892 et 1922. Nous voyons bien qu'en prenant chacun des cas relevant de la profession médicale, les législateurs de l'époque présentent des profils et des carrières très fortement inspirées des activités et des préoccupations hygiénistes qui s'imposaient, de façon quasi naturelle, pour répondre aux très nombreuses revendications professionnelles et sociales des travailleurs de la période. En consultant les comptes rendus des débats, au *Journal officiel*, je constate que les médecins législateurs ne conduisent pas les débats propres à la question. Au même titre que leurs homologues de professions différentes j'informe simplement qu'ils réfléchissent, qu'ils instruisent le dossier par leurs connaissances professionnelles, qu'ils alertent éventuellement des limites du règlement administratif à instaurer pour chaque type d'entreprise et font part de leurs observations aux Chambres à propos du terrain (prévention, sécurité, dangers, démarches à suivre en cas d'accidents, de malaises voir de pénibilités physiques, etc.). Votent en temps voulu sur les mesures retenues et défendent les concitoyens de leurs fiefs respectifs. Vers la fin du XIXe siècle, nous retrouvons donc le médecin dans les villes (petites ou grandes urbanités) où il est convié en tant qu'expert judiciaire des accidents par les tribunaux ou par des instances comme les chambres de commerce et d'industrie, les chambres syndicales, les commissions d'assurances statuant sur les accidents, le conseil départemental d'hygiène publique en charge du problème. Dans les cités industrielles sous le contrôle du patronat qui propose travail, logement, aide sociale, éducation, culture, dispensaire de santé ou hôpital… le médecin volontaire se consacre à prodiguer des soins en direction des populations ouvrières indigentes. À un plan local, ce type de médecin avec les médecins de campagne et les médecins des épizooties, les médecins cantonaux (ceux affectés au bureau de bienfaisance de la commune) s'engagent, souvent, dans les conseils d'hygiène et de salubrité publique cantonaux ou d'arrondissement où ils vont s'impliquer à dresser des études sur l'état de santé des populations ou répondre à des problématiques sanitaires ou des conditions de vie de ces populations. Représenté à tous les échelons de la vie politique comme conseiller municipal, adjoint au maire, maire, conseiller général, puis député et sénateur parfois ministre — le médecin-type de la IIIe République (première moitié du régime jusqu'en 1914) — s'engage donc à défendre la cause concitoyenne de ses électeurs, à maintenir sa propre candidature au renouvellement des échéances électorales pendant des décennies (les longévités politiques sous la IIIe République sont impressionnantes !) par pures ambitions personnelles ou idéologiques d'appartenance sociale (philanthropie, franc-maçonnerie, professions médicales ou politiques, clubs culturels, sociétés savantes)… ou de représentativité des corporations professionnelles sociales (agriculture, viticulture, industrialisation, gérance de biens fonciers…) Lorsque le médecin prend position sur les nouveaux enjeux sanitaires de la période, il ne votera pas forcément en faveur de ces dernières mesures. En guise de conclusion finale, il convient de savoir que le système d'assurances sociales obligatoires a été élaboré pour la première fois en 1883 et en 1884 dans le cadre des projets de loi concernant l'assurance contre les accidents du travail d'une part et l'assurance-maladie sociale d'autre part, par Otto von Bismarck, en Prusse. De 1877 à 1914, l'Empire allemand modernisait son droit civil par différentes lois qui s'appliquèrent à l'Alsace-Lorraine dont il faut noter les caisses d'assurances obligatoires en accidents et en invalidité, vieillesse, les chambres de commerce, le code professionnel, l'aide sociale, le domicile de secours, la réglementation du travail des mineurs, le repos dominical et les assurances sociales. Naturellement, la France, un peu retardataire en matière d'une législation sanitaire globale (pionnière à la nation), fera de même, prenant presque vingt années pour penser, puis voter le texte de loi relatif aux accidents professionnels. Elle prendra, autant de temps nécessaire, pour reconnaître comme dommages irréversibles les maladies liées à l'activité salariée en votant la loi spécifique qui en réfère, celle du 25 octobre 1919, belle alternative du pouvoir législatif qui concorde avec la naissance heureuse du ministère du Travail en 1906 et la naissance grandement indispensable du ministère de l'Hygiène, de l'Assistance et de la Prévoyance sociale beaucoup plus tard en 1920.

RÉFÉRENCES ARCHIVISTIQUES ET BIBLIOGRAPHIQUES

LES ARCHIVES

Archives nationales de France

– Catalogues, répertoires, index de recherche dans la salle des inventaires.

– Bureaux et commissions de l'Assemblée nationale, de la Chambre des députés et du Sénat.

– C2792 à C7487. Procès-verbaux des assemblées nationales et pièces annexes (1871-1914). Propositions législatives, documents et rapports et commissions pour chaque législature.

– C5417 à C7416. Programmes électoraux, professions de foi. Campagnes électorales, biographies, autobiographies, coupures de journaux par département.

– Le travail de commissions parlementaires de l'Assemblée nationale et de la Chambre des députés entre 1870 et 1914.

– Les procès-verbaux des commissions d'examen de l'Assemblée nationale et de la Chambre des députés entre 1870 et 1914 présentés sous forme de cahiers (cote : De C/3130/… à C3393 ; de C/5374 à C/5674/…)

– Les archives thématiques : police sanitaire (F8), médecine (AJ16), enseignement médical (F17), épidémies et vaccine (AD XIX), hospices et secours (F15), accidents du travail (F12), hygiène et santé publique (AD/XIX)

– Bulletin de l'association des industriels de France pour préserver les ouvriers des accidents du travail, 1888.

Archives du Sénat (service des archives au Palais du Luxembourg)

– Les registres de la commission pour l'examen du projet de loi adopté par la Chambre des députés, concernant la responsabilité des accidents dont les ouvriers sont victimes dans leur travail (n° 552, session ordinaire 1888). Commission nommée le 22 octobre 1888 (5 cahiers).

Archives départementales de France

– Archives départementales de la Dordogne (ville de Périgueux) dont les séries 5M41. Établissements industriels insalubres, incommodes et dangereux, instructions (1811-1931) ; 5M42. Établissements industriels, insalubres, incommodes et dangereux – les diverses fabrications.

– Archives départementales de la Haute-Savoie (ville d'Annecy) dont la série 5M159-235. Dépôts d'essences, tueries, porcheries, abattoirs, dépôts de liquides inflammables, sociétés fruitières : récépissés, autorisations d'ouverture, arrêtés de classement, correspondance (classement par communes) (1863-1940).

– Archives départementales de la Haute-Vienne (ville de Limoges) dont la série 10M84-85, accidents du travail.

– Archives départementales d'Ille-et-Vilaine (ville de Rennes) dont les séries 5M189 établissements dangereux, insalubres et incommodes ; tableaux annuels des établissements insalubres ou incommodes, autorisations ou refus (1822-1887) ; série 5M190 établissements dangereux, insalubres ou incommodes : liste des établissements classés à Rennes (1841-1908). Listes des établissements classés en Ille-et-Vilaine (1908-1939). Changements intervenus (1908-1913), (1841-1939) ; série 5M197 établissements dangereux, insalubres ou incommodes de 2e classe ; tueries particulières, dossiers individuels avec le plan général dans un rayon de 200 mètres et plan de détail de la tuerie : Bédée-Bourg-des-Comptes (1908-1937), (1877-1937)[184].

– Archives départementales de la Loire-Atlantique (ville de Nantes) dont les séries 5M245. États trimestriels des autorisations, des refus et des affaires en instance des établissements insalubres, incommodes et dangereux (1815-1887) ; série 5M537. Réglementation. Saisies des navires, arraisonnement de nuit, fonctionnement du service (1875-1949).

– Archives départementales de la Loire (ville de Saint-Étienne) dont les séries 6M1037. Statistiques des industries principales (1876-1889) ; série 10M3. Rapports annuels sur l'exécution de plusieurs lois relatives au travail industriel (1860-1865) ; série 10M8. Enquête par-

[184] Visite des archives municipales de la ville de Rennes dont la série IX93 Établissements insalubres et dangereux.

lementaire sur la situation des ouvriers de l'industrie (1884) ; série 10M11. Autres enquêtes et rapports sur les conditions de travail dans l'industrie (1849-1917) ; série 10M36. Enquête sur le travail des enfants dans les mines et les manufactures ; états statistiques. Série 10M38. Travail des enfants et des femmes, enquêtes et statistiques (1892-1932) ; série 10M92. États trimestriels des accidents du travail, rapports de l'inspection du travail (1883-1898) ; série 10M234. Mouvement contre la loi sur les accidents du travail : rapports de police.

Bibliothèque de l'Université de droit Cujas-Panthéon I

Les rapports parlementaires (Assemblée nationale, Chambre des députés, Sénat) collection des « Impressions » consultables :

– ***Journal officiel*** **– Chambre des députés (thème de l'hygiène et de la sécurité du travail dans les manufactures, usines, mines, chantiers et ateliers) :**

1336, séance du 11 novembre 1882, hygiène et sécurité du travail dans les manufactures, usines, mines, chantiers et ateliers ;

3588, séance du 3 mars 1885, hygiène et sécurité du travail dans les manufactures, usines, mines, chantiers et ateliers ;

198, séance du 10 décembre 1885, hygiène et sécurité du travail dans les manufactures, usines, mines, chantiers et ateliers ;

326, séance du 29 décembre 1885, hygiène et sécurité du travail dans les manufactures, usines, mines, chantiers et ateliers ;

696, séance du 19 avril 1886, hygiène et sécurité du travail dans les manufactures, usines, mines, chantiers et ateliers ;

567, séance du 29 mars 1886, hygiène et sécurité du travail dans les manufactures, usines, mines, chantiers et ateliers ;

1420, séance du 13 janvier 1887, hygiène et sécurité du travail dans les manufactures, usines, mines, chantiers et ateliers ;

16, séance du 19 novembre 1889, hygiène et sécurité du travail dans les manufactures, usines, mines, chantiers et ateliers ;

399, séance du 1er mars 1890, hygiène et sécurité du travail dans les manufactures, usines, mines, chantiers et ateliers ;

567, séance du 17 mai 1890, hygiène et sécurité du travail dans les manufactures, usines, mines, chantiers et ateliers ;

624, séance du 5 juin 1890, hygiène et sécurité du travail dans les manufactures, usines, mines, chantiers et ateliers ;

856, séance du 21 juillet 1890, hygiène et sécurité du travail dans les manufactures, usines, mines, chantiers et ateliers ;

2302, séance du 11 juillet 1892, hygiène et sécurité du travail dans les manufactures, usines, mines, chantiers et ateliers ;

2507, séance du 24 décembre 1892, hygiène et sécurité du travail dans les manufactures, usines, mines, chantiers et ateliers ;

399, séance du 1er mars 1899, hygiène et sécurité du travail dans les manufactures, usines, mines, chantiers et ateliers ;

– *Journal officiel* – Sénat

43, séance du 5 novembre 1891, hygiène et sécurité du travail dans les manufactures, usines, mines, chantiers et ateliers ;

143, séance du 17 juin 1892, hygiène et sécurité du travail dans les manufactures, usines, mines, chantiers et ateliers ;

77, séance du 13 mars 1893, hygiène et sécurité du travail dans les manufactures, usines, mines, chantiers et ateliers ;

163, séance du 13 mai 1893, hygiène et sécurité du travail dans les manufactures, usines, mines, chantiers et ateliers ;

50, séance du 13 février 1902, hygiène et sécurité du travail dans les manufactures, usines, mines, chantiers et ateliers ;

101, séance du 3 mars 1902, hygiène et sécurité du travail dans les manufactures, usines, mines, chantiers et ateliers ;

– *Journal officiel* – Chambre des députés (thème sur les accidents du travail dont les ouvriers sont victimes)

2660, séance du 29 mai 1880, accidents dont les ouvriers sont victimes dans l'exercice de leur travail.

3394, séance du 7 mars 1881, accidents dont les ouvriers sont victimes dans l'exercice de leur travail.

5, séance du 4 novembre 1881, accidents dont les ouvriers sont victimes dans l'exercice de leur travail.

67, séance du 14 novembre 1881, accidents dont les ouvriers sont victimes dans l'exercice de leur travail.

694, séance du 28 mars 1882, accidents dont les ouvriers sont victimes dans l'exercice de leur travail.

1334, séance du 11 novembre 1882, accidents dont les ouvriers sont victimes dans l'exercice de leur travail.

2421, séance du 26 novembre 1883, accidents dont les ouvriers sont victimes dans l'exercice de leur travail.

2634, séance du 16 février 1884, accidents dont les ouvriers sont victimes dans l'exercice de leur travail.

157, séance du 3 décembre 1885, accidents dont les ouvriers sont victimes dans l'exercice de leur travail.

220, séance du 12 décembre 1885, accidents dont les ouvriers sont victimes dans l'exercice de leur travail.

327, séance du 29 décembre 1885, accidents dont les ouvriers sont victimes dans l'exercice de leur travail.

391, séance du 2 février 1886, accidents dont les ouvriers sont victimes dans l'exercice de leur travail.

395, séance du 2 février 1886, accidents dont les ouvriers sont victimes dans l'exercice de leur travail.

433, séance du 11 février 1886, accidents dont les ouvriers sont victimes dans l'exercice de leur travail.

474, séance du 22 février 1886, accidents dont les ouvriers sont victimes dans l'exercice de leur travail.

884, séance du 26 juin 1886, accidents dont les ouvriers sont victimes dans l'exercice de leur travail.

1161, séance du 21 octobre 1886, accidents dont les ouvriers sont victimes dans l'exercice de leur travail.

2150, séance du 28 novembre 1887, accidents dont les ouvriers sont victimes dans l'exercice de leur travail.

3041, séance du 15 octobre 1888, accidents dont les ouvriers sont victimes dans l'exercice de leur travail.

1926, séance du 25 février 1892, accidents dont les ouvriers sont victimes dans l'exercice de leur travail.

1890, séance du 2 avril 1896, accidents dont les ouvriers sont victimes dans l'exercice de leur travail.

255, séance du 11 juillet 1896, accidents dont les ouvriers sont victimes dans l'exercice de leur travail.

2624, séance du 7 juillet 1897, accidents dont les ouvriers sont victimes dans l'exercice de leur travail.

2719, séance du 19 octobre 1897, accidents dont les ouvriers sont victimes dans l'exercice de leur travail.

3142, séance du 22 mars 1898, accidents dont les ouvriers sont victimes dans l'exercice de leur travail.

101, séance du 14 juin 1906, accidents dont les ouvriers sont victimes dans l'exercice de leur travail.

3234, séance du 17 mars 1910, accidents dont les ouvriers sont victimes dans l'exercice de leur travail.

***Journal officiel* – Sénat**

7, séance du 26 janvier 1886, Accidents dont les ouvriers sont victimes dans l'exercice de leur travail.

213, séance du 11 juin 1886, Accidents dont les ouvriers sont victimes dans l'exercice de leur travail.

552, séance du 17 juillet 1888, Accidents dont les ouvriers sont victimes dans l'exercice de leur travail.

9, séance du 24 janvier 1889, Accidents dont les ouvriers sont victimes dans l'exercice de leur travail.

6, séance du 27 janvier 1890, Accidents dont les ouvriers sont victimes dans l'exercice de leur travail.

1176, séance du 2 février 1891, Accidents dont les ouvriers sont victimes dans l'exercice de leur travail.

24, séance du 26 janvier 1893, Accidents dont les ouvriers sont victimes dans l'exercice de leur travail.

233, séance du 26 juin 1893, Accidents dont les ouvriers sont victimes dans l'exercice de leur travail.

73, séance du 3 avril 1895, Accidents dont les ouvriers sont victimes dans l'exercice de leur travail.

146, séance du 28 juin 1895, Accidents dont les ouvriers sont victimes dans l'exercice de leur travail.

48, séance du 2 mars 1896, Accidents dont les ouvriers sont victimes dans l'exercice de leur travail.

14, séance du 5 novembre 1897, Accidents dont les ouvriers sont victimes dans l'exercice de leur travail.

15, séance du 25 janvier 1898, Accidents dont les ouvriers sont victimes dans l'exercice de leur travail.

15, séance du 25 janvier 1898, Accidents dont les ouvriers sont victimes dans l'exercice de leur travail.

117, séance du 14 mai 1907, Accidents dont les ouvriers sont victimes dans l'exercice de leur travail.

287, séance du 12 juillet 1907, Accidents dont les ouvriers sont victimes dans l'exercice de leur travail.

320, séance du 9 décembre 1907, Accidents dont les ouvriers sont victimes dans l'exercice de leur travail.

267, séance du 5 novembre 1908, Accidents dont les ouvriers sont victimes dans l'exercice de leur travail.

310, séance du 1er décembre 1908, Accidents dont les ouvriers sont victimes dans l'exercice de leur travail.

361, séance du 19 décembre 1908, Accidents dont les ouvriers sont victimes dans l'exercice de leur travail.

367, séance du 21 décembre 1908, Accidents dont les ouvriers sont victimes dans l'exercice de leur travail.

367, séance du 31 décembre 1908, Accidents dont les ouvriers sont victimes dans l'exercice de leur travail.

Les tables analytiques des comptes rendus de séances et des travaux parlementaires de l'Assemblée nationale, de la Chambre des députés et du Sénat, entre 1870 et 1914, consultés par législature (un volume nominatif, un volume matière).

Consultation des collections du *Journal officiel* à la Bibliothèque de droit Cujas-Panthéon, Paris 1

– Collection du *Journal officiel* « Lois et décrets » : 1870-1914, cote A.9.802 (réserve pavillon) ;

– Collection des « Impressions » (documents) de l'Assemblée nationale 1871 (17 février) – 1875 (31 décembre) cote M.23.011 (magasins) ;

– Collection des Annales de l'Assemblée nationale (Chambre des députés et du Sénat) 1871 (12 février) – 1933 (13 avril) cote S.23.014-2 (magasins). La collection des « Annales » renvoie à la fois aux comptes rendus des séances et aux documents parlementaires ;

– Collection des « Impressions » (documents) de la Chambre des députés 1876-31 mai 1942 cote S.23.012 (magasins) ;

– Collection des « Impressions » (documents) du Sénat, 1876-1914, cote S.23.013 (magasins) ;

– Collection *Journal officiel* « Débats » de l'Assemblée nationale, 1882-1914, cote M.9.803A. (magasins) ;

– Collection *Journal officiel* « Débats » du Sénat 1881-1914 cote M.9.803 D (magasins) ;

Les textes de loi ont été consultés avec la collection « Duvergier » en ligne sur Gallica, site de la BnF (http://gallica.bnf.fr).

Les éléments biographiques qui figurent en notes de bas de page, dans ce présent livre, sont repris de la série biographique suivante :

– Dictionnaire des parlementaires français de 1789 à 1889 d'Adolphe Robert et Gaston Cougny (5 volumes).

– Dictionnaire des parlementaires français de 1889 à 1940 de Jean Jolly (2 volumes).

LES RÉFÉRENCES BIBLIOGRAPHIQUES

LES ARTICLES

Aucoc Léon, « Les controverses sur la décentralisation administrative, étude historique », extrait de la *Revue politique et parlementaire*, avril et mai 1895, p. 1-73.

Barbara Jean-Gaël, « Relations médecine – sciences dans l'individualisation des maladies nerveuses à la Salpêtrière à la fin du XIXe siècle », *Revue d'histoire des sciences*, 2010, 2, tome 63.

Baud Jean-Pierre, « Les hygiénistes face aux nuisances industrielles dans la première moitié du XIXe siècle », *Revue juridique et économique du Sud-Ouest*, 3, 1981, p. 205-20.

Benhamou Dorothée, « Les origines internationales des réformes sociales », *Genèses, sciences sociales et histoire*, n° 71, juin 2008.

Bernard Léon, « L'enseignement de l'hygiène dans les facultés et écoles de médecine », *Revue d'hygiène*, 1919, p. 1159-1171.

Bertillon Jacques, « Les enfants illégitimes et leur mortinatalité », *Revue d'hygiène et de police sanitaire*, 1884, p. 893-897.

Bloch-London Catherine, Marchand Olivier, « Les enjeux de la durée du travail », *Économie et statistique*, 1990, 231, p. 19-32.

Bluzet Albert, « Attributions des sous-préfets en matière d'assistance », *La Revue philanthropique*, tome 11, 1902, p. 304-321.

Bret Patrice, « Trois décennies d'études lavoisiennes. Supplément aux bibliographies de Duveen », *Revue d'histoire des sciences,* 1995, 48-1-2, p. 169-206.

Carmino Guillaume, « La science au XIXe siècle : l'usine, le fait, la République », Journées des jeunes chercheurs, vendredi 30 novembre 2012, organisées par des sociétés savantes d'histoire de l'Homme, des Sciences et des Techniques et des Sciences de la Vie, à l'École Normale Supérieure de Paris.

Chaumette Patrick, Philippe-Jean Hesse, « Le point de vue du juriste sur l'inspection du travail », *Revue Sciences sociales et santé*, 1988, 6-1, p. 29-31.

Chesnais Jean-Claude, « La mortalité des accidents en France depuis 1826 », *Population,* 1974, 29-6, p. 1097-1136.

Devinck Jean-Claude, « La lutte contre les poisons industriels et l'élaboration de la loi sur les maladies professionnelles », *Sciences sociales et santé*, 2010, 2, volume 28, p. 65-93.

Devinck Jean-Claude, « La création de la médecine au travail 1914-1946 », *UNSA éducation*, n° 36, décembre 2002.

Démier Francis, « La société européenne au XIXe siècle, hiérarchie et mobilité sociales », *La Documentation française*, bimestriel n° 8024, décembre, le dossier, 2001.

Dogan Mattei, « La stabilité du personnel parlementaire sous la IIIe République », *Revue française de science politique*, avril-juin 1953, p. 319-348.

Foucault Michel, « Histoire de la médicalisation », *Hermès*, La Revue, 1988, 2, n° 2, p. 11-29.

Garrigues Jean, « Les groupes parlementaires aux origines de la IIIe République », dans *Parlement(s)*, Revue d'histoire parlementaire et politique, mars 2003, p. 51-68.

Gaxie Louise, « "Du droit individualiste" au "droit social", Une histoire de la judiciarisation du social (1789-1939) », site internet *Raison publique*, lundi 19 mars 2012.

Gonjo Yves, « Le Plan Freycinet, 1878-1882 : Un aspect de la grande dépression économique en France », *Revue historique*, juillet-septembre 1972, p. 49-79.

Gotteli Pierre, « Santé et travail », *Santé, société et solidarités*, 2006, 2, dossier spécial.

Gribaudi Maurizio, Magaud Jacques, Cristofoli Pascal, collab., Loitron Mathieu, collab., L'Helgoual'ch Suzanne, collab., Varetvitu Anne collab., « L'action publique et ses administrateurs dans les domaines sanitaire et social en France (1800 à 1900) », *Cahiers de recherche de la MIRE*, 12, 1999, n° 7, p. 31-35.

Héricourt Jules, « Hygiène, le projet d'organisation de l'hygiène publique », *Revue scientifique*, 3e semestre, tome 15, 1888.

Heurtaux-Varsavaux, « La Question sociale au Parlement français », *Revue mensuelle du monde latin*, avril 1891.

Hobern, F., « Le droit des indigents aux secours. Naissance de l'assistance publique, 1880-1914 », *Démocratie et pauvreté. Du*

quatrième ordre au quart monde, Paris, éditions Quart Monde, Albin Michel, 1991, p. 535-549.
Huard Pierre (Dr), « La fortune des médecins français au XIXe siècle », *Concours médical*, novembre 1962.
Hugot Nathalie, « Posture d'enquête : Une double contrainte », *Journal des anthropologues*, 1991, 43-44, p. 79-85.
Jorland Gérard, « L'hygiène professionnelle au travail en France au XIXe siècle », *Le Mouvement social*, octobre-décembre 2005, p. 71-90.
Journée d'étude, « Mouvements ouvriers et positivisme », vendredi 16 mars 2018, 9 h 30-17 h 30, Chapelle de l'Humanité, 5 rue Payenne, 75003 Paris.
Krynen Jacques, « Les légistes “idiots politiques”. Sur l'hostilité des théologiens à l'égard des juristes, en France, au temps de Charles V », *Publications de l'École Française de Rome*, 1991, 147, p. 171-198.
Lafore Robert, « La juridicisation des problèmes sociaux : la construction juridique de la protection sociale », *Informations sociales*, n° 157, 2010, p. 19.
Largesse Pierre, « Législation du travail et rapports sociaux, 1841-1914 : l'exemple d'Elbeuf », *Annales de Normandie*, 1997, 47-2, p. 101-132.
Laugier Alain, Pincemin Jacqueline, « Les médecins », *Revue française de science politique*, volume 9, 1959, n° 4, p. 881-900.
Lecuir Jean, « La médicalisation de la société française dans la deuxième moitié du XVIIIe siècle en France : aux origines des premiers traités de médecine légale », *Annales de Bretagne et des pays de l'Ouest*, 1979, 86-2, p. 231-250.
Lécuyer Bernard, « Les maladies professionnelles », *Annales d'hygiène publique*, puis *Le Mouvement social*, juillet 1983, p. 45-69.
Ledermann François, « La notion de poison, la médecine légale et la pharmacie du XVIe au XVIIIe siècle : Esther Fischer-Homberger, Vertiftungen in der Gerichtsmedizin von 16, bis zum 18. Jahrhundert in Bulletin des médecins suisses, 1980, 61 », *Revue d'histoire de la Pharmacie*, 1981, 250, p. 200-201.
Lenoir Rémi, « La notion d'accident du travail : un enjeu de lutte », *Actes de la recherche en sciences sociales*, 1980, 32-33, p. 77-88.
Léonard Jacques, « Les relations entre le corps médical et les instances administratives locales en France de 1803 à 1892 », *Société française d'Histoire de la médecine*, séance du 25 juin 1988.

Léonard Jacques, « La médicalisation de l'État : l'exemple des premières décennies de la IIIe République », *Annales de Bretagne et des pays de l'Ouest,* 1979, 86-2, p. 313-320.

Léonard Jacques, « Les études médicales en France entre 1815 et 1848 », *Revue d'histoire moderne et contemporaine*, 1963, p. 87-94.

Le Gall Yvon, « La préparation de la loi de 1898 », *Revue Histoire des accidents du travail*, n° 10 et n° 11, 1er et 2e semestres 1981, 243 p. et 127 p.

Michard Claire-Élise, « Les accidents, fléaux méconnus en agriculture. De la solidarité facultative à la solidarité obligatoire : pour une histoire sociale du monde agricole », *Ruralia*, revue de l'Association des ruralistes français, Varia, 14, 2004, 15 p.

Ministère du Commerce, de l'Industrie et des Colonies (Direction du Commerce intérieur), *Bulletin de l'inspection du travail et de l'hygiène industrielle*, 1893-1936.

Murard Lion, Zylbermann Patrick, « Heurs et malheurs de la santé publique en France (1848-1945) », *Horizontes, Bragança Paulista*, juillet/décembre 2004, volume 22, n° 2, p. 205-218.

Napias Henri (Dr), « Enquête sur les modifications à apporter aux lois sur le travail dans l'industrie », *Revue générale d'administration*, 1866.

Omnès Catherine, Rosanthal Paul-André, « Les maladies professionnelles XIXe-XXe siècle », *Revue d'histoire moderne et contemporaine*, 2009, 1, n° 56.

Pernot Jean-Marie, Tuchszirer Carole, « Républicains, socialistes et syndicalistes face à la solidarité (1890-1910) : l'introuvable consensus », *Revue de l'IRES*, 30, 1999/2, p. 1-36.

Perrot Annick, « Pasteur et l'environnement microbien », *Revue Médecine et Armées*, volume 23, n° 7, 1995, p. 594-602.

Porret Michel, « Crimes et châtiments. L'œil du médecin légiste », *Revue Dix-huitième siècle*, 1998, 30, p. 37-50.

Renard Didier, « Intervention de l'État et genèse de la protection sociale en France (1880-1940) », *Lien social et Politique*, n° 33, printemps 1995, p. 13-26.

Rolle Pierre, « Les ouvriers de la médecine du travail », *Revue française de sociologie*, 1962, 3-3, p. 316-324.

Rosantal Paul-André, Omnès Catherine, « L'histoire des maladies professionnelles, au fondement des politiques de "santé au travail" », *Revue d'histoire moderne et contemporaine*, vol. 56-1, n° 1, 2009, p. 5-11.

Seignan Gérard, « L'hygiène sociale au XIXe siècle : une physiologie sociale », *Revue d'histoire du XIXe siècle*, 2010, 1, 40.

Schnapper Bernard, « La correction paternelle et le mouvement des idées au dix-neuvième siècle (1789-1935) », *Revue historique*, 263, avril-juin 1980, p. 320-349.

Viel Claude, « Des accidents dans les laboratoires de chimie au XIXe siècle », *Revue d'histoire de la pharmacie*, LIII, n° 346, 2e trimestre, 2005, p. 175-186.

Thoemmes Jean, « La construction du temps de travail : normes sociales ou normes juridiques », *Droit et société*, 1999, 41, p. 15-32.

Wolf Francis, « Les Conventions internationales du travail et la succession d'États », *Annuaire français de droit international*, 1961, 7, p. 742-751.

LES OUVRAGES GÉNÉRALISTES

Dreyfus Michel, 1987, *Les sources de l'histoire ouvrière, sociale et industrielle en France (XIXe-XXe)*, Paris, édition ouvrière.

Dupâquier Jacques, 1995, *Histoire de la population française*, tome III : de 1789 à 1914, Paris, Quadrige, PUF.

Lévy-Leboyer Maurice, 1996, *Histoire de la France industrielle*, Paris, Larousse-Bordas.

Pic Paul, 1894, *Traité élémentaire de législation industrielle*, Paris, Arthur Rousseau.

Taton René (sous la direction de), 1957, *Histoire générale des sciences : La science contemporaine – Le XIXe siècle*, Paris.

Willard Claude (sous la direction), 1995, *La France ouvrière*, Paris, Les éditions de l'Atelier, tome 1, Des origines à 1920.

HISTOIRE, HISTOIRE POLITIQUE ET INSTITUTIONNELLE

Antonetti Guy, 1986, *Histoire contemporaine politique et sociale*, Paris, PUF.

Azéma Jean-Pierre, Winock Michel, 1970, *La IIIe République*, Paris, Calmann-Lévy.

Barjot Dominique, Chaline Jean-Pierre, Encrevé André, 1998, *La France au XIXe siècle*, 1814-1914, Paris, PUF.

Chagnollaud Dominique, 2005, *Droit constitutionnel contemporain, le régime politique français*, tome 2, 4e édition, Paris, Armand Colin.

Charle Christophe, 1987, *Les Élites de la République (1880-1900)*, Paris, Fayard.

Chastenet Jacques, 1952, *Histoire de la IIIe République*, 3 volumes, Paris, Hachette.
Delafosse Jules, 1904, *Psychologie du député*, Paris, Plon-Nourrit et Cie.
Denis Henri, 1966, *Histoire de la pensée économique*, Paris, PUF.
Duby Georges (sous la direction de), 1983, *Histoire de la France urbaine*, Paris, éditions du Seuil, volume 4, La ville de l'âge industriel : le cycle haussmannien.
Duby Georges, Wallon A., 1972, *Histoire de la France*, III, Paris, Larousse, contribution Histoire de France, Paris, Belin.
Duby Georges, Wallon A., 1976, *Histoire de la France rurale*, Paris, éditions du Seuil, volume 3.
Durand Paul, 1953, *La politique contemporaine de Sécurité sociale*, Paris, Dalloz.
Ellis Jack D., 1990, *The physician-legislators of France, Medicine and politics in the early Third Republic 1870-1914*, Cambridge, University press.
Eugène Pierre, Jules Poudra, 1885, *Traité pratique de droit parlementaire*, Paris, A. Quantin.
Gallois Léonard, 1849-1850, *Histoire de la révolution de 1848*, Paris, Naud et Gourju.
Garrigues Jean (sous la direction de), 2002, *Les groupes de pression dans la vie politique contemporaine en France et aux États-Unis de 1820 à nos jours*, Collection Carnot, PUR.
Gauchet Marcel, 2007, *L'avènement de la démocratie (I). La révolution moderne*, Paris, Gallimard.
Gaudillère Bernard, 1995, *Atlas historique des circonscriptions électorales françaises*, Paris, Droz.
Girard Louis, Prost Antoine, Gossez Rémi, 1967, *Les conseillers généraux en 1870*, Paris, PUF.
Girardet Raoul, 1983, *Le nationalisme français*, Anthologie, 1871-1914, Paris, éditions du Seuil, Points Histoire.
Goguel François, 1946, *La politique des partis sous la IIIe République*, Paris, Seuil.
Guerlain de Guer Albert, 1903, *La protection de la santé publique. Les pouvoirs des maires et la loi du 15 février 1902*, Caen, Henri Delesques imprimeur-éditeur.
Haucour Louis d', 1893, *Gouvernements et ministères de la IIIe République française (Du 4 septembre 1870 au 1er juillet 1893)*, Paris, Paul Dupont éditeur.

Mayeur Jean-Marie, 1984, *La vie politique sous la IIIe République, 1870-1940*, Paris, éditions du Seuil.

Mayeur Jean-Marie, 1973, *Les débuts de la IIIe République, 1871-1898*, Paris, éditions du Seuil.

Nordmann Jean-Thomas, 1977, *La France radicale*, Paris, Gallimard.

Olszack Norbert, 1999, *Histoire du droit du travail*, Paris, PUF, collection « Que sais-je ? ».

Pinet Marcel, 1993, *Histoire de la fonction publique*, Paris, Nouvelle librairie de France, 3 volumes.

Poutrin Isabelle, 1995, *Le XIXe siècle. Science, politique et tradition*, Paris, éditions Berger-Levrault.

Reybaud Louis, 1849, *Études sur les réformateurs ou socialistes modernes*, Paris, Michel-Lévy frères.

Rollet-Échallier Catherine, 1990, *La Politique à l'égard de la petite enfance sous la IIIe République*, Paris, PUF.

Rosanvallon Pierre, 1995, *La nouvelle question sociale, Repenser l'État-providence*, Paris, Seuil-Points.

Rosanvallon Pierre, 1992, *La crise de l'État-providence*, Paris, éditions du Seuil.

Salmon Frédéric, 2001, *Atlas de la France, 1848-2001*, Paris, Seuil.

Seignobos Charles, Lavisse Ernest, 1933, *Histoire de France contemporaine. Tome VII. Le déclin de l'Empire et l'établissement de la IIIe République (1859-1875)*, Paris, Hachette.

Thuillier Guy, 1976, *La vie quotidienne dans les ministères au XIXe siècle*, Paris, Hachette.

Villeneuve-Bargemont Alban (de), 1834, *Économie politique chrétienne ou Recherches sur les causes du paupérisme en France et en Europe, et sur les moyens de le soulager et de le prévenir*, Paris, Paulin, 3 volumes.

Willard Claude, 1965, *Le Mouvement socialiste en France 1893-1905. Les guesdistes*, Paris, éditions sociales.

Winock Michel, 2003, *La France politique*, éditions du Seuil.

HISTOIRE SOCIALE ET ÉCONOMIQUE

Audier Serge, 2010, *La pensée solidariste : aux sources du modèle social républicain*, Paris, PUF.

Augé-Laribie Michel, 1940, *La politique agricole de la France de 1880 à 1940*, Paris, PUF.

Baumé A., 1899, *Recueil des lois ouvrières*, Paris, Imprimerie économique.

Beaumont Gaston, 1901, *L'industrie cotonnière en Normandie, son histoire sous les différents régimes douaniers*, Paris, A. Rousseau.

Beaune Jean-Claude, 1993, *Le vagabond et la machine. Essai sur l'automatisme ambulatoire, médecine, technique et société, 1880-1910*, Paris, Champ Vallon.

Beltran Alain, 1998, *Un siècle d'histoire industrielle en France. Industrialisation et sociétés, 1880-1970*, Paris, SEDES.

Bergeron Louis, Castel Patrick, 2015, *Sociologie politique de la santé*, Paris, PUF, collection « Quadrige Manuels ».

Bergeron Louis, 1992, *L'industrialisation de la France au XIXe siècle*, Paris, SEDES.

Bonnef Léon & Maurice, 1908, *La vie tragique des travailleurs, enquêtes sur la condition économique et morale des ouvriers et ouvrières d'industrie*, Paris, J. Rouff, DL.

Borin-Fournet J., 1893, *La Société moderne et la question sociale*, Paris, Guillaumin.

Bouquet Louis, 1885, *Le travail des enfants et des filles mineures dans l'industrie, loi du 19 mai 1874*, Paris, Librairie administrative Berger-Levrault & Cie.

Bras Pierre-Louis, Tabuteau Didier, 2012, *Les assurances maladie*, Paris, PUF.

Braudel Fernand et Labrousse Ernest, 1993, *Histoire économique et sociale de la France*, tome 4, 1880-1950, Paris, PUF.

Brégain Gildas, 2018, *Pour une histoire du handicap au XXe siècle, Approches transnationales (Europe, Amérique)*, Rennes, PUR, collection « Histoire ».

Bunel H., 1887, *Établissements insalubres, incommodes et dangereux. Législation*, Paris, André Daly fils et Cie.

Carsalade Yves, 2002, *Les grandes étapes de l'histoire économique*, Paris, éditions de l'École Polytechnique.

Cfdt réflexion, 1978, *Le Mouvement ouvrier, 1815-1977*, Montholon-Services.

Chailley-Bert Joseph, 1892, *L'impôt sur le revenu : législation comparée et économie politique*, Paris, Guillaumin.

Charle Christophe, 1991, *Histoire sociale de la France au XIXe siècle*, Paris, éditions du Seuil.

Clemenceau Georges (Dr), 1907, *La mêlée sociale*, Paris, G. Charpentier et E. Fasquelle.

Chevallier Émile, 1887, *Les salaires au XIXe siècle*, Paris, Hachette.

Comité Sciences sociales, 1998, *Solidarité. Léon Bourgeois. Sociologie*, Villeneuve-d'Ascq, Presses universitaires de Septentrion.

Congrès national des syndicats ouvriers, 1886, Congrès national des syndicats ouvriers, tenu à Lyon en octobre 1886, compte rendu officiel, Lyon, imprimerie nouvelle.

Conord Fabien, 2017, *Histoire du monde de 1870 à nos jours*, Paris, éditions Armand Colin.

Corneille A., 1873, *La Seine inférieure industrielle et commerciale. Étude historique, statistique et économique*, Rouen, Herpin.

Delabre Guy et Gautier Marie, 1988, *Vers une république du travail. J.B.A. Godin, 1817-1888*, Paris, éditions de la Villette.

Dewerpe Claude, 1989, *Le monde du travail en France 1800-1900*, Paris, Colin.

Diglio Carolina, Centrella Maria (sous la direction de), 2014, *Les tissus au fil des mots*, Paris, Hermann éditeurs, collection « Vertige de la langue ».

Dreyfus Michel (sous la direction de), 2009, *Les assurances sociales en Europe*, Rennes, PUR, collection « Pour une histoire du travail ».

Dreyfus Michel, 2001, *Liberté, égalité, mutualité : mutualisme et syndicalisme, 1852-1967*, Paris, les éditions de l'atelier, collection « patrimoine ».

Dubief Fernand, Jean-Baptiste (Dr), *À travers la législation du travail*, Paris, E. Cornély.

Dupeux Georges, 1964, *La société française, 1789-1960*, Paris, Armand Colin collection U, série « Histoire contemporaine » dirigée par René Rémond.

Duprat Catherine, 1995, *Pour l'amour de l'humanité. Le temps des philanthropes*, tome I, Paris éditions du Comité des travaux historiques et scientifiques.

Ducpetiaux Édouard, 1843, *De la condition physique et morale des jeunes ouvriers et des moyens de l'améliorer*, Bruxelles, Méline, Cans et compagnie, tome premier.

Durkheim Émile, 1925, *L'éducation morale*, Paris, Félix Alcan.

Duroselle Jean-Baptiste, 1951, *Les débuts du catholicisme social en France (1822-1870)*, Paris, PUF.

Dutouquet Hippolyte Ernest (Dr), 1846, *De la condition des classes pauvres à la campagne ; des moyens les plus efficaces de l'améliorer*, Paris, Librairie de Guillaumin et Cie.

Ewald François, 1986, *L'État-providence*, Paris, Grasset.

Farcy Jean-Claude, 1999, Les accidents du travail dans le XIXe arrondissement de Paris en 1912 d'après les procès-verbaux de déclarations d'accidents du travail, Centre d'histoire de la

France contemporaine et d'étude des croissances, UMR 604. Institutions et dynamiques historiques de l'économie.

Figuier Louis, 1873-1877, *Les merveilles de l'industrie ou Description des principales industries modernes : industries chimiques. Le verre et le cristal, les poteries*, Paris, Furne, Jouvet.

Fillaut Thierry, 1983, *L'alcoolisme dans l'Ouest de la France pendant la seconde moitié du XIXe siècle*, Paris, La Documentation française.

Gavignaud Geneviève, 1990, *Les campagnes en France au XIXe siècle*, Paris, Ophrys.

Guillerme André, 2007, *La naissance de l'industrie à Paris. Entre sueurs et vapeurs 1780-1830*, Paris Champ Vallon.

Guitton Georges S. J., 1927, *Léon Harmel (1829-1915)*, Paris, éditions Spes.

Ichok Grégoire, 1931, *Le travail des malades et des infirmes*, Marcel Rivière.

Jourdet E., 1906, *Les habitations à bon marché : le rôle de l'ouvrier dans la société, les logements insalubres, la maison collective, la maison individuelle, l'ouvrier propriétaire*, Paris, Dujarric.

Lagneau Gustave (Dr), 1888, *Conditions démographiques amenant l'accroissement ou la diminution des familles*, Paris, G. Masson.

Le Play Frédéric, 1877-1879, *Les ouvriers européens : études sur les travaux, la vie domestique et condition morale des populations ouvrières de l'Europe* ; précédées d'un exposé de la méthode d'observation, tome 6, Tours, A. Mame et fils.

Le Roux Thomas, Lette Michel, Locher Fabien, 2011, Histoire des risques et des accidents industriels, France, Angleterre, fin XVIIIe-fin XIXe siècle, journée d'étude à Saint-Lambert des Bois (78470) (Centre Port Royal).

Mayeur Françoise, 2004, *Histoire de l'enseignement et de l'éducation, 1789-1930*, tome III, Paris, éditions Perrin, collection « tempus ».

Meyer Jean, 1989, *Histoire du sucre*, Paris, Desjonquères.

Moreau de Jonès A., 1856, *Statistiques de l'industrie de la France*, Paris, Guillaumin et Cie, Libraires.

Pansu Henri, 1957, Contribution à l'étude du patronat lyonnais : Claude Joseph Bonnet, fabricant de soieries (1786-1867), D.E.S., Université de Lyon (dir. P. Léon), (S.I.).

Paugam Serge, 2007, *Repenser la solidarité : l'apport des sciences sociales*, Paris, PUF.

Perrot Michèle, 1975, *Les ouvriers en grève, France : 1871-1890*, 2 volumes, thèse universitaire Paris I, Lille service de reproduction des thèses.
Perrot Michèle, 1972, *Enquête sur la condition ouvrière en France au XIXe siècle*, Paris, Hachette.
Poussou Jean-Pierre, 1992, *La croissance des villes au XIXe siècle*, Paris, SEDES.
Rainhorn Judith, 2014, *Santé et travail à la mine (XIXe-XXIe siècle)*, Villeneuve-d'Ascq, Presses universitaires du Septentrion.
Ramackers Paul, Vilboeuf Laurent, 1997, *L'inspection du travail*, Paris, PUF, collection « Que sais-je ? ».
Rioux Jean-Pierre, 1971, *La révolution industrielle (1780-1880)*, Paris, éditions du Seuil.
Reybaud Louis, 1859, *Études sur le régime des manufactures. Conditions des ouvriers en soie*, Paris, Michel Lévy, librairies-éditeurs.
Rousseau Max, 1939, *Le problème de l'enfance estropiée dans le monde. Législation, dépistage, traitement, éducation, enseignement professionnel, placement*, Le François.
Simon Jules, 1861, *L'ouvrière*, Paris, Librairie de L. Hachette et Cie.
Statistiques de la France, 1874, *Statistique sommaire des industries principales en 1873*, Paris, Imprimerie nationale.
Stiker Henri-Jacques, 2013, *Corps infirmes et sociétés.* Essais d'anthropologie historique, Paris, Dunod, coll. « Idem », 1re éd. 1982, 3e édition revue et augmentée.
Tallon Eugène, 1877, *La vie morale et intellectuelle des ouvriers*, Paris, Plon.
Trudeau Pierre, 2014, *Histoire de l'action sociale à Pantin du XVIIe au XXe siècle*, Paris, Karthala, collection « Tropiques ».
Vadot Napoléon, 1875, *Le Creusot : son histoire*, Le Creusot, Pautet.
Villermé Louis René, 1850, *Sur les cités ouvrières*, Paris, J. B. Baillière.
Villermé Louis René, 1849, *Des associations ouvrières*, Paris, Pagnerre.
Villermé Louis René, 1840, *Tableau de l'état physique et moral des ouvriers employés dans les manufactures de coton, de laine et de soie*, Paris, J. Renouard.
Villermé René, 18…, *Des sociétés de prévoyance ou de secours mutuels*, […]
Villermé fils, 1849, *Du droit au droit et du droit à l'assistance*, Paris, Guillaumin.

HYGIÈNE ET SANTÉ PUBLIQUES

Armengaud aîné, 1861-1862, *Traité théorique et pratique des moteurs à vapeur*, Paris, Armengaud aîné.

Bec Fortuné (Dr), 1906, *Les Pouvoirs du maire en matière d'hygiène (1798-1902)*, thèse de doctorat en médecine, Aix.

Bellom Maurice, 1906, *Les lois d'assurance ouvrière à l'étranger : Assurance contre l'invalidité*, Paris, A. Rousseau.

Bertillon Jacques (Dr), 1880, *La statistique de la France (naissance, mariage, mort)*, Paris, G. Baillière.

Bertillon Jacques (Dr), 1903, *Nomenclature des maladies, statistique de morbidité, statistique des causes de décès* : arrêtées par la Commission internationale chargée de réviser les nomenclatures nosologiques (18-21 août 1900) pour être en usage à partir du 1er janvier 1901 avec notices et annexes, Montevrain, Imprimerie typographique de l'école d'Alembert.

Bertillon Jacques (Dr), 1911, *La dépopulation de la France. Ses conséquences – Ses causes. Mesures à prendre pour la combattre*, Paris, Librairie Félix Alcan.

Bosredon Martial, 1900, *Histoire des assurances sur la vie : origines, développements en France*, Paris, Imprimerie Y Cadoret.

Boudia Soraya et Henry Emmanuel (dir.), 2015, *La mondialisation des risques. Une histoire politique et transnationale des risques sanitaires et environnementaux*, Rennes, PUR, collection « Res. Publica ».

Bourdelais Patrice (sous la direction de), 2001, *Les hygiénistes : enjeux, modèles et pratiques (XVIIIe-XXe siècles)*, Paris, Belin.

Bourgeois Léon, 1913-1919, *La politique de la prévoyance sociale. La doctrine et la méthode*, Paris, E. Fasquelle.

Bourgignat Auguste, 1858-1859, *Législation appliquée des établissements industriels... Traité complet d'après le dernier état des lois, de la doctrine et de la jurisprudence*, tome 1, Paris, V. Dalmont.

Buzzi Stéphane, et coll., 2006, *La santé au travail : 1880-2006*, Paris, éditions La Découverte.

Cavé Isabelle, 2016, *État, santé publique et médecine à la fin du XIXe siècle français*, Paris, éditions L'Harmattan, collection « Médecine à travers les siècles ».

Coleman William, 1982, *Death is a social disease. Public health and political economy in early industrial France*, Wisconsin, The University of Wisconsin Press.

Comiti Vincent-Pierre, 1994, *Histoire du droit sanitaire en France*, Paris, PUF.

Corbière Marc, Durand Marie-José (sous la direction de), 2011, *Du trouble mental à l'incapacité au travail. Une perspective transdisciplinaire qui vise à mieux saisir cette problématique et à offrir des pistes d'intervention*, Québec, Presses de l'Université du Québec.

Csergo Julie, 1988, *Liberté, égalité, propreté. La morale de l'hygiène au XIXe siècle*, Paris, Albin Michel.

Descieux Louis-Cyprien (Dr), 1865, *Influence de l'état moral de la société sur la santé publique*, Paris, Jacques Lecoffre, libraire-éditeur.

Foucault Michel, 1970-1975, 1994, *Dits et écrits*, 1954-1988, Paris, Gallimard, tome II.

Freycinet Charles Louis de Saulces de, 1866, *Rapport sur l'assainissement industriel et municipal en France*, Paris, Dunod.

Freycinet Charles Louis de Saulces de, 1870, *Traité d'assainissement industriel comprenant la description des principaux employés dans les centres manufacturiers de l'Europe occidentale pour protéger la santé publique et l'agriculture contre les effets des travaux industriels*, Paris, Dunod.

Frioux Stéphane, Fournier Patrick, Chauveau Sophie, 2011, *Hygiène et santé en Europe : de la fin du XVIIIe siècle aux lendemains de la Première Guerre mondiale*, Paris, SEDES.

Fureix Emmanuel, Jarrige François, 2015, *La modernité désenchantée : relire l'histoire du XIXe siècle français*, Paris, éditions La Découverte.

Gollac Michel, Volkoff Serge, Thébaud-Mony Annie, Vézina Michel (collectif), 2006, *Santé et travail. Déni, visibilité et mesure, Actes de la recherche en sciences sociales*, n° 163, Paris, éditions du Seuil.

Guilbert Françoise, *Le pouvoir sanitaire. Essai sanitaire sur la normalisation hygiénique*, thèse de doctorat en droit, Strasbourg 3.

Hatzfeld Henri, 1971, *Du paupérisme à la sécurité sociale en France, 1850-1940*, Paris, Armand Colin.

Jarrige François, *Le Roux Thomas, 2017, La contamination du monde. Une histoire des pollutions à l'âge industriel*, Paris, éditions Le Seuil.

Lanane Massika, 2016, *Travail et santé*, Paris, éditions universitaires européennes.

Lauwerys R. Roberts, 2007, *Toxicologie industrielle et intoxications professionnelles*, Paris, éditions Elsevier Masson.

Le Roux Thomas, 2016, *Risques industriels. Savoirs, régulations, politiques d'assistance*, fin XVIIe – début XXe siècle, Rennes, PUR.
Napias Henri, 1882, *Manuel d'hygiène industrielle comprenant la législation française et étrangère et les prescriptions les plus habituelles des conseils d'hygiène et de salubrité relatives aux établissements insalubres, incommodes et dangereux*, Paris.
Napias Henri et Martin A. J., 1882, *L'étude et le progrès de l'hygiène en France de 1878 à 1882*, Paris, G. Masson.
Peschaud Marcel, 1898, *De l'intervention de l'état en matière d'hygiène publique*, Paris, Lamullet et Poisson.
Pillon Thierry, 2012, *Le corps à l'ouvrage*, Paris, Stock, collection « Un ordre d'idées ».
Salomon Christian, 2016, *La condition corporelle*, Paris, éditions L'Harmattan, collection « Ouverture philosophique ».
Salomon-Bayet Claire, 1986, *Pasteur et la révolution pastorienne*, Paris, Payot.
Varachin Denis, 2007, *Risques et prises de risques dans les sociétés industrielles*, Bruxelles, P. Lang.
Vigarello Georges, 2005, *Histoire du corps. De La Renaissance aux Lumières*, Paris, éditions du Seuil.
Vigarello Georges, 1999, *Histoire des pratiques de santé : le sain et le malsain depuis le Moyen-Âge*, Paris, éditions du Seuil.

MÉDECINE, HÔPITAUX ET MALADIES

Ackernecht Erwin H., 1967, *Medicine at the Paris Hospital, 1794-1848*, Baltimore, Johns Hopkins University Press.
Beauchamp Chantal, 1990, *Délivrez-nous du mal ! Épidémies, endémies, médecine et hygiène au XIXe siècle dans l'Indre, l'Indre-et-Loire et le Loir-et-Cher*, Maulévier, Hérault-éditions.
Billiard Isabelle, 2001, *L'histoire de la psychoclinique du travail*, Paris, La Dispute.
Bound Alberti Fay, 2016, *This Mortal Coil: The Human body in history and culture*, Hardcover, Oxford University Press.
Brouardel Paul et Thoinot Léon-Henri, 1895, *La fièvre typhoïde*, Paris, Librairie J. B. Baillière et fils.
Brouwer De Christophe, 1997, *La médecine dans l'entreprise*, Paris, De Boeck Université.
Corbin Alain (sous la direction de), 2011, *Histoire du corps. De la Révolution à la Grande Guerre*, Paris, Points, collection « Points Histoire ».

Defrance Léonard, Tomsin Philippe, 2005, *Les broyeurs de couleurs, leur métier et leurs maladies*, Liège, Céfal.

Falzon Pierre, 2004, *Ergonomie*, Paris, PUF, Hors collection.

Faure Olivier, 1993, *Les Français et leur médecine au XIXe siècle*, Paris, Belin.

Faure Olivier, 1994, *Histoire de la médecine en France (XVIIIe-XXe siècles)*, Paris, Anthropos.

Faure Olivier, 2015, *Aux marges de la médecine. Santé, souci de soi, France XIXe siècle*, Aix-en-Provence, Presses universitaires de Provence, Collection « Corps et âmes ».

Faure Olivier, Dessertine Dominique (préface de Maurice Garden), 1994, *La maladie entre libéralisme et solidarités*, Paris, Mutualité française.

Foucault Michel, 2014, *Archéologie du savoir*, Paris, éditions Gallimard.

Gérault Christian, 1995, *L'essentiel des pathologies professionnelles*, Paris, Ellipses.

Guillemin Michel, 2011, *Les dimensions insoupçonnées de la santé au travail*, Paris, éditions L'Harmattan.

Hunter Mary, 2016, *The face of medicine: Visualising medical masculinities in late nineteenth century*, Paris, Hardcover, Manchester University Press.

Léonard Jacques, 1977, *La vie quotidienne du médecin de province au XIXe siècle*, Paris, Hachette.

Léonard Jacques, 1978, *Les médecins de l'Ouest au XIXe siècle*, Paris, diffusion H. Champion, 3 volumes.

Macsotay Tomas, Van Der Haven Cornelis, Vanhaesebrouck Karel, 2017, *The hurt(ful) body. Performing and Beholding Pain*, 1600-1800, Engelska, Manchester University Press.

Obers Maurice François Joseph, 1905, *Étude médico-légale sur la relation entre les maladies professionnelles et les accidents du travail*, Thèse de médecine, Lille, Vve Masson.

Poirier Jacques, Derouesné Christian, 2017, *L'éducation médicale en France, de la Révolution à nos jours*, Paris, Hermann.

Queiroz Suelen, 2014, *Traité de toxicologie professionnelle*, Paris, Kindle éditions.

Rochard Jules, 1888, *Traité d'hygiène sociale*, Paris, Adrien Delaye et Émile Lecrosnier.

Slama Rémy, 2017, *Le mal du dehors : l'influence de l'environnement sur la santé humaine*, Versailles, éditions Quae.

Sournia Jean-Charles, 1991, *Histoire de la médecine et des médecins*, Paris, Larousse.

Stanback B. Emily, 2016, *The Wordsworth-Coleridge Circle and the Aesthetics od Disability*, Hardcover, Palgrave Macmillan.

Tresfont Émile, 1911, *Les maladies professionnelles, prévention et réparation*, Montpellier, impr. Montane, Sicardi et Valentin, thèse de doctorat Sciences politiques et économiques.

Waltraud Ernst (éd.), 2016, *Work, Psychiatry, and Society 1750-2010*, Hardcover, Manchester University Press.

ANNEXE 1

Modernisation de la France au XIXe siècle

1/ INDUSTRIES, IMPLANTATIONS, DÉPÔTS DE BREVETS, INVENTIONS[185]

*** Industries, productions et fabrications**

1801. Présentation à Lyon du premier métier à tisser par Joseph-Marie Jacquard supprimant le tirage et l'intervention des compagnons servants.

1803 (25 février). Construction de l'École nationale supérieure des arts et métiers à Compiègne transférée à Châlons-sur-Marne en 1806.

1806. Création d'une maison de parfumerie, à Paris, par Jean-Marie Farina descendant direct de l'inventeur de la célèbre eau de Cologne.

1806 (20 juin). Visite officielle de Napoléon dans la manufacture de toiles à Jouy-en-Josas d'Oberkampf réputée pour la fabrication de ses « indiennes » (félicitations et décoration de l'artisan).

1807. Création d'une manufacture de pianos, à Paris, par Ignaz Pleyel.

1808 (1er janvier). Mise en application du Code de commerce.

1810. Essor de la soude artificielle : trente-trois usines dont treize sont créées en 1809-1810. Quatorze se trouvent dans les Bouches-du-Rhône pour les savonneries de Marseille.

1810 (29 novembre). Un décret sera complété par celui du 21 janvier 1811 rétablit en son entier le monopole de la fabrication et de la vente du tabac.

[185] Éléments chronologiques de la société française au XIXe siècle repris dans *L'Almanach des Français*, Encyclopædia Universalis, Tome 1 : « Traditions et variations de 987 à 1880 » (p. 243-316), Tome 2 : « La France républicaine de 1881 à nos jours » (p. 5-44) d'un ouvrage paru en novembre 1994.

1816. Malgré l'interdiction d'exportation par les Anglais, Thomassin parvient à se procurer une machine à fabriquer le tulle et à l'installer dans son usine de Douai. Une seconde machine sera introduite en 1817 à Calais.

1818. Création de la papeterie de Villette à Corvol-L'Orgueilleux dans la Nièvre. Ce sera l'une des plus importantes de France employant jusqu'à cent soixante ouvriers en 1885. Elle produira 1200 à 1500 tonnes de papier par an. L'usine fermera ses portes en 1971.

1818. Première manufacture française d'encre d'imprimerie industrielle, fondée à Paris, par Pierre Lorilleux le Père.

1820. Application du procédé de stérilisation d'Appert à la préparation des sardines en boîte par le confiseur, d'origine nantaise, Joseph Colin. Il installera une usine rue des Salorges en 1824 ; bientôt copié par François Deffès qui associe la cuisson des sardines dans l'huile avec l'ébullition des boîtes après soudure. Les conserves de Nantes s'exportent à l'autre bout du monde, elles nourrissent les chercheurs d'or d'Australie et de Californie.

1820. Développement, de l'industrie de l'aiguille, à L'Aigle par Van Houten et Pierre Adam dans l'usine de Nérouvel.

1820. Fondation de la faïencerie à Gien (département du Loiret).

1823 (25 août). Présentation de la première poupée parlante à l'exposition des produits de l'industrie devant les Parisiens.

1824. Apparition de la technique du puddlage à la houille à Raismes (Nord).

1824. Publication des *Réflexions sur la puissance motrice du feu et les machines propres à développer cette puissance* par Sadi-Carnot.

1824 (12 juillet). Dépôt du brevet de saponification des suifs par Eugène Chevreul en collaboration avec Gay-Lussac, en 1825, de l'étendre à la fabrication industrielle de bougies stéariques.

1824 (octobre). Ouverture du premier magasin de confection de série, *La Belle Jardinière*, fondée par Pierre Parissot. L'industrie du vêtement de confection connaîtra une extension considérable au détriment des tailleurs à partir de 1850.

1825. Fondation de la maison Fichet qui porte le nom de son créateur l'ouvrier Alexandre Fichet. En 1840, Fichet invente le coffre-fort en métal à double paroi. En 1846, il dépose un brevet pour la première serrure à combinaisons à décompte sans boutons de commande apparents.

1825. Installation de la fonderie de chocolaterie, à Noisiel, région parisienne, dans un moulin par Jean-Antoine Brutus Menier qu'il avait déjà créé en 1816.

1825. Le duc Élie Decazes fait racheter des concessions minières à Firminy et à Lassalle. La première coulée de fonte sera fêtée le 24 décembre 1828. De 1831 à 1834, l'ingénieur François Cabrol créera le centre sidérurgique de Decazeville.

1825 (3 juin). Premier essai d'éclairage public au gaz, place Vendôme, à Paris.

1825 (décembre). Création à Mulhouse de la première Société industrielle française. Les manufacturiers de cette ville en font un instrument de promotion technique et scientifique, sociale et culturelle, construisant les plus anciens logements sociaux de France.

1826. Fabrication d'indigo artificiel par Guimet. Ce qui correspond à l'essor de la chimie en teinturerie.

1826 (11 mai). François Fauconnet fonde une société pour exploiter les eaux d'Évian.

1827 (avril). Benoît Fourneyron fait tourner la première turbine à Pont-sur-l'Ognon (département de la Haute-Saône) actionnant un laminoir et fournissant une énergie de 6 chevaux-vapeur sous une chute d'eau de 1,40 m.

1827 (novembre). Invention de l'engrenage différentiel par l'ingénieur mécanicien français Onésime Pecqueur qui permet aux roues d'un véhicule de tourner à des vitesses différentes.

1828. Création à Dijon de la première fabrique importante de pain d'épice : celle de Mulot et de Petitjean.

1828. Le célèbre parfumeur Guerlain s'installe à Paris rue de Rivoli.

1830. Démarrage progressif de l'industrie en France avec : 572 machines à vapeur, 29 hauts-fourneaux au coke, 379 au charbon de bois, 2 millions et demi de tonnes de houille.

1830. Débuts de l'industrie du caoutchouc à Clermont-Ferrand avec les frères Michelin appliquant ces procédés de fabrication à la bicyclette et à l'automobile.

1834. Modernisation de la ganterie à Grenoble. Le fabricant, Xavier Jouvin, met au point trente-deux modèles ou calibres correspondant aux principales tailles et inventera en 1838 l'emporte-pièce qui permet la fente automatique. Ce qui incite François Pinet, fabricant de chaussures à Châteaurenard (département des Bouches-du-Rhône), à employer la même technique pour le pied : créant la pointure.

1835. Essor de l'industrie de la maroquinerie avec la création du porte-monnaie au profit de la bourse tissée.

1836. Eugène et Adolphe Schneider reprennent l'ancienne fonderie royale du Creusot (Saône-et-Loire) qui devient le premier centre métallurgique français.

1837. Frédéric Kuhlmann achète à La Madeleine près de Lille un terrain de 2 hectares sur lequel se trouve une petite usine de produits chimiques. C'est le point de départ d'un véritable empire industriel. L'usine couvrira 27 hectares en 1914.

1842. Fabrication des premières cigarettes françaises à la manufacture parisienne du Gros-Caillou. Il s'en vendra 10 millions en 1867, 400 millions en 1876, 1 milliard et demi en 1898.

1843. Construction d'une manufacture de tissage au Vert Galant qui emploiera trois mille cinq cents ouvriers à sa mort en 1867. Essor de la ville de Tarare (département du Rhône) grâce à Jean-Baptiste Martin.

1843. Première grande filature créée, à Roubaix, par Louis Motte-Bossut.

1844 (15 février). Création à Paris de la première grande gare de marchandises couvrant 14 hectares aux Batignolles.

1849. Fusion de deux sociétés similaires (fondées en 1834 et en 1835) de l'entreprise des Hauts-Fourneaux, forges et aciéries de Denain et Anzin.

1850. Début, à Dijon, de la fabrication industrielle de la moutarde chez Grey (production de 50 kilogrammes par jour).

1850. Première fabrication de bottines dans une usine à Blois.

1851. Première construction d'une maison en béton par François Coignet à Saint-Denis.

1851. Fabrication à Roubaix des premiers rubans de peigné à l'usine Prouvost.

1851 (15 septembre). Pose de la première pierre des nouvelles Halles de Paris par l'architecte parisien Victor Baltard.

1855 (2 mai). Lois sur la propriété industrielle et sur les grands travaux de Paris.

1856. Développement de la lunetterie à Morez, dans le Jura, qui compte huit cents fabricants.

1857. Fabrication industrielle de baleines et de cerceaux de crinoline en acier par les frères Peugeot à Beaulieu, près de Héricourt. Ils étendent leur production aux tournures et aux corsets.

1859. Création d'une usine destinée à la fabrication industrielle des composés minéraux utilisés en photographie et en thérapeutique, par le pharmacien Étienne Poulenc à Ivry-Port en région parisienne.

1869. Industrialisation de Dijon avec la création de la manufacture de Biscuits Pernot, qui atteindra une dimension nationale dès 1886, puis la fabrique d'encres de J. Gardot et celle de bleu d'outre-mer de

Louis Robelin, autres entreprises dijonnaises d'importance sur la même période.

1871. Essor de l'industrie de la chaussure à Limoges avec l'importation de machines Bata permettant de monter et de coudre mécaniquement les semelles.

1875. Début de la substitution de la mouture du blé par cylindres à celle par meules. Cette technique industrielle complexe condamne les petites entreprises au profit des grandes minoteries.

1876. Mise au froid de la conservation par Charles Tellier de la conservation de la viande par le froid (le trois-mâts le *Frigorifique* transportera la denrée alimentaire en cent cinq jours de Buenos Aires à Rouen).

1877. Implantation de la Société alsacienne de constructions mécaniques à Belfort.

1880. Premiers essais de la photographie par Antoine Lumière implanté dans le quartier Montplaisir, à Lyon, où il commence à fabriquer des plaques photographiques au gélatino-bromure. En 1885, son usine fabriquera 110 000 douzaines de plaques par an. En 1905, il emploiera 294 personnes payées au mois et 647 à la journée.

1880. Découverte de la piézoélectricité par les frères Pierre et Jacques Curie.

1881 (1er août). Exposition internationale de l'électricité à Paris au même moment de l'éclairage électrique des grands boulevards.

1885. Début de la production de vélocipèdes par la firme Peugeot dans ses usines de Valentigney, Terre-Blanche et Beaulieu (département du Doubs) qui emploient près de deux mille ouvriers.

1887 (janvier). Débuts de la construction de la tour Eiffel qui sera achevée en mars 1889.

1889 (2 avril). Grande inauguration de la tour Eiffel achevée. Les invités montent les 300 marches car les ascenseurs ne fonctionneront qu'à partir du 19 mai de l'année de l'inauguration.

1890. Ouverture, rue de la Paix, de la maison Paquin qui sera un des fleurons de l'industrie de la haute couture.

1895. Création de la Société chimique des usines du Rhône qui deviendra Rhône-Poulenc en 1928 avec l'absorption des Établissements Poulenc.

1895. Fondation de la Société des établissements Gaumont première grande firme de production de films avec Pathé en région parisienne.

1895. Début de l'industrie phonographique à Vincennes sous la direction de Charles et Émile Pathé.

1896 (25 octobre). Inauguration de la Verrerie ouvrière, d'Albi, créée grâce aux fonds des coopératives et syndicats ouvriers.

1897. Fondation à Sochaux (département du Doubs) de la Société des automobiles Peugeot par Armand Peugeot. Sa première automobile avait été fabriquée dès 1889. Parution du premier guide routier et de la première feuille de la carte au 1 : 400 000 publiés par le Touring-Club de France.

1900. Création des Chantiers de l'Atlantique à Nantes (Loire-Atlantique).

1900 (19 juillet). Mise en service de la ligne n° 1 du métropolitain parisien, de la porte de Vincennes à la porte Maillot.

1900 (9 octobre). Début de l'application industrielle du four électrique par Paul Louis Héroult, inventeur du four à arc qui permet la fabrication d'aciers de qualité supérieure.

*** Découvertes, inventions et brevets**

1803 (9 août). Robert Fulton fait une démonstration de son bateau à vapeur sur la Seine.

1804. Appert met au point la conservation des aliments par ébullition et chauffage au bain-marie dans des récipients en verre fermés hermétiquement. Il ouvre une usine, à Massy, en région parisienne, travaillant pour la marine.

1811. Pierre Figuier découvre les propriétés absorbantes et décolorantes du noir animal.

1817 (janvier). Introduction de l'éclairage au gaz à Paris. Un cafetier du passage des Panoramas est le premier utilisateur.

1819. Inauguration à La Roche-Guyon, sur la Seine, de la technique des ponts suspendus mise au point par l'ingénieur Marc Seguin. Il l'appliquera au Rhône en 1824 à Tournon.

1819 (14 mai). Découverte de sel gemme à Vic qui contribue au développement de l'industrie chimique en Lorraine dans la vallée de la Seille.

1823. Fabrication de capsules au fulminate par Gévelot. En 1836, naîtra l'industrie des cartouches pour armes de chasse se chargeant par la culasse.

1827 (13 décembre). Brevet de la chaudière tubulaire déposé par Marc Seguin.

1830 (17 juillet). Brevet d'invention de la machine à coudre pris par Barthélemy Thimonnier.

1832. Mise au point de l'hélice à pales par Frédéric Sauvage qui permet de supprimer les roues à aubes.

1836 (11 juin). L'industriel, François Cavé, dépose le premier marteau-pilon à vapeur.

1839. Réseau de distribution d'eau à Poitiers et début de l'éclairage public au gaz (1845). Progrès technique qui se développe en province.

1841. Charles Christofle introduit en France les procédés anglais de dorure et d'argenture pour l'orfèvrerie à laquelle son nom restera attaché.

1846 (2 février). Brevet de fabrication du parpaing déposé par Jean-Aimé Balan.

1847 (4 septembre). Invention par Hippolyte Marinoni d'un châssis à réaction à quatre cylindres qui quadruple la vitesse d'impression de *La Presse*. Elle permet, aussi, d'accroître le format du journal qui passe de 35 cm x 23 cm à 62 cm x 42 cm.

1848. Mise au point du ciment armé par l'ingénieur français Joseph Lambot.

1853 (2 septembre). Brevet de fabrication de la tôle ondulée pris par Pierre Carpentier.

1858. Début des travaux du tunnel du Mont-Cenis pour le percement duquel on emploiera la perforatrice à air comprimé (le marteau-piqueur) inventée par Germain Sommeiller. Ces travaux dureront douze ans.

1860. Ferdinand Carré invente le premier réfrigérateur domestique employant le gaz d'ammoniac comme réfrigérant. En 1862, sa glacière ou machine à fabriquer la glace en quantité industrielle sera très remarquée à l'Exposition universelle de Londres.

1866 (juin). Invention par Georges Leclanché d'une pile « économique à acide insoluble ». La pile Leplanché a très vite diffusion (elle existera sous forme alcaline dès 1881).

1867. Hippolyte Marinoni met au point la rotative pour *Le Petit Journal* dont les cylindres impriment en continu.

1869 (28 septembre). Première utilisation mondiale, par conduite forcée, d'une chute d'eau des Alpes sur le flanc est du Grésivaudan (département de l'Isère) pour produire de l'électricité. C'est l'œuvre de l'ingénieur et papetier Aristide Bergès.

1874 (13 juin). Brevet de fabrication du verre trempé pris par François Royer de La Bastie et complété par un autre brevet le 6 juillet.

1879 (juillet). Paris est la première ville au monde à se doter d'un réseau téléphonique suivie par Mulhouse en 1880.

1883 (1er février). Première coulée d'acier obtenue par le procédé Thomas de déphosphoration de la fonte aux usines de Wendel à Hayange.

1883 (6 février). Transport à distance de l'électricité par Marcel Deprez sur 20 kilomètres à Paris dans les locaux des Chemins de fer du Nord. Le 26 octobre 1885, il actionnera de Creil des machines électriques se trouvant à Paris dans une usine du quartier de la Chapelle.

1885. Invention de la bougie d'allumage électrique – élément indispensable du moteur automobile par Étienne Lenoir.

1886. Le physicien Paul Louis Héroult met au point la fabrication par électrolyse de l'aluminium dans son usine de Froges (Isère) ; jetant les bases de l'industrie de l'aluminium.

1887 (29 janvier). Inauguration de la ligne télégraphique Paris-Bruxelles.

1889 (20 avril). Brevet de fabrication de la soie artificielle déposé par le comte Hilaire Louis Bernigaud de Chardonnet qui crée une usine pour l'exploiter à Près-de-Vaux non loin de Besançon.

1892 (12 décembre). Le pharmacien et chimiste, Henri Moissan, met au point avec Violle un four électrique pouvant atteindre 3 000 °C.

1897 (2 juillet). Essai à Choisy-le-Roi du *Travailleur sous-marin* de Piatti del Pozzo et Delisle, sphère métallique formant cloche à air permettant de travailler sous l'eau à l'aide de leviers.

1898. Première liaison sans fil mondiale entre la tour Eiffel et le Panthéon, réalisée, par Eugène Ducretet et Ernest Roger.

1899. Construction du premier véritable submersible capable de naviguer en haute mer, baptisé le *Narval*, conçu par Maxime Lebeuf.

2/ AGRICULTURE, CULTURES, MACHINISME, PISCICULTURE ET FORÊTS[186]

1810. Création en Alsace de la première fabrique française de fécule de pomme de terre. D'autres apparaîtront en 1830 dans les Vosges, l'Oise et la Seine. Chambry commence la culture industrielle de champignons de Paris à la limite de la commune de Malakoff.

1811. Introduction du cresson par Cardon, maraîcher à Saint-Léonard, entre Senlis et Chantilly dans la vallée de la Nonette, qui fait

[186] Éléments chronologiques de la société française au XIXe siècle repris dans *L'Almanach des Français*, Encyclopædia Universalis, Tome 1 : « Traditions et variations de 987 à 1880 » (p. 243-316), Tome 2 : « La France républicaine de 1881 à nos jours » (p. 5-44) d'un ouvrage paru en novembre 1994.

venir des ouvriers agricoles de Prusse pour aménager ses cressonnières artificielles.

1812 (2 janvier). Napoléon goûte, pour la première fois, du sucre de betterave dans la raffinerie installée en 1801 à Passy (Paris) par Benjamin Delessert.

1815. Débuts de la fabrication industrielle de la faux, Soult possède une usine à Toulouse qui en fabriquera 50 000 en 1819, 120 000 en 1827. Elle sera introduite, en Aveyron, en 1858.

1817. Diffusion de la mouture basse du blé (dite mouture américaine) à l'usage plus rapide et plus économique que la mouture ronde ou demi-ronde qui va mettre au point un nouveau type de charrue en 1820 qui se répand doucement en Limagne et en Poitou vers 1830, en Auvergne vers 1835, sur le plateau de Millevaches en 1880.

1818. Les premières batteuses mécaniques originaires d'Angleterre et de Suède sont utilisées dans l'est de la France grâce à l'agronome Alexandre Mathieu de Dombasle.

1819 Introduction en France des premiers porcs anglais de race Yorkshire.

1820. Utilisation des premières machines à battre en Haute-Marne à Joinville et à Montreuil.

1822 (24 juin). La moisson en Île-de-France se terminera à titre exceptionnel à la Saint-Jean.

1824. Fondation de l'École nationale des eaux et forêts de Nancy qui va jouer un rôle essentiel dans la rénovation et l'extension du patrimoine forestier.

1824 (1er septembre). Naissance de l'enseignement agricole grâce à l'initiative privée d'Alexandre Mathieu de Dombasle qui crée l'école de Roville près de Nancy (1830, création des premières fermes-écoles).

1825. Mise en vente de la première charrue métallique à avant-train et double brabant avec soc triangulaire et versoir hélicoïdal fabriquée par un maréchal-ferrant de l'Aisne qui s'appelle Fondeur.

1842. Organisation d'un élevage pour la reproduction des poissons par un pêcheur de la Bresse (département des Vosges) Joseph Remy. Un rapport de Milne-Edwards en 1850 attestera du succès de ses méthodes et provoquera la création d'un établissement de pisciculture au Loechlebrunn, sur un bras du Rhin, puis à Bartenheim près de Huningue.

1845. Premiers essais de conservation des légumes, par dessiccation, dus à Masson qui créera son usine à Paris rue Marbeuf (en 1848).

1856. Expansion du semoir mécanique dans les campagnes rurales.

1856. Fabrication d'un « locotracteur » à vapeur par Auguste-Bernard Albaret fondateur de la chambre syndicale des constructeurs de machines agricoles. En trente ans, il vendra plus de trois mille machines à vapeur et neuf mille machines à battre.

1856. Maurice Amieux crée une conserverie alimentaire à Nantes, place du Commerce, avec des succursales à Rennes et à Étel (mise en boîte des petits pois, champignons de couche, asperges, haricots verts, sardines, anchois, maquereaux).

1857. Début de l'utilisation des phosphates de Wissant (Pas-de-Calais) comme engrais.

1862. Introduction de la première machine à moissonner en Picardie.

1870 (19 février). Premier concours général agricole au palais de l'Industrie à Paris.

1872. Début de l'emploi des engrais chimiques en Picardie.

1878. Première moissonneuse-lieuse mise en service en Picardie.

1887. Création de la première laiterie coopérative française à Chaillé (Charente-Inférieure) par Eugène Biraud. En 1894, plus de quarante coopératives laitières ont été créées autour de Surgères, le mouvement s'étendra peu à peu au reste de la France. L'année suivante, en 1888, création de l'École d'industrie laitière de Mamirolle dans le Doubs.

1893 (octobre). Un laboratoire de pisciculture est installé dans la baie de La Trinité (département du Morbihan) qui élève des alevins de morues.

3/ SCIENCES, MÉDECINE, MALADIES, SANTÉ ET HYGIÈNE PUBLIQUES, DÉMOGRAPHIE, STATISTIQUES[187]

1801 (24 février). Création de l'internat des hôpitaux de Paris.

1801 (29 mai). Lancement par la circulaire ministérielle du 9-Prairial an IX de l'enquête sur l'état de la France (connue sous le nom de « Grands mémoires des préfets »), par Chaptal, ministre de l'Intérieur qui demande un inventaire complet de l'état du pays.

1802. Dans son manuel, *Manuel d'hygiène* le docteur en médecine J. Pissis prodigue conseils, dispositifs et savoirs relatifs à l'entretien de sa santé.

[187] Éléments chronologiques de la société française au XIXe siècle repris dans *L'Almanach des Français*, Encyclopædia Universalis, Tome 1 : « Traditions et variations de 987 à 1880 » (p. 243-316), Tome 2 : « La France républicaine de 1881 à nos jours » (p. 5-44) d'un ouvrage paru en novembre 1994.

1803 (10 mars). Loi qui organise les études et le doctorat en médecine.

1803 (11 avril). Loi qui réglemente l'exercice de la pharmacie. Six écoles sont prévues pour former les pharmaciens. Trois seront créées sous l'Empire à Paris, Montpellier et Strasbourg.

1810. Loi relative aux établissements insalubres, incommodes et dangereux pour lutter contre la pollution industrielle.

1815. Les guerres de la Révolution et de l'Empire depuis 1792 ont fait environ 1 300 000 morts (60 000 par an en moyenne). La démographie de la France de 1789 comptera 25 millions d'habitants et en 1815 30 millions.

1816 (septembre). Découverte de l'auscultation médiate par Laennec qui a inventé le stéthoscope.

1818. Le chimiste français Louis Jacques Thenard prépare de l'eau oxygénée pour la première fois.

1820 (20 décembre). Ordonnance portant création de l'Académie royale de médecine fondée par Antoine Portal.

1820. Les pharmaciens Joseph Pelletier et Joseph Bienaimé Caventou annoncent dans leurs *Recherches chimiques sur les quinquinas* qu'ils ont isolé la quinine (remède analgésique et antipaludique).

1820. Ampère découvre que les courants électriques agissent les uns sur les autres et crée une science nouvelle l'« électro-dynamique » c'est-à-dire l'électromagnétisme dont il énonce les lois.

1822 (27 septembre). Jean-François Champollion donne lecture à l'Institut de son mémoire sur les « hiéroglyphes phonétiques ».

1825. Début de l'établissement de la carte géologique de la France par Élie de Beaumont et Pierre Dufrénoy.

1829. Invention de l'écriture pour aveugles par Louis Braille.

1829. Premier numéro des *Annales de l'hygiène publique* qui incitent les citoyens à se laver, à nettoyer son habitat pour diminuer de moitié les maladies.

1830 (juillet). Premiers essais de vespasiennes à Paris sur les boulevards (double usage : affichage publicitaire et urinoir).

1832 (22 mars – fin septembre). Épidémie de choléra qui fera, officiellement, 18 402 morts à Paris dont le 16 avril le chef du gouvernement Casimir Perier.

1833. Conséquence de l'épidémie de choléra, la consommation d'eaux gazeuses se développe.

1835. Identification de l'insecte nuisible la chenille de la pyrale (papillon de nuit qui détruit la vigne). En 1840, Raclet procède à l'ébouillantage des souches du printemps (nouveau remède qui sera employé par la suite).

1835 (juillet). Épidémie de choléra, à Toulon, qui s'étend à toute la Provence puis au Languedoc et au Roussillon.

1837 (1er-15 février). L'épidémie de grippe en France tuera quarante personnes par jour à Paris.

1840. Le système métrique devient obligatoire presque un demi-siècle après sa création.

1845 (janvier). Premier numéro des *Annales de la charité* fondée par Armand de Melun. Elles s'appuieront, à partir de 1847, sur la Société d'économie qui s'efforce d'améliorer la condition des pauvres notamment par le logement ouvrier à bon marché.

1847. Diffusion de l'oïdium : champignon parasite des parties vertes de la vigne apparu dans les serres de Morgate (en Angleterre) en 1845 puis dans celles de Rothschild à Suresnes. En 1851, le parasite touchera le pays mais sera éliminé grâce au soufrage à partir de 1857.

1848 (jusqu'en 1869). Opérations d'assainissement de la Sologne.

1849. Retour du choléra qui va faire près de cent mille victimes en France. De mars à septembre (sur une période de six mois) il sévira à Paris où il causera la mort de 16 165 personnes.

1851. Première transfusion sanguine réalisée à Lyon sur une accouchée par le Docteur Devay.

1852. Invention de la seringue hypodermique par le médecin lyonnais Charles-Gabriel Pravaz.

1853. Découverte de l'aspirine par Charles Gerhardt à Montpellier.

1854 (juin). Début d'une nouvelle grave épidémie de choléra qui se prolongera en 1855. Le mal frappe sévèrement des régions nouvelles comme le Midi méditerranéen en causant la mort de cent cinquante mille personnes.

1854 (1er septembre). Ayant survécu au choléra, Proudhon écrit : « L'homéopathie m'a sauvé. » À cette époque, on compte à Paris cent cinquante médecins qui pratiquent l'homéopathie, plusieurs dispensaires et deux pharmacies exclusivement homéopathiques.

1854 (7 décembre). Ouverture d'une faculté des sciences à Lille dirigée par le doyen Louis Pasteur.

1857. L'habitude de fumer en public dans les cafés s'est imposée, comme le note l'auteur de l'*Histoire des cafés de Paris* : « Le cigare et la pipe ont tout envahi. »

1857. Introduction de la douche dans les casernes militaires. Elle sera étendue à la prison de Rouen, en 1876, puis appliquée aux internats des lycées.

1857 (2 novembre). Premier numéro du *Bulletin météorologique international de l'Observatoire de Paris.*

1858. À la demande des médecins-majors de l'armée, les villes de garnison vont être progressivement placées sous surveillance sanitaire en raison de l'expansion trop généreuse de la syphilis sous le Second Empire (période la plus concernée par la maladie sexuellement transmissible).

1861. Première mention de l'alcoolisme dans *L'Année scientifique et industrielle.* Cette maladie sera reconnue puis soignée tardivement sous la IIIe République.

1863. Apparition du phylloxéra, puceron d'origine américaine qui commence à ravager les vignes dans le Gard avant de détruire le vignoble français tout entier. La production de vin tombera de 70 millions d'hectolitres à 23 millions en 1889 et remontera à 67 millions qu'en 1907. Le vignoble sera sauvé par la greffe sur souche américaine à laquelle seule échappera la vigne de la Romanée-Conti.

1865. Louis Pasteur dépose un brevet pour la conservation des vins.

1865. Création de la première pharmacie mutualiste à Marseille.

1865 (22 septembre). Le choléra sévit à Paris 4 349 morts en deux mois.

1870. Arrivée du shampoing en France pour se laver les cheveux qui doit son origine étymologique anglaise à partir de l'hindi *champo* signifiant « masser », « pétrir » en 1877.

1873. Fondation de l'Union des sociétés de gymnastique de France. La première fête fédérale sera organisée en 1875.

1877 (7 mai). Fondation à Paris de la *Société française d'hygiène* suivie le 27 juin par celle de la *Société de médecine publique et d'hygiène professionnelle de Paris*. En 1881 et 1882 naîtront les sociétés d'hygiène publique de Bordeaux et de Rouen regroupant des ingénieurs et des médecins qui joueront une place importante à l'amélioration sanitaire des villes.

1878. Ouverture d'une faculté de médecine.

1878. Essor de Lamalou-les-Bains, au pied des Cévennes, séparée de Villecelle et érigée en commune. Ses eaux découvertes à la fin du XVIIe siècle sont exploitées pour le traitement des ataxiques.

1878 (14 mai). Création du Bureau central météorologique.

1879. Premier roman de science-fiction dominé par l'obsession de la guerre contre le microbe, *Les Cinq Cents Millions de la Bégum*. Jules Verne reprend les idées de Pasteur : « On lave les murs […]. Pas un germe morbide ne peut s'y mettre en embuscade. »

1879. Mise au point par Alphonse Bertillon de l'anthropométrie pour l'identification des criminels.

1880. Découverte de l'hématozoaire du paludisme par Alphonse Laveran.

1880 (2 juin). La vaccination contre la variole est officiellement instaurée.

1881 (juillet). Loi abolissant le caractère confessionnel des cimetières.

1881 (22 septembre). Dépôt par Jean-Louis Mouras, de Vesoul, d'un brevet « pour une nouvelle fosse d'aisances dite vidangeuse automatique et inodore », naissance de la fosse septique : progrès essentiel de l'hygiène domestique et sociale.

1882 (22 avril). Un raz de marée dévaste la région de La Rochelle.

1883. Mise au point de l'asepsie par les chirurgiens Octave Terrillon et Louis Félix Terrier par ébullition en autoclave des instruments de chirurgie.

1885 (6 juillet). Louis Pasteur décide d'essayer un vaccin sur un enfant de neuf ans, Joseph Meister, qui vient d'être mordu par un chien enragé. L'enfant est sauvé. Un an, après, 1726 personnes seront vaccinées contre la rage.

1885 (26 octobre). Lecture à l'Académie des sciences du numéro de Louis Pasteur relatant ses trois premières guérisons humaines de la rage.

1886 (26 janvier). Manifestation des étudiants de médecine contre l'admission des femmes à l'internat décidée le 2 février 1885 par le conseil municipal de Paris.

1886 (8 mai). Distribution de l'eau sous pression dans les maisons de Perpignan.

1887 (23 février). Tremblement de terre enregistré au bord de la Méditerranée. Trois secousses telluriques occasionneront des dégâts matériels à Nice, Menton, Villars-sur-Var et Castellane.

1887 (28 juin). Création de la Société astronomique de France au domicile parisien de Camille Flammarion.

1888 (14 novembre). Inauguration à Paris de l'Institut Pasteur déclaré d'utilité publique le 4 juin 1887.

1889 (10 décembre). Début d'une épidémie d'influenza à Paris. Les lycées et collèges seront fermés le 21 pour limiter la contamination.

1892 (1er juillet). Organisation de la Ligue contre le cancer de courte longévité en raison d'un manque de moyens.

1892 (8 juillet-8 octobre). Début d'une épidémie de choléra à Paris en raison d'une mauvaise qualité de l'eau potable.

1893 (15 juillet). Loi relative à l'assistance médicale gratuite applicable à « tout Français malade, privé de ressources, reçoit gratuitement de la commune, du département et de l'État, l'assistance médicale à domicile, ou, s'il y a impossibilité de le soigner utilement à domicile, dans un établissement hospitalier ». Juridiction de santé qui correspond à la généralisation des services de médecine des pauvres.

1893 (25 juillet). Décret relatif à la création d'un diplôme de chirurgien-dentiste.

1894 (22 avril). Comme le problème de l'approvisionnement en eau de Paris devient une question sanitaire importante à régler, Saujoin propose de capter les eaux du Loiret pour alimenter Paris et Duvillard est partisan d'amener les eaux du lac de Genève jusqu'à la capitale française.

1894 (6 septembre). Mise au point d'un sérum antidiphtérique par le docteur Émile Roux.

1895 (16 septembre). Été caniculaire qui voit sa température moyenne culminer à 35,5 °C.

1896. Fondation par Jacques Bertillon de l'Alliance nationale pour l'accroissement de la population française car les décès l'emportent sur les naissances pour la période dans cinquante-huit départements.

1896 (24 février). Henri Becquerel découvre la radioactivité de l'uranium et en fait un compte rendu à l'Académie des sciences.

1896 (10 septembre). Tempête exceptionnelle sur Paris. Le mois de septembre n'a jamais été aussi pluvieux depuis 1769. Les précipitations atteignent 149 millimètres à l'observatoire de Paris-Montsouris.

1898 (juillet). Découverte du polonium par Pierre et Marie Curie.

1898 (29 décembre). Découverte du radium par les scientifiques Pierre et Marie Curie.

1899 (10 avril). Inauguration de l'Institut Pasteur de Lille.

1899 (26 avril). Pose de la première pierre du Musée océanographique de Monaco.

1899 (6 décembre). Le tribunal de simple police de Roubaix condamne plusieurs propriétaires à démolir des maisons dont les murs présentaient une épaisseur qui était jugée insuffisante (mesure réglementaire de la codification sanitaire nouvelle).

4/ COMMERCE, FINANCES, FISCALITÉ, DISETTES ÉCONOMIQUES[188]

1801 (24 décembre). Loi instituant les chambres de commerce.

1803 (28 mars). Loi du 7-Germinal définit la valeur du franc : une pièce de 1 franc doit peser 5 grammes et se composer d'argent à 90 %. Le franc germinal ne variera pas jusqu'en 1914.

1805 (26 septembre). Panique à la Bourse de Paris. Les caisses de l'État sont presque vides à cause des opérations financières d'Ouvrard cautionnées par Barbé de Marbois, ministre du Trésor. Des files d'attente des clients se forment devant la Banque de France pour le remboursement des billets contre de l'or.

1806 (24 juin). Décret qui incite les stations thermales à autoriser les jeux « pour les lieux où il existe des eaux minérales, pendant la saison seulement ».

1807 (16 septembre). Loi instituant la Cour des comptes dont la mission est de veiller au bon emploi des deniers de l'État.

1811 (22 juin). Création par décret d'un ministère des Manufactures et du Commerce qui disparaîtra avec l'Empire.

1812 (16 janvier). Création d'un ministère des Manufactures et du Commerce, confié à Collin de Sussy, pour essayer de combler le retard sur l'économie britannique ; il sera supprimé en 1814.

1812 (27 janvier). Famine et hausse des prix provoquent le pillage des boulangeries à Rennes et l'apparition de placards séditieux. La mairie ouvre des ateliers de charité et distribuera trois mille soupes économiques par jour du 4 avril au 7 septembre.

1812 (2 mars). Émeute de la faim à Caen mettant en évidence la crise économique et l'impopularité du régime.

1812 (8 mai). Taxation du blé pour éviter la famine et la spéculation.

1817 Création du mandat postal.

1817 (Juin). Début de famine et flambée des prix qui entraînent des émeutes en Brie et en Champagne en raison d'une mauvaise récolte l'année précédente.

1818 (29 juillet). Création de la Caisse d'épargne et de prévoyance de Paris par Benjamin Delessert et le duc de La Rochefoucauld-Liancourt. L'exemple sera suivi par Bordeaux et Metz (1819), Rouen

---

[188] Éléments chronologiques de la société française au XIXe siècle repris dans *L'Almanach des Français*, Encyclopædia Universalis, Tome 1 : « Traditions et variations de 987 à 1880 » (p. 243-316), Tome 2 : « La France républicaine de 1881 à nos jours » (p. 5-44), d'un ouvrage paru en novembre 1994.

(1820), Marseille (1821), Brest, Le Havre, Lyon, Nantes, Troyes (1822), etc.

1824 (13 décembre). À Paris, le magasin des nouveautés La Fille d'honneur est le premier commerce à noter ses prix en chiffres sur une étiquette.

1826 (4 novembre). Inauguration du Palais de la Bourse à Paris.

1830 (19 mai). Création d'un ministère des Travaux publics détaché de l'Intérieur.

1836 (21 mai). Loi sur les jeux : l'interdiction est générale, mais des autorisations peuvent être accordées pour des tombolas de bienfaisance ou des loteries destinées à « encourager les arts ».

1842 (11 juin). Première loi sur la construction des chemins de fer, leur financement et leur gestion.

1845. Une maladie de la pomme de terre empêche toute récolte et affame des campagnes touchées par une très faible production de blé.

1846. Mauvaises récoltes des céréales s'ajoutant à la maladie de la pomme de terre : la hausse brutale du prix du pain provoquera des émeutes à Nancy (20 juin), à Paris, faubourg Saint-Antoine (30 septembre), à Tours (21 novembre), etc.

1848 (27 février). Création des Ateliers nationaux pour employer les chômeurs.

1849 (1er janvier). Émission du premier timbre-poste français d'une valeur de 10 centimes.

1850 (18 juin). Création de la Caisse nationale des retraites pour la vieillesse qui sera réorganisée par la loi du 20 juillet 1886.

1852 (28 mars). Fondation de la Banque foncière de Paris, qui deviendra le 10 décembre, le Crédit foncier de France.

1852 (14 avril). *Le Moniteur* expose les motifs qui conduisent la ville de Bordeaux à s'alimenter en eau. L'opération est chiffrée à 5 millions de francs.

1853 (1er juin). Essor du Bon Marché à Paris grâce à l'association d'Aristide Boucicaut avec Justin Videau. Son chiffre d'affaires grimpera de 450 000 francs à 7 millions en 1863 et à 67 millions en 1877.

1854 (11 mars). Lancement du premier emprunt public d'État pour financer la guerre contre la Russie : quatre-vingt-dix-huit mille souscripteurs versent 467 millions alors qu'on en demandait 250 !

1854 (22 juin). Loi prescrivant la transformation du port du Havre.

1859 (Mai). Constitution du Crédit industriel et commercial.

1860 (23 janvier). Traité de commerce franco-anglais qui vise à supprimer toutes les prohibitions et à limiter les droits d'entrée sur les marchandises anglaises. La concurrence des produits d'outre-Manche sur le marché français est compensée par l'exportation courante des vins et cognacs vers la Grande-Bretagne.

1865 (11 mai). Fondation à Paris du grand magasin du Printemps par Jules Jaluzot.

1865 (14 juin). Loi autorisant le chèque bancaire. Frappé d'un droit de timbre son succès sera relatif.

1870. Création du grand magasin parisien *À la Samaritaine* par Ernest Cognacq.

1872 (Juillet). L'emprunt de 3 milliards pour payer l'indemnité de guerre de l'Allemagne est ouvert quatorze fois.

1881 (9 avril). Loi créant la caisse d'épargne postale, dite Caisse nationale d'épargne, dont les bureaux de poste servent de guichets.

1881 (14 novembre). Constitution d'un ministère de l'Agriculture. Jusque-là les services de l'agriculture dépendaient du ministère du Commerce.

1887 (25 avril). Inauguration du pari mutuel à l'hippodrome de Vincennes.

1889 (5 juillet). Le Sénat vote un projet de loi organisant des caisses de retraite pour les mineurs.

1891 (5 juin). Ouverture du Port de La Pallice qui renforce la position commerciale de La Rochelle.

1892 (8 février). Premier congrès des Bourses du travail à Saint-Étienne qui comprend dix Bourses et quatre cent cinquante-neuf syndicats qui créent la Fédération des Bourses du travail.

1894 (19 mars). Inauguration de la Bourse du travail de Perpignan qui a tendance à se développer dans les autres villes de province.

1895. Fondation des Galeries Lafayette à Paris par Théophile Bader.

1896 (26 mars). Vote de principe de l'impôt progressif sur le revenu par la Chambre des députés.

1896 (21 avril). Création du Conseil supérieur de la marine marchande.

1898. La vente à domicile avec le démarchage des encyclopédies Quillet a remplacé le colportage.

1898 (25 janvier). Loi accordant aux femmes commerçantes le droit de vote aux élections aux tribunaux de commerce.

1898 (7 mars). Loi créant l'Office national du commerce extérieur pour aider les industriels et commerçants français à développer leurs exportations.

1898 (5 avril). Loi constitutive de la Mutualité française divisée en trois catégories : sociétés libres, sociétés approuvées par arrêté ministériel, sociétés reconnues d'utilité publique. Les deux dernières sont les seules à pouvoir posséder des immeubles et recevoir des subventions de l'État.

1900 (15 septembre). Le métropolitain fonctionne de 5 h 30 min à minuit ; en raison du grand nombre de fraudeurs, les appareils de contrôle automatique ont été remplacés par des poinçonneurs.

5/ MILIEU OUVRIER, MOUVEMENT OUVRIER, TRAVAIL, LOIS DE PROTECTION SOCIALE, LIBERTÉ DE RÉUNION[189]

1803 (12 avril). Loi régissant les rapports entre patrons et ouvriers.

1819. Création de la Compagnie d'assurances générales sur la vie. Les assurances sur la vie se développeront avec lenteur jusqu'en 1860 puis rapidement à partir de 1875.

1829 (décembre). Premiers cours du soir fonctionnant à Montauban en province.

1830 (août). Création de l'Association polytechnique par les élèves de cette école afin d'instruire les ouvriers. En 1848 est créée l'Association philotechnique des professeurs de l'école considérant le niveau des cours de la précédente trop élevé.

1831. Première coopérative de production à Buchez groupant cinq ouvriers menuisiers mais sans succès relatif à celle des bijoutiers en doré en 1834 qui connaîtra une longévité remarquable.

1831 (21-22 novembre). Révolte des canuts lyonnais, ouvriers de la soie du quartier de la Croix-Rousse, provoquée par la baisse constante de leurs salaires. Elle sera écrasée le 5 décembre par une armée de 20 000 hommes.

1833 (20 mai). Révolte des mineurs d'Anzin contre les machines à vapeur.

1834 (9-12 avril). Insurrection des canuts écrasée le 13 (plus de 200 morts et 400 blessés).

1840 (septembre). Naissance du journal, *L'Atelier*, « l'organe des intérêts moraux et matériels des ouvriers, l'organe de la classe laborieuse ».

1845 (2-9 mars). Première grève générale des ouvriers de l'arsenal de Toulon.

---

[189] Éléments chronologiques de la société française au XIXe siècle repris dans *L'Almanach des Français*, Encyclopædia Universalis, Tome 1 : « Traditions et variations de 987 à 1880 » (p. 243-316), tome 2 : « La France républicaine de 1881 à nos jours » (p. 5-44) d'un ouvrage paru en novembre 1994.

1848 (2 mars). Instauration du suffrage universel. Premier décret réglementant la durée du travail journalier des adultes : dix heures à Paris, onze en province. Il sera aboli le 30 juin. La loi du 9 septembre 1848 portera que « la journée de l'ouvrier dans les manufactures et usines ne pourrait excéder douze heures de travail effectif ».

1848 (17 mars). Les socialistes organisent à Paris une grande manifestation pour obtenir l'ajournement des élections. Le 30 mars attaque de la Savoie 1800 socialistes venus de Lyon occupent Chambéry et y proclament la République.

1848 (22-23 juin). Insurrection ouvrière à Marseille, 30 morts.

1848 (23 juin). Révolte à Paris à la suite de la suppression le 21 juin des Ateliers nationaux.

1853 (9 juin). Loi fixant le régime des pensions des fonctionnaires et créant leur caisse de retraite : 50 000 fonctionnaires concernés pour la période.

1853 (10 juin). Constitution de la société mulhousienne des cités ouvrières, sous l'égide du manufacturier Jean Dolfus, pour promouvoir l'habitat social. En 1867, elle gérera huit cents maisons habitées par six mille personnes.

1854 (30 mai). Le législateur dispose que les ouvriers « sont tenus de se munir d'un livret ».

1856 (27 avril). Achat par Napoléon III de terrains boulevard Mazas, à Paris, pour la construction de logements ouvriers à bon marché.

1859. Dirigeant d'une importante usine d'appareils de chauffage, à Guise, en 1846, Jean-Baptiste André Godin crée dans ce chef-lieu de canton de l'Aisne un « Familistère » en partie inspiré des théories fouriéristes ; il devait y réaliser l'association capital-travail et léguer son entreprise à ses ouvriers.

1860. Apparition en force des femmes sur le marché du travail (747 000 ouvrières contre 167 696 en 1865).

1863 (22 juin). Décret accordant aux boulangers la liberté de travail et mettant fin aux limitations du nombre des boulangeries. Elles passeront à Paris de 601 à 1400 en 1874 et 1785 en 1884.

1864 (25 mai). Loi reconnaissant le droit de grève.

1867. Première association pour la prévention des accidents du travail par Eugène Dolfus, industriel, à Mulhouse. Il sera suivi en 1879 par de Coene qui crée à Rouen l'Association normande pour prévenir les accidents du travail. Émile Muller présidera la fondation de l'Association des industriels de France contre les accidents du travail en 1883. Création de l'hôpital et sanatorium pour tuberculeux de Berck-sur-Mer.

1868. Loi accordant la liberté de réunion pour les questions agricoles, industrielles et littéraires.

1870 (21 janvier). Grève au Creusot jusqu'au 14 avril.

1871. Renan réunit dans *La Réforme intellectuelle et morale de la France* une série d'articles consacrés au « mal français ». Godin, publie quant à lui, ses *solutions sociales*.

1871 (23 décembre). Création du premier cercle catholique d'ouvriers à Paris par Albert de Mun, René de La Tour du Pin et Maurice Maignen.

1872. Fondation du cercle mulhousien, cercle laïque ouvrier. Il est dissous par les autorités prussiennes alors qu'il comptait plus de 2000 adhérents.

1874 (23 décembre). Loi Théophile Roussel de protection des enfants du premier âge. Tout enfant de moins de deux ans placé en nourrice ou en garde hors du domicile de ses parents fait l'objet d'une surveillance par l'autorité publique pour protéger sa vie et sa santé.

1877 (février). Zola publie *L'Assommoir* roman ayant pour thème l'alcoolisme dans la classe ouvrière.

1879 (20 octobre). Congrès ouvrier socialiste de France, à Marseille, par Jules Guesde et des collectivistes puis créent la Fédération des travailleurs socialistes de France.

1880 (14 novembre). Scission de la Fédération des travailleurs socialistes de France à son congrès du Havre : minoritaires, Jules Guesde et les marxistes créent le parti ouvrier socialiste.

1882 (15 août). Manifestation de la Bande noire à Montceau-les-Mines et à Blanzy. Au cri de « En avant, prolétaires, combattons pour la Révolution », cent cinquante personnes arrachent des croix et incendient une chapelle.

1882 (25 septembre). Congrès national du Parti ouvrier socialiste révolutionnaire français à Saint-Étienne. Les « possibilistes » mettent à nouveau en minorité Jules Guesde et les marxistes qui quittent le parti pour tenir leur propre progrès à Roanne et fonder le Parti ouvrier français.

1883. Création de la Mutuelle générale française au Mans.

1883 (23 juin). Louise Michel est condamnée à six ans de réclusion pour avoir incité les chômeurs à piller les boulangeries sur le passage de leur cortège, le 9 mars à Paris, boulevard Saint-Germain.

1884 (7 mars-7 avril). Tenue à Roubaix du Congrès national du Parti ouvrier français de Jules Guesde et Paul Lafargue, gendre de Marx. La Fédération des travailleurs socialistes de France tiendra son congrès à Rennes un peu plus tard du 12 au 19 octobre.

1884 (18 avril). Reprise du travail par les mineurs d'Anzin qui n'ont pu faire aboutir leurs revendications malgré huit semaines de grève.

1886. Grève des mineurs de Decazeville qui défenestrent le directeur des houillères.

1889 (3 juillet). Coup de grisou au puits de Verpilleux à Saint-Étienne (207 mineurs décédés).

1889 (21 juillet). Le Congrès socialiste international, réuni à Paris, depuis le 14 juillet, décide la création de la IIe Internationale ouvrière.

1889 (24 juillet). Loi créant une nouvelle catégorie d'enfants, celle des enfants maltraités ou moralement abandonnés, qui prévoit le cas échéant la déchéance de la puissance paternelle.

1889 (17 décembre). Création à Paris de la Société française des habitations à bon marché, en exécution des directives du Congrès international des habitations ouvrières, tenu dans la capitale du 26 au 28 juin.

1890 (1er mai). Première célébration en France de la fête du Travail par les socialistes qui demandent que la journée du travail soit limitée à huit heures.

1890 (8 juillet). Loi sur la création de délégués élus pour veiller à la sécurité des ouvriers mineurs.

1891. Création de l'École nationale d'ouvriers et contremaîtres de Cluny.

1891 (1er mai). Manifestation d'ouvriers qui dégénère à Fourmies dans le département du Nord (9 morts).

1891 (29 novembre). Accord à la Préfecture d'Arras entre les représentants du patronat et des mineurs en grève depuis le 15 : les « gueules noires » obtiennent une hausse de 20 % de leurs salaires.

1891 (6 décembre). Coup de grisou dans une mine à Saint-Étienne (62 morts).

1892 (8 mai). Victoires socialistes aux élections municipales dans plusieurs villes ouvrières, notamment à Carmaux, Roubaix et Saint-Denis.

1892 (2 novembre). Loi fixant la durée du travail à onze heures pour les femmes, dix pour les enfants et leur interdisant le travail de nuit.

1893 (22 mai). Réunion à Reims, du premier congrès régional ouvrier d'idéologie démocrate-chrétienne à l'instigation de Léon Harmel.

1893 (septembre). La grève des mineurs du Nord et du Pas-de-Calais coûte 5 millions de francs de salaires aux ouvriers et un million et demi aux compagnies houillères.

1894 (mai). Parution à Lille de *La Démocratie chrétienne*, revue mensuelle se consacrant aux questions sociales.

1894 (22 septembre). Fin du VIe congrès de la Fédération des syndicats et groupes corporatifs de France qui adopte le principe de la grève générale par Aristide Briand contre Jules Guesde.

1894 (30 novembre). Loi Jules Siegfried sur l'habitat social, à bon marché, prévoyant l'attribution de crédits et de prêts importants aux comités et sociétés s'occupant de logement ouvrier.

1895 (18 avril). Le tribunal correctionnel de la Seine inflige quatre-vingt-dix amendes à un industriel pour avoir employé plus de douze heures de travail effectif par jour.

1895 (17 août-4 novembre). Début de la grève des ouvriers verriers de Carmaux pour protester contre le licenciement de l'un d'eux candidat au Conseil général.

1895 (28 septembre). Création, à Limoges, de la Confédération générale du travail (C.G.T.) par soixante-quinze délégués des fédérations d'industries, des syndicats de métiers non fédérés et des Bourses du travail.

1895 (20 octobre). Congrès à Bordeaux des Sociétés d'habitations à loyers modérés.

1898 (14 septembre-13 octobre). Grève des ouvriers terrassiers du chantier parisien de l'Exposition universelle.

1899 (18 mai). Grève générale des facteurs des postes.

1900 (31 mars). Loi Millerand prévoyant la réduction progressive de la journée de travail à dix heures.

1900 (18 avril). Fin de la grève des mineurs de Carmaux : ils ont tenu soixante-sept jours mais n'ont rien obtenu.

1900 (23-28 septembre). Réunion à Paris du Congrès socialiste international où s'opposent les partisans de Jaurès et ceux de Guesde.

6/ ÉDUCATION, ENSEIGNEMENT, RECHERCHE, ÉMANCIPATION[190]

1802 (1er mai). Loi remplaçant les écoles centrales par des lycées, l'enseignement primaire étant confié aux municipalités.

---

[190] Éléments chronologiques de la société française au XIXe siècle repris dans *L'Almanach des Français*, Encyclopædia Universalis, Tome 1 : « Traditions et variations de 987 à 1880 » (p. 243-316), Tome 2 : « La France républicaine de 1881 à nos jours » (p. 5-44) d'un ouvrage paru en novembre 1994.

1804 (13 mars). Loi organisant les écoles de droit et rétablissant les avocats. L'ordre des avocats sera recréé par décret du 14 décembre 1810.

1806 (10 mai). Loi créant l'Université impériale. Trente-deux académies seront prévues par le statut du 18 octobre 1808.

1808 (17 mars). Décret organisant l'Université de France et organisant les palmes académiques.

1809. Création du baccalauréat, diplôme sanctionnant la fin des études secondaires des lycées, exigé pour rentrer à l'Université. Il y aura 31 bacheliers en 1809, 1700 en 1813.

1816 (29 février). Par ordonnance sont créés des comités de canton, présidés par le curé du chef-lieu, pour assurer la surveillance des écoles communales. D'autres mesures, en 1821 et en 1824, contribueront à accroître le rôle de l'Église dans l'éducation populaire.

1816 (août). Création de l'École des mines de Saint-Étienne, après l'école de Peisey-Nancroix en Tarentaise.

1824. Grand maître de l'Université, Mgr Frayssinous devient ministre des Affaires ecclésiastiques et de l'Instruction publique ; il entreprend d'épurer l'Université et de placer l'éducation sous l'étroite surveillance du clergé.

1826. Louis Hachette crée sa librairie à Paris. Il bâtit sa fortune sur la vente de livres destinés aux écoles primaires. Fondateur de la première maison d'édition française en 1852 avec la collection la Bibliothèque des chemins de fer.

1827. Illettrisme : un Français sur deux ne sait pas écrire. Sur 40 000 communes 16 000 n'ont pas d'école pour les garçons et 25 000 n'en ont pas pour les filles. On estime qu'il y a 1 million de garçons et 500 000 filles scolarisés dans un pays qui compte près de 32 millions d'habitants.

1827. *L'Art de mettre sa cravate enseigné en seize leçons* par Honoré de Balzac. L'accessoire vestimentaire a été introduit en France vers 1668 par un régiment de Croates.

1828. Création du ministère de l'Instruction publique qui deviendra en 1932 ministère de l'Éducation nationale. En 1802, La Direction de l'instruction publique dépendait du ministère de l'Intérieur.

1829. Création à Paris de l'École centrale des arts et manufactures pour former des ingénieurs. Elle deviendra un établissement public national en 1856.

1832. Naissance du *Journal des enfants* (publié entre 1832 et 1897).

1832. Parution de la première revue féminine et féministe *La Femme libre.*

1833 (28 juin). Loi Guizot instituant une école primaire au moins dans chaque commune et une école normale par département pour former les instituteurs.

1848. Création de l'école d'horlogerie de Cluses en Savoie.

1850 (14 mars). Loi introduisant la gymnastique comme matière à option dans les écoles primaires. Elle deviendra obligatoire en 1853 dans l'enseignement secondaire mais ne sera guère pratiquée, faute d'équipements.

1864. Publication du *Grand dictionnaire universel du XIX*^e *siècle* par Pierre Larousse.

1867 (10 avril). Promulgation de la loi de Victor Duruy sur l'organisation et le financement de l'enseignement primaire. Article premier : « Toute commune de 500 habitants et au-dessus est tenue d'avoir au moins une école publique de filles. »

1870. Sous le Second Empire, le pourcentage des illettrés diminue nettement : 22 % au lieu de 29 % en 1850.

1873. Ouverture d'une faculté de droit à Bordeaux.

1877. *Le Tour de France par deux enfants* de G. Bruno (Augustine Tuillerie, Mme Alfred Fouillée) raconte le voyage de deux enfants qui quittent Phalsbourg en 1871 pour fuir l'occupation allemande. Grand succès de librairie : 55 000 exemplaires vendus en 1877, 136 000 en 1878, 550 000 environ par an entre 1880 et 1910.

1879 (9 août). Paul Bert fait voter une loi instituant dans chaque département une école normale pour former des institutrices.

1880 (27 février). Loi Ferry réorganise le Conseil supérieur de l'Instruction publique et exclut les personnes étrangères à l'enseignement dont les représentants de l'Église catholique.

1880 (4 novembre). Rapport d'Aristide Rey, conseiller municipal de Paris, en faveur de la création de « bataillons scolaires » pour former des citoyens-soldats en vue de la reconquête de l'Alsace-Lorraine.

1881. Premières colonies de vacances organisées par la Fondation de l'Œuvre des trois semaines du pasteur Lorriaux.

1881. Création de l'École des hautes études commerciales à Paris.

1881 (16 juin). Loi Jules Ferry instituant la gratuité de l'enseignement primaire.

1882. Frédéric Mistral commence la publication de son *Dictionnaire provençal* célèbre par ses dédicaces dans les différentes langues latines : catalan, provençal, français, italien, portugais, espagnol, roumain, romanche, et latin.

1883 (21 juillet). Création de l'Alliance française pour renforcer la culture et les valeurs nationales.

1883 (22 septembre). Ouverture du premier lycée parisien pour jeunes filles, le lycée Fénelon.

1885 (1er octobre). Début de la persécution officielle des langues, dialectes et patois dans l'enseignement public : interdiction par l'académie de Rennes de l'emploi du breton à l'école.

1886 (30 octobre). Loi de laïcisation du personnel enseignant dans les écoles primaires. Les congrégationnistes devront être remplacés par des laïcs dans un délai de cinq ans. Toute la vie de l'enseignement primaire est réglée par les soixante-huit articles de cette charte de l'instruction publique.

1889 (18 novembre). Ouverture à Paris de l'école municipale Estienne qui prépare aux métiers de l'imprimerie.

1894 (1er septembre). Création d'une École supérieure des industries féminines à Paris.

1896 (8 avril). Congrès féministe international à Paris.

1898 (3 septembre). Introduction de l'écologie à l'école. E. Géry, instituteur à Jeujosse (Seine-et-Oise) organise une société d'élèves pour la protection des oiseaux et des nids.

1899 (mars). Une statistique officielle établit qu'il y a 107 lycées de garçons en France dont 12 à Paris et 35 lycées de filles dont 5 dans la capitale. Il y a 28 254 étudiants dans les universités comprenant 817 femmes.

1899 (13 mai). Incendie à la bibliothèque de la chambre de commerce de Paris, place de la Bourse : 40 000 volumes partent en fumée.

1900. Création de l'École supérieure d'électricité de Nancy puis une école d'agronomie en 1901 et une école de géologie en 1908.

1900 (1er décembre). Loi autorisant les femmes licenciées en droit à exercer la profession d'avocat.

7/ Religion[191]

1802 (14 avril). Publication du *Génie du christianisme*, par Chateaubriand, ouvrage contemporain du retour des Français à la religion.

1802 (20 avril). Le Premier consul fera transformer sa salle de bains en chapelle.

---

[191] Éléments chronologiques de la société française au XIXe siècle repris dans *L'Almanach des Français*, Encyclopædia Universalis, Tome 1 : « Traditions et variations de 987 à 1880 » (p. 243-316), Tome 2 : « La France républicaine de 1881 à nos jours » (p. 5-44) d'un ouvrage paru en novembre 1994.

1830 (31 juillet). Suppression du ministère des Cultes dont les services seront rattachés au gré des gouvernances à l'Intérieur, à l'Instruction publique ou à la Justice.

1830 (15 octobre). Parution du premier numéro de *L'Avenir* avec la devise « Dieu et liberté ». Ce quotidien fondé par Lamennais a été l'organe du catholicisme libéral.

1846 (19 septembre). Apparition de la Vierge à deux jeunes bergers de La Salette (Isère) qui devient un lieu de pèlerinage très fréquenté.

1883 (16 juin). Premier numéro du journal *La Croix* fondé par les assomptionnistes : quotidien catholique destiné à un public populaire.

1886 (29 mars). Constitution de l'Association de la jeunesse catholique de France.

1893 (30 novembre). Inauguration de la cathédrale de Marseille dont la construction avait débuté en 1852.

1898 (24 juillet). Fondation de la Fédération gymnastique et sportive des patronages de France qui regroupe le sport catholique, célébrée par une fête au parc des Oiseaux à Issy-les-Moulineaux.

8/ HISTOIRE, POLITIQUE, CITOYENNETÉ, LOIS CIVILES, ADMINISTRATIVES, JUDICIAIRES ET PÉNALES[192]

1804 (21 mars). Promulgation du Code civil.

1806 (1er janvier). Rétablissement officiel du calendrier grégorien.

1807 (1er janvier). Entrée en vigueur du Code de procédure civile.

1810. Reconstitution des prisons d'État où les suspects sont incarcérés.

1811 (1er janvier). Entrée en vigueur du Code pénal et du Code d'instruction criminelle.

1813 (15 novembre). Appel sous les drapeaux de 150 000 hommes des classes 1803 à 1814.

1830 (3 janvier). Début du *National* quotidien d'opposition auquel collaborent Armand Carrel, Auguste Mignet et Adolphe Thiers.

1830 (1er août). Rétablissement du drapeau tricolore par ordonnance à la place du drapeau blanc comme emblème national.

1831 (21 mars). Loi d'organisation municipale : les conseillers sont élus et les maires nommés par le roi.

---

[192] Éléments chronologiques de la société française au XIXe siècle repris dans *L'Almanach des Français*, Encyclopædia Universalis, Tome 1 : « Traditions et variations de 987 à 1880 » (p. 243-316), Tome 2 : « La France républicaine de 1881 à nos jours » (p. 5-44) d'un ouvrage paru en novembre 1994.

1831 (19 avril). Loi électorale adjoignant aux électeurs censitaires (payant plus de 200 francs d'impôt direct) les licenciés en droit, les docteurs et membres de sociétés savantes autorisés par le gouvernement. La France comptera 240 000 électeurs en 1848.

1847. Succès de l'*Histoire des Girondins* de Lamartine qui familiarise les esprits avec l'idée républicaine.

1847 (9 juillet). Ouverture de la campagne des banquets. L'opposition tourne l'interdiction gouvernementale des réunions publiques en réunissant deux cents convives dans le jardin de Château-Rouge à Montmartre. Soixante-dix autres banquets seront organisés dans tout le pays. 18 juillet, à Mâcon, un banquet présidé par Lamartine réunit le long de la Saône trois mille convives.

1848 (22-24 février). L'interdiction d'un banquet de l'opposition suscite de grandes manifestations à Paris.

1852 (21 novembre). Plébiscite approuvant la restauration de l'Empire : 7 824 189 « oui », 253 145 « non », plus de 2 000 000 d'abstentions et 66 000 bulletins nuls ;

1855 (5 mai). Loi d'organisation municipale, élection des conseils municipaux au suffrage universel. Sauf Paris et Lyon qui sont administrés par une commission municipale nommée par l'empereur.

1858 (14 janvier). Attentat à la bombe lancée sur la voiture de l'empereur qui fait huit morts et cent quarante-huit blessés, Napoléon III sort indemne de l'attaque.

1870 (23 septembre). Envol du premier ballon quittant Paris assiégé. Jusqu'au 28 janvier 1871, 66 ballons transportant 100 passagers parviendront à quitter la capitale.

1871 (8 février). Élection de l'Assemblée nationale : victoire des partisans de la paix, monarchistes et conservateurs (200 légitimistes, autant d'orléanistes), 200 républicains plutôt modérés contre 30 bonapartistes.

1871 (21-28 mai). Épisode la Commune, semaine sanglante à Paris. Les Versaillais écrasent les communards qui incendient les principaux monuments de la capitale et fusillent des otages.

1873 (20 novembre). Loi instituant le septennat du président de la République.

1877 (12 mai). Loi instituant la publicité des débats des conseils municipaux.

1879 (4 juillet). Création d'une administration et d'une représentation régionales dans le Reichsland d'Alsace-Lorraine.

1880 (17 février). Loi du 28 pluviôse donnant à la France un nouveau système administratif qui règle l'organisation de l'administration départementale et communale (départements, préfets, arrondissements, sous-préfets, communes et maires) qui reste d'actualité aujourd'hui.

1880 (23 mai). Première commémoration de la « semaine sanglante » de 1871 par les communards à la Bastille et au Père-Lachaise, au mur des Fédérés.

1881 (9 janvier). Le renouvellement des conseils municipaux permet de constater que les républicains sont majoritaires dans 77 des 87 départements.

1882 (3 mars). Loi municipale octroyant aux conseils municipaux le droit d'élire le maire en leur sein. Seule la Ville de Paris en est privée.

1882 (13 décembre). Premières fiches signalétiques de délinquants constituées à la préfecture de police par le criminologue Alphonse Bertillon frère du célèbre démographe Jacques Bertillon.

1883 (30 août). Loi d'épuration de la magistrature : 614 membres du corps judiciaire hostile au régime républicain en sont exclus.

1884 (27 juillet). Rétablissement de la loi relative au divorce par Naquet qui avait été supprimée en 1816.

1885 (1er juin). Obsèques nationales de Victor Hugo (mort le 22 mai). Des centaines de milliers de Parisiens suivent le cortège de l'Arc de Triomphe au Panthéon où il est inhumé.

1888 (9 juin). Loi des obligations à lots permettant à la Compagnie de Panama de lancer, dès le 26, une souscription. La Compagnie demande 600 millions de francs elle en récupère 233 millions répartis entre 350 000 petits épargnants.

1889 (30 janvier). Première incinération en France au cimetière du Père-Lachaise : celle du fils du docteur Jacoby.

1889 (18 août). Gigantesque banquet offert à 13 000 maires de France pour fêter le centenaire de la Révolution au Palais de l'Industrie à l'intérieur de l'Exposition universelle qui se tient à Paris.

1896 (1er janvier). Création à Paris d'un bureau de consultations juridiques gratuites au Palais de justice. Il y a mille six cents consultations dans l'année.

1897 (7 décembre). Loi accordant aux femmes le droit d'être témoins dans les actes d'état civil et les actes notariés.

1898 (26 février). Opposés sur l'affaire Dreyfus, Clemenceau et Drumont se battent en duel.

1898 (avril). Fondation de l'Action française par Henri Vaugeois et Maurice Pujo, républicains nationalistes antidreyfusards. Sous l'influence de Charles Maurras, qui en fait partie dès janvier 1899, elle évolue vers le « nationalisme intégral » et prône la monarchie héréditaire.

1898 (18 juillet). Inauguration de la prison de Fresnes.

1900 (22 septembre). Le plus grand banquet jamais réalisé est organisé dans le jardin des Tuileries sous la présidence d'Émile Loubet. Il y a 22 295 convives dont 22 000 maires invités à ce déjeuner assuré par la maison des traiteurs Potel et Chabot. Le service des vins compte pas moins de 30 000 bouteilles des meilleurs crus, sauternes et margaux.

9/ TRANSPORTS : MOYENS, LIAISONS ROUTIÈRES, FLUVIALES ET MARITIMES[193]

1802 (23 septembre). Début des travaux du canal de l'Ourcq.

1811 (16 décembre). Décret de classement des routes : quatorze routes partant de Paris vers les frontières sont de première catégorie ; la deuxième est aussi entretenue par l'État ; la troisième catégorie relève des centimes additionnels des départements.

1813 (15 août). Ouverture à la navigation du canal de l'Ourcq.

1816 (29 mars). Tout Paris est sur les quais pour voir l'*Élise* premier bateau à roues et à vapeur qui a traversé la mer reliant New Haven au Havre.

1821 (14 mai). Ouverture du canal de Saint-Denis alimenté par les eaux de l'Ourcq.

1822 (6-10 juin). Le premier navire à vapeur en fer, l'*Aaron-Manby* (du nom de son inventeur), navigue sur la Seine entre Paris et Le Havre, suivi, en 1823, par le *Commerce-de-Paris.* Il y aura cinq steamers en fer sur la Seine en 1828.

1823 (26 février). L'ingénieur Louis Beaunier obtient la première concession pour la construction d'une voie ferrée reliant Andrézieux sur la Loire au Pont-de-l'Âne sur le Furens dans le département de la Loire. Il est soutenu par un groupe de capitalistes parisiens et d'industriels de la région de Saint-Étienne.

1824. La *Caroline* est le premier navire à vapeur français à naviguer en haute mer.

1825 (4 novembre). Inauguration à Paris du canal Saint-Martin.

---

[193] Éléments chronologiques de la société française au XIXe siècle repris dans *L'Almanach des Français*, Encyclopædia Universalis, Tome 1 : « Traditions et variations de 987 à 1880 » (p. 243-316), Tome 2 : « La France républicaine de 1881 à nos jours » (p. 5-44) d'un ouvrage paru en novembre 1994.

1827 (juin). Ouverture de la première ligne de chemin de fer française entre Saint-Étienne et Andrézieux : les wagons de marchandises sont tirés par des chevaux. Elle sera prolongée jusqu'à Lyon en 1830 et transportera officiellement des voyageurs à partir du 1er mars 1832.

1828 (11 avril). Premier service de transport en commun parisien depuis l'éphémère tentative de 1662, avec les omnibus, voitures hippomobiles de dix-huit à vingt places à prix modique (25 centimes la course).

1829. Organisation d'un service de bateaux à vapeur entre Orléans et Nantes et première liaison fluviale Lyon-Arles et retour par le bateau à vapeur *Le Pionnier*.

1832 (1er juillet). La traction à vapeur est introduite sur la voie ferrée de Saint-Étienne-Andrézieux.

1835 (11 septembre). La machine à vapeur de Charles Dietz fait le trajet de la place de la Nation à Paris jusqu'à Versailles en 1 h 15 min, tirant une diligence transportant trente-deux personnes.

1837 (1er mai). Début de la liaison régulière par paquebot à vapeur entre Marseille et Constantinople. Il y aura un départ tous les dix jours.

1838. Creusement du canal de la Marne au Rhin qui sera achevé en 1853. (En 1839, des fontaines d'eau seront installées et les premiers trottoirs seront construits).

1839 (1er septembre). Premier train entre Mulhouse et Thann sur la voie ferrée construite par Nicolas Koechlin. Le 19 septembre 1841, il ouvrira la ligne Strasbourg-Bâle, qui représentera avec ses 140 kilomètres la moitié du réseau français et qui sera la première ligne au monde à relier deux États.

1851. Le réseau ferré croît fortement : il passera de 3 000 à 17 000 kilomètres en 1870.

1857 (31 août). Début de la construction du tunnel ferroviaire sous le Mont-Cenis, de Modane à Bardonnèche. Il sera inauguré le 17 septembre 1871.

1861. Création au Havre de la Compagnie générale transatlantique et du chantier de Penhoët à Saint-Nazaire.

1861. Construction du viaduc de Morlaix, haut de 59 mètres, sur la ligne de chemin de fer Paris-Brest.

1864 (15 juin). Première liaison Le Havre-New York par le paquebot *Washington* de la Compagnie générale transatlantique.

1870 (14 novembre). Pigeongrammes du siège de Paris : les premières photos microscopiques de journaux et de cartes sont transportées par des pigeons voyageurs.

1871 (17 septembre). Inauguration du tunnel ferroviaire du Mont-Cenis ou du Fréjus. Les travaux auront débuté le 31 août 1857.

1883 (22 octobre). Mise en service à Annemasse du premier « tramway ».

1890 (21 juin). Record du monde de vitesse sur rail (144 km/h) établi à Montereau (Seine-et-Marne) par une locomotive française Crampton.

10/ CULTURE, LOISIRS, LITTÉRATURE-PRESSE, EXPRESSION ARTISTIQUE, MODE, GASTRONOMIE, TOURISME[194]

1803. Apparition du chapeau haut-de-forme en soie.

1810 (3 août). Décret restreignant le nombre de journaux à un par département. À Paris, il y avait plus de soixante-dix journaux en 1799, il n'en reste que quatre en 1810.

1815. Mode du cigare rapportée d'Espagne par les armées napoléoniennes.

1817 (décembre). Lamennais publie l'*Essai sur l'indifférence en matière de religion.*

1818. Fondation de la Maison Doucet qui deviendra à la fin du siècle un des hauts lieux de la couture parisienne.

1818 (5 avril). Première démonstration dans les jardins du Luxembourg à Paris de la draisienne, ancêtre de la bicyclette, inventée par le baron badois Drais von Sauerbronn.

1820. Début du tourisme sur la côte provençale, à Hyères, tandis qu'à Nice est aménagée la promenade des Anglais.

1820. Développement des bains de mer à Trouville.

1821. Fondation de l'établissement thermal du Mont-Dore.

1821 (23 juillet). Formation de la première société de géographie du monde, celle de Paris.

1822. Développement du tourisme balnéaire sur la côte du Calvados, au Luc-sur-Mer, avec la construction de l'hôtel du Grand-Orient.

1822. Première photographie réalisée par Nicéphore Niepce à Châlons-sur-Saône.

---

[194] Éléments chronologiques de la société française au XIXe siècle repris dans *L'Almanach des Français*, Encyclopædia Universalis, Tome 1 : « Traditions et variations de 987 à 1880 » (p. 243-316), Tome 2 : « La France républicaine de 1881 à nos jours » (p. 5-44) d'un ouvrage paru en novembre 1994.

1824. Fondation par Arcisse de Caumont de la Société des antiquaires de Normandie qui se consacre à la sauvegarde et à la restauration de monuments du passé.

1824 (7 août). Inauguration de la nouvelle station balnéaire de Dieppe par la duchesse de Berry. Dieppe remonte au plus ancien site de bains de mer reconnu (voir 3 juin 1578).

1824 (octobre). Ouverture du premier magasin de confection de série, La Belle Jardinière, fondée par Pierre Parissot. À partir de 1850 l'industrie du vêtement de confection prendra une extension considérable au détriment des tailleurs.

1825. Les bains de mer commencent à entrer dans les mœurs ainsi qu'en témoigne le *Manuel des bains de mer* d'Albert Assegond.

1826 (16 juillet). Fondation par Maurice Alhoy du *Figaro* le plus ancien titre du quotidien parisien subsistant.

1826. Renaissance du mime en France avec le triomphe au théâtre des Funambules de Jean-Baptiste Gaspard Deburau dans le personnage de Pierrot.

1826. Parution du plus ancien périodique hippique français avec le *Journal des haras.*

1827 (30 juin). Énorme succès de curiosité à Paris avec l'arrivée de la girafe offerte par le pacha d'Égypte, Méhémet-Ali, la première qu'on ait vue en France.

1827 (décembre). Publication de la Préface de *Cromwell* de Victor Hugo qui constitue un véritable manifeste du romantisme.

1828 (Février). Fondation de la Société des concerts du Conservatoire par François Habeneck.

1829 (août). Création de *La Revue des Deux Mondes*. Triomphe de *Guillaume Tell* de Rossini à l'Opéra.

1829 (15 octobre). Fondation du journal *Le Temps*.

1830. Mode du Cancan ou chahut attribué à Chicard. C'est aussi l'époque des dandys à l'imitation de Londres.

1830 (4 novembre). Fondation de l'hebdomadaire satirique parisien *La Caricature* par Charles Philipon avec ses principaux collaborateurs, Honoré Daumier, Henri Monnier, Gavarni. Désapprouvé par le gouvernement le journal arrêtera son activité en septembre 1835.

1830 (5 décembre). Première de la *Symphonie fantastique* d'Hector Berlioz à Paris.

1830 (23 décembre). Création de l'Inspection générale des monuments historiques par Guizot qui la confie à Prosper Mérimée.

1838. Création du premier établissement de bains à Saint-Malo.

1843. Le « rumsteck », tranche de bœuf grillée figure pour la première fois, dans la cuisine française par Théophile Gautier.

1850. Apparition du complet vestimentaire vers la fin du Second Empire (ensemble du même tissu, veston, gilet et pantalon) qui s'imposera sous la IIIe République (à partir de 1875). Au milieu du XIXe siècle, la société française connaît la naissance de la mode pour enfants.

1853. Développement de la station thermale de Vichy : sept mille curistes en 1852, seize mille en 1861. La population permanente croîtra de mille cinq cents âmes en 1850 à quinze mille en 1914 avec cent vingt mille curistes.

1857 (20 août). *Les Fleurs du mal* de Charles Baudelaire sont condamnées. Six poèmes sont censurés.

1857 (12 juin). Un texte de loi confie à une société concessionnaire l'exploitation des sources et des établissements thermaux de Plombières qui se développeront rapidement.

1862 (3 avril). *Les Misérables* de Victor Hugo paraît en 10 volumes.

1866 (2 septembre). La bière, nouvelle boisson alcoolisée, fait son entrée au café de la Rotonde à Paris.

1873 (2 mars). Édouard Colonne dirige le premier des Concerts Colonne en exécutant le *Concerto pour piano en sol mineur* de Camille Saint-Saëns.

1873 (avril). Émile Zola publie son roman sur les Halles : *Le Ventre de Paris.*

1875 (3 mars). L'opéra de Georges Bizet *Carmen* est joué à l'Opéra-Comique mais après quelques représentations, le spectacle est censuré, considéré comme trop réaliste.

1876 (15 octobre). Création du quotidien *Le Petit Parisien* par Louis Andrieux avec succès immédiat de 500 000 exemplaires. Il est remplacé par *Le Parisien libéré* le 17 août 1944.

1879 (24 mars). Les endives arrivent aux Halles de Paris : les premières « feuilles blanches » ou *witloof* en flamand en provenance de Belgique.

1880. Apparition à Paris du premier bar dit américain, où les clients se tiennent debout, ou bien assis sur de hauts tabourets.

1880 (décembre). Auguste Rodin termine le modèle en plâtre du *Penseur*.

1883 (5 juin). Inauguration du premier train de luxe international, l'Orient-Express, qui relie Paris à Vienne.

1887. Auguste Renoir peint *Les Grandes Baigneuses* et Paul Cézanne plusieurs *Sainte-Victoire*.

1887. L'État commande à Auguste Rodin, *Le Baiser*, qui sera terminé en 1898.

1890. Gabriel Fauré compose son *Requiem*, Edgar Degas peint des *Danseuses* et Jules Dalou sculpte le tombeau de Victor Noir au Père-Lachaise.

1891. Claude Monet peint des *Nymphéas.*

1891 (15 mars). La France a désormais une heure unique, celle de Paris.

1894. Premier championnat de France de football.

1894 (30 novembre). *Prélude à l'après-midi d'un faune* de Claude Debussy est joué à la Société nationale, salle d'Harcourt à Paris. Musique inspirée par un poème de Mallarmé (publié en 1876 avec des illustrations de Manet).

1895 (3 juin). Inauguration des *Bourgeois de Calais,* sculpture d'Auguste Rodin, commandée depuis 1884 par la municipalité.

1896 (27 mars). Création d'un musée ethnographique du pays d'Arles, le Museon Arlaten.

1896 (mai). Parution dans la revue *Cosmopolis* du poème de Stéphane Mallarmé, « Un coup de dés jamais n'abolira le hasard », qui rompt avec toutes les traditions graphiques et syntaxiques.

1897. André Gide écrit *Les Nourritures terrestres.*

1897 (17 février). Début du ski en France : un officier du 28e bataillon de chasseurs alpins effectue avec des « skies » ou patins norvégiens l'ascension du mont Guillaume (2575 m) près d'Embrun.

1899. Première représentation de *La Dame de chez Maxim's* de Georges Feydeau au théâtre des Nouveautés.

1899 (septembre). Georges Méliès tourne son premier grand film consacré à *L'Affaire Dreyfus.*

1900 (18 janvier). Premier concert donné dans une église avec *Le Messie* d'Haendel à Saint-Eustache, et Mgr Richard, archevêque de Paris, s'inquiète de voir un lieu de culte transformé en salle de spectacle.

1900 (avril). Succès de *Claudine à l'école* le premier livre de la femme écrivain Colette signé par son mari Willy.

1900 (14 avril). Inauguration de l'Exposition universelle de Paris et du pont Alexandre III. Elle fermera ses portes le 12 novembre après avoir accueilli pas moins de 50 859 955 visiteurs !

1900 (14 mai). Début des jeux Olympiques de Paris.

1900 (juillet). Gros succès de librairie du *Journal d'une femme de chambre* d'Octave Mirbeau.

1900 (11 décembre). Création au Théâtre Antoine de *L'Article 330* de Georges Courteline mettant en scène un riverain du trottoir roulant de l'Exposition universelle qui a « involontairement montré son derrière à 13 887 personnes ».

ANNEXE 2

Loi du 9 avril 1898 sur les responsabilités des accidents dont les ouvriers sont victimes dans leur travail

(Bulletin de l'Inspection du travail, n° 2, 1898)

Le Sénat et la Chambre des députés ont adopté.
Le président de la République promulgue la loi dont la teneur suit :

TITRE PREMIER

Indemnités en cas d'accidents

Art. 1er : Les accidents survenus par le fait du travail, ou à l'occasion du travail, aux ouvriers et employés occupés dans l'industrie du bâtiment, les usines, manufactures, chantiers, les entreprises de transport par terre et par eau, de chargement et de déchargement, les magasins publics, mines, minières, carrières, et, en outre, dans toute exploitation ou partie d'exploitation dans laquelle sont fabriquées ou mises en œuvrc des matières explosives, ou dans laquelle il est fait usage d'une machine mue par une force autre que celle de l'homme ou des animaux, donnent droit, au profit de la victime ou de ses représentants, à une indemnité à la charge du chef d'entreprise, à la condition que l'interruption de travail ait duré plus de quatre jours.

Les ouvriers qui travaillent seuls d'ordinaire ne pourront être assujettis à la présente loi par le fait de la collaboration accidentelle d'un ou de plusieurs de leurs camarades.

Art. 2 : Les ouvriers et employés désignés à l'article précédent ne peuvent se prévaloir, à raison des accidents dont ils sont victimes dans leur travail, d'aucune disposition autre que celles de la présente loi. Ceux dont le salaire annuel dépasse 2400 francs ne bénéficient de ces dispositions que jusqu'à concurrence de cette somme. Pour le surplus, ils n'ont droit qu'au quart des rentes ou indemnités stipulées à l'article 3, à moins de conventions contraires quant au chiffre de la quotité.

Art. 3 : Dans les cas prévus à l'article premier, l'ouvrier ou l'employé a droit :

– pour l'incapacité absolue et permanente, à une rente égale aux deux tiers de son salaire annuel ;

– pour l'incapacité partielle et permanente, à une rente égale à la moitié de la réduction que l'accident aura fait subir au salaire ;

– pour l'incapacité temporaire, à une indemnité journalière égale à la moitié du salaire touché au moment de l'accident, si l'incapacité de travail a duré plus de quatre jours et à partir du cinquième jour.

Lorsque l'accident est suivi de mort, une pension est servie aux personnes ci-après désignées, à partir du décès dans les conditions suivantes :

A. Une rente viagère égale à 20 % du salaire annuel de la victime pour le conjoint survivant non divorcé ou séparé de corps, à la condition que le mariage ait été contracté antérieurement à l'accident.

En cas de nouveau mariage, le conjoint cesse d'avoir droit à la rente mentionnée ci-dessus ; il lui sera alloué, dans ce cas, le triple de cette rente à titre d'indemnité totale.

B. Pour les enfants, légitimes ou naturels, reconnus avant l'accident, orphelins de père ou de mère, âgés de moins de 16 ans, une rente calculée sur le salaire annuel de la victime à raison de 15 % de ce salaire s'il n'y a qu'un enfant, de 25 % s'il y en a 2, de 35 % s'il y en a 3 et 40 % s'il y en a 4 ou un plus grand nombre. Pour les enfants, orphelins de père et de mère, la rente est portée pour chacun d'eux à 20 % du salaire. L'ensemble de ces rentes ne peut, dans le premier cas, dépasser 40 % du salaire ni 60 % dans le second.

C. Si la victime n'a ni conjoint, ni enfant dans les termes des paragraphes A et B, chacun des ascendants et descendants qui étaient à sa charge recevra une rente viagère pour les ascendants et payable jusqu'à seize ans pour les descendants. Cette rente sera égale à 10 % du salaire annuel de la victime, sans que le montant total des rentes ainsi allouées puisse dépasser 30 %. Chacune des rentes prévues par le paragraphe C est, le cas échéant, réduite proportionnellement. Les rentes constituées en vertu de la présente loi sont payables par trimestre ; elles sont incessibles et insaisissables. Les ouvriers étrangers victimes d'accidents qui cesseront de résider sur le territoire français recevront, pour toute indemnité, un capital égal à trois fois la rente qui leur avait été allouée. Les représentants d'un ouvrier étranger ne recevraient aucune indemnité si, au moment de l'accident, ils ne résidaient pas sur le territoire français.

Art. 4 : Le chef d'entreprise supporte en outre les frais médicaux et pharmaceutiques et les frais funéraires. Ces derniers sont évalués à la somme de cent francs (100 francs) au maximum. Quant aux frais médicaux et pharmaceutiques, si la victime a fait le choix elle-même de son médecin, le chef d'entreprise ne peut être tenu que jusqu'à concurrence de la somme fixée par le juge de paix du canton, conformément aux tarifs adoptés dans chaque département pour l'assistance médicale gratuite.

Art. 5 : Les chefs d'entreprise peuvent se décharger pendant les trente, soixante ou quatre-vingt-dix premiers jours à partir de l'accident, de l'obligation de payer aux victimes les frais de maladie et l'indemnité temporaire, ou une partie seulement de cette indemnité, comme il est spécifié ci-après, s'ils justifient :

1. Qu'ils ont affilié leurs ouvriers à des sociétés de secours mutuel et pris à leur charge une quote-part de la cotisation qui aura été déterminée d'un commun accord, et en se conformant aux statuts-types approuvés par le ministre compétent, mais qui ne devra pas être inférieur au tiers de cette cotisation ;

2. Que ces sociétés assurent à leurs membres, en cas de blessures, pendant trente, soixante ou quatre-vingt-dix jours, les soins médicaux et pharmaceutiques et une indemnité journalière.

Si l'indemnité journalière servie par la société est inférieure à la moitié du salaire quotidien de la victime, le chef d'entreprise est tenu de lui verser la différence.

Art. 6 : Les exploitants de mines, minières et carrières peuvent se décharger des frais et indemnités mentionnés à l'article précédent moyennant une subvention annuelle versée aux caisses ou sociétés de secours constituées dans ces entreprises en vertu de la loi du 29 juin 1894[195].

Le montant et les conditions de cette subvention devront être acceptés par la société et approuvés par le ministre des Travaux publics.

Ces deux dispositions seront applicables à tous autres chefs d'industrie qui auront créé en faveur de leurs ouvriers des caisses particulières de secours en conformité du titre III de la loi du 29 juin 1894. L'approbation prévue ci-dessus sera, en ce qui les concerne, donnée par le ministre du Commerce et de l'Industrie.

---

[195] Voir année 1897, n° 6, p. 503.

Art. 7 : Indépendamment de l'action résultant de la présente loi, la victime ou ses représentants conservent, contre les auteurs de l'accident autres que le patron ou ses ouvriers et préposés, le droit de réclamer la réparation du préjudice causé, conformément aux règles du droit commun.

L'indemnité qui leur sera allouée exonérera à due concurrence le chef d'entreprise des obligations mises à sa charge.

Cette action contre les tiers responsables pourra même être exercée par le chef d'entreprise à ses risques et périls, au lieu et place de la victime ou de ses ayants droit, si ceux-ci négligent d'en faire usage.

Art. 8 : Le salaire qui servira de base à la fixation de l'indemnité allouée à l'ouvrier âgé de moins de 16 ans ou à l'apprenti victime d'un accident ne sera pas inférieur au salaire le plus bas des ouvriers valides de la même catégorie occupés dans l'entreprise.

Toutefois, dans le cas d'incapacité temporaire, l'indemnité de l'ouvrier âgé de moins de 16 ans ne pourra pas dépasser le montant de son salaire.

Art. 9 : Lors du règlement définitif de la rente viagère, après le délai de révision prévu par l'article 19, la victime peut demander que le quart au plus du capital nécessaire à l'établissement de cette rente, calculé d'après les tarifs dressés pour les victimes d'accidents par la caisse des retraites pour la vieillesse, lui soit attribué en espèces.

Elle peut aussi demander que ce capital, ou ce capital réduit du quart au plus comme il vient d'être dit, serve à constituer sur sa tête une rente viagère réversible, pour moitié au plus, sur la tête de son conjoint. Dans ce cas, la rente viagère sera diminuée de façon qu'il ne résulte de la réversibilité aucune augmentation de charges pour le chef d'entreprise.

Le tribunal, en chambre du conseil, statuera sur ces demandes.

Art. 10 : Le salaire servant de base à la fixation des rentes s'entend, pour l'ouvrier occupé dans l'entreprise pendant les douze mois écoulés avant l'accident, de la rémunération effective qui lui a été allouée pendant ce temps, soit en argent, soit en nature.

Pour les ouvriers occupés pendant moins de douze mois avant l'accident, il doit s'entendre de la rémunération effective qu'ils ont reçue depuis leur entrée dans l'entreprise, augmentée de la rémunération moyenne qu'ont reçue, pendant la période nécessaire pour compléter les douze mois, les ouvriers de la même catégorie.

Si le travail n'est pas continu, le salaire annuel est calculé tant d'après la rémunération reçue pendant la période d'activité que d'après le gain de l'ouvrier pendant le reste de l'année.

TITRE II

Déclaration des accidents et enquête

Art. 11 : Tout accident ayant occasionné une incapacité de travail doit être déclaré, dans les quarante-huit heures, par le chef d'entreprise ou ses préposés, au maire de la commune, qui en dresse procès-verbal.

Cette déclaration doit contenir les noms et adresses des témoins de l'accident. Il y est joint un certificat de médecin indiquant l'état de la victime, les suites probables de l'accident et l'époque à laquelle il sera possible d'en connaître le résultat définitif.

La même déclaration pourra être faite par la victime ou ses représentants.

Récépissé de la déclaration et du certificat du médecin est remis par le maire au déclarant. Avis de l'accident est donné immédiatement par le maire à l'inspecteur divisionnaire ou département du travail ou à l'ingénieur ordinaire des mines chargé de la surveillance de l'entreprise.

L'article 15 de la loi du 2 novembre 1892 et l'article 11 de la loi du 12 juin 1893 cessent d'être applicables dans les cas visés par la présente loi.

Art. 12 : Lorsque, d'après le certificat médical, la blessure paraît devoir entraîner la mort ou une incapacité permanente absolue ou partielle de travail, le maire transmet immédiatement copie de la déclaration et le certificat médical au juge de paix du canton où l'accident s'est produit.

Dans les vingt-quatre heures de la réception de cet avis, le juge de paix procède à une enquête à l'effet de recherche :

1. la cause, la nature et les circonstances de l'accident ; 2. les personnes victimes et le lieu où elles se trouvent ; 3. la nature des lésions ; 4. les ayants droit pouvant, le cas échéant, prétendre à une indemnité ; 5. le salaire quotidien et le salaire annuel des victimes.

Art. 13 : L'enquête a lieu contradictoirement dans les formes prescrites par les articles 35, 36, 37, 38 et 39 du Code de procédure civile[196], en présence des parties intéressées ou celles-ci convoquées d'urgence par lettre recommandée.

[196] Code de procédure civile. Art. 35 : Au jour indiqué, les témoins, après avoir dit leurs noms, profession, âge et demeure, feront serment de dire la vérité, et déclareront s'ils sont parents ou alliés des parties et à quel degré, et s'ils sont leurs serviteurs ou domestiques.

Le juge de paix doit se transporter auprès de la victime de l'accident qui se trouve dans l'impossibilité d'assister à l'enquête.

Lorsque le certificat médical ne lui paraîtra pas suffisant, le juge de paix pourra désigner un médecin pour examiner le blessé.

Il peut aussi commettre un expert pour l'assister dans l'enquête. Il n'y a pas lieu, toutefois, à nomination d'expert dans les entreprises administrativement surveillées, ni dans celles de l'État placées sous le contrôle d'un service distinct du service de gestion, ni dans les établissements nationaux où s'effectuent des travaux que la sécurité publique oblige à tenir secrets. Dans ces divers cas, les fonctionnaires chargés de la surveillance ou du contrôle de ces établissements ou entreprises et, en ce qui concerne les exploitations minières, les délégués à la sécurité des ouvriers mineurs[197] transmettent au juge de paix, pour être joint au procès-verbal d'enquête, un exemplaire de leur rapport.

Sauf les cas d'impossibilité matérielle, dûment constatés dans le procès-verbal, l'enquête doit être close dans le plus bref délai et, au plus tard, dans les dix jours à partir de l'accident. Le juge de paix avertit, par lettre recommandée, les parties de la clôture de l'enquête et du dépôt du greffe, où elles pourront, pendant un délai de cinq jours, en prendre connaissance et s'en faire délivrer une expédition, affranchie du timbre et de l'enregistrement. À l'expiration de ce délai de

---

Art. 36 : Ils seront entendus séparément, en présence des parties, si elles comparaissent ; elles seront tenues de fournir leurs reproches avant la déposition, et de les signer ; si elles ne le savent ou ne le peuvent, il en sera fait mention : les reproches ne pourront être reçus après la déposition commencée, qu'autant qu'ils seront justifiés par écrit. Art. 37 : Les parties n'interrompront point les témoins : après la déposition, le juge pourra, sur la réquisition des parties, et même d'office, faire aux témoins les interpellations convenables. Art. 38 : Dans tous les cas où la vue du lieu peut être utile pour l'intelligence des dépositions, et spécialement dans les actions pour déplacement de bornes, usurpations de terres, arbres, haies, fossés ou autres clôtures, et pour entreprise sur les cours d'eau, le juge de paix se transportera, s'il le croit nécessaire, sur le lieu, et ordonnera que les témoins y soient entendus. Art. 39 : Dans les causes sujettes à l'appel, le greffier dressera procès-verbal de l'audition des témoins : cet acte contiendra leurs noms, âge, profession et demeure, leur serment de dire vérité, leur déclaration s'ils sont parents, alliés, serviteurs ou domestiques des parties, et les reproches qui auraient été fournis contre eux. Lecture de ce procès-verbal sera faite à chaque témoin pour la partie qui le concerne ; il signera sa déposition, ou mention sera faite, qu'il ne sait ou ne peut signer. Le procès-verbal sera, en outre, signé par le juge ou le greffier. Il sera immédiatement procédé au jugement, ou au plus tard à la première audience.

[197] V. la loi du 8 juillet 1890 concernant les délégués à la sécurité des mineurs, page 170.

cinq jours, le dossier de l'enquête est transmis au président du tribunal civil de l'arrondissement.

Art. 14 : Sont punis d'une amende d'un à quinze francs (1 à 15 fr.) les chefs d'industrie ou leurs préposés qui ont contrevenu aux dispositions de l'article 11. En cas de récidive dans l'année, l'amende peut être levée de seize à trois cents francs (16 à 300 fr.). L'article 463 du Code pénal est applicable aux contraventions prévues par le présent article.

TITRE III

Compétence-juridiction-procédure-révision

Art. 15 : Les contestations entre les victimes d'accidents et les chefs d'entreprise relatives aux frais funéraires, aux frais de la maladie ou aux indemnités temporaires sont jugées en dernier ressort par le juge de paix du canton où l'accident s'est produit, à quelque chiffre que la demande puisse s'élever.

Art. 16 : En ce qui touche aux autres indemnités prévues par la présente loi, le président du tribunal de l'arrondissement convoque dans les cinq jours, à partir de la transmission du dossier, la victime ou ses ayants droit et le chef d'entreprise, qui peut se faire représenter.

S'il y a accord des parties intéressées, l'indemnité est définitivement fixée par l'ordonnance du président, qui donne acte de cet accord.

Si l'accord n'a pas lieu, l'affaire est renvoyée devant le tribunal, qui statue comme en matière sommaire, conformément au titre 24 du livre II du Code de procédure civile.

Si la cause n'est pas en état, le tribunal sursoit à statuer et l'indemnité temporaire continuera à être servie jusqu'à la décision définitive.

Le tribunal pourra condamner le chef d'entreprise à payer une provision ; sa décision sur ce point sera exécutoire nonobstant appel.

Art. 17 : Les jugements rendus en vertu de la présente loi sont susceptibles d'appel selon les règles du droit commun. Toutefois, l'appel devra être interjeté dans les quinze jours de la date du jugement s'il est contradictoire, et s'il est par défaut, dans la quinzaine à partir du jour où l'opposition ne sera plus recevable.

L'opposition ne sera plus recevable, en cas de jugement par défaut contrepartie, lorsque le jugement n'aura été signifié à personne, passé le délai de quinze jours à partir de cette signification.

La Cour statuera d'urgence dans le mois de l'acte d'appel. Les parties pourront se pourvoir en cassation.

Art. 18 : L'action en indemnité prévue par la présente loi se prescrit par un an à dater du jour de l'accident.

Art. 19 : La demande en révision de l'indemnité fondée sur une aggravation ou une atténuation de l'infirmité de la victime ou son décès par suite des conséquences de l'accident, est ouverte pendant trois ans à dater de l'accord intervenu entre les parties ou la décision définitive.

Le titre de pension n'est remis à la victime qu'à l'expiration des trois ans.

Art. 20 : Aucune des indemnités déterminées par la présente loi ne peut être attribuée à la victime qui a intentionnellement provoqué l'accident.

Le tribunal a le droit, s'il est prouvé que l'accident est dû à une faute inexcusable de l'ouvrier, de diminuer la pension fixée au titre premier.

Lorsqu'il est prouvé que l'accident est dû à la faute inexcusable du patron ou de ceux qu'il s'est substitué dans la direction, l'indemnité pourra être majorée, mais sans que la rente viagère ou le total des rentes allouées puisse dépasser soit la réduction soit le montant du salaire annuel.

Art. 21 : Les parties peuvent toujours, après détermination du chiffre de l'indemnité due à la victime de l'accident, décider que le service de la pension sera suspendu et remplacé, tant que l'accord subsistera, par tout autre mode de réparation.

Sauf dans le cas prévu à l'article 3, paragraphe A, la pension ne pourra être remplacée par le payement d'un capital que si elle n'est pas supérieure à 100 francs.

Art. 22 : Le bénéfice de l'assistance judiciaire est accordé de plein droit, sur le visa du procureur de la République, à la victime de l'accident ou à ses ayants droit, devant le tribunal.

À cet effet, le président du tribunal adresse au procureur de la République, dans les trois jours de la comparution des parties prévue par l'article 16, un extrait de son procès-verbal de non-conciliation ; il y joint les pièces de l'affaire.

Le procureur de la République procède comme il est prescrit à l'article 13 (paragraphes 2 et suivants) de la loi du 22 janvier 1851[198].

---

[198] Loi du 22 janvier 1851. Art. 13 : Dans les trois jours de l'admission à l'assistance judiciaire, le président du bureau envoie, par l'intermédiaire du procureur de la République, au président de la cour ou du tribunal ou au juge de paix, un extrait de la

Le bénéfice de l'assistance judiciaire s'étend de plein droit aux instances devant le juge de paix, à tous les actes d'exécution mobilière et immobilière, et à toute contestation incidente à l'exécution des décisions judiciaires.

TITRE IV

Garanties

Art. 23 : La créance de la victime de l'accident ou de ses ayants droit relative aux frais médicaux, pharmaceutiques et funéraires ainsi qu'aux indemnités allouées à la suite de l'incapacité temporaire de travail est garantie par le privilège de l'article 2101 du Code civil et y sera inscrite sous le numéro 6[199].

Le paiement des indemnités pour incapacité permanente de travail ou accidents suivis de mort est garanti conformément aux dispositions des articles suivants.

Art. 24 : À défaut, soit par les chefs d'entreprise débiteurs, soit par les sociétés d'assurances à primes fixes ou mutuelles, ou les syndicats de garantie liant solidairement tous leurs adhérents, de s'acquitter, au moment de leur exigibilité, des indemnités mises à leur charge à la suite d'accidents ayant entraîné la mort ou une incapacité permanente de travail, le payement en sera assuré aux intéressés par les soins de la Caisse nationale des retraites pour la vieillesse, au moyen d'un fonds

---

décision, portant seulement que l'assistance est accordée ; il y joint les pièces de l'affaire. Si la cause est portée devant une cour ou un tribunal civil, le président invite le bâtonnier de l'ordre des avocats, le président de la chambre des avoués et le syndic des huissiers, à désigner l'avocat, l'avoué et l'huissier qui prêteront leur ministère à l'assisté. S'il n'existe pas de bâtonnier, ou s'il n'y a pas de chambre de discipline des avoués, la désignation est faite par le président du tribunal. Si la cause est portée devant un tribunal de commerce ou devant un juge de paix, le président du tribunal ou le juge de paix se borne à inviter le syndic des huissiers à désigner un huissier. Dans le même délai de trois jours, le secrétaire du barreau envoie un extrait de la décision au receveur de l'enregistrement.

[199] Code civil. Art. 2101 : Les créances privilégiées sur la généralité des meubles sont celles-ci, après avoir été exprimées et s'exercent dans l'ordre suivant : 1) les frais de justice ; 2) les frais funéraires ; 3) les frais quelconques de la dernière maladie, quelle qu'en ait été la terminaison, concurremment entre ceux à qui ils sont dus ; 4) les salaires des gens de service, pour l'année échue et ce qui est dû sur l'année courante ; 5) les fournitures de subsistance faites au débiteur et à sa famille, savoir : pendant les six derniers mois, par les marchands en détail, tels que boulangers, bouchers et autres, et pendant la dernière année, par les maîtres de pension et marchands en gros.

spécial de garantie, constitué comme il va être dit et dont la gestion sera confiée à ladite caisse.

Art. 25 : Pour la constitution du fonds spécial de garantie, il sera ajouté au principal de la contribution des patentes des industriels visés par l'article premier, quatre centimes additionnels (0 fr. 04). Il sera perçu sur les mines une taxe de cinq centimes (0 fr. 05) par hectare concédé.

Ces taxes pourront, suivant les besoins, être majorées ou réduites par la loi de finances.

Art. 26 : La Caisse nationale des retraites exercera un recours contre les chefs d'entreprise débiteurs, pour le compte desquels des sommes auront été payées par elle, conformément aux dispositions qui précèdent.

En cas d'assurance du chef d'entreprise, elle jouira, pour le remboursement de ses avances, du privilège de l'article 2102 du Code civil sur l'indemnité due par l'assureur et n'aura plus de recours contre le chef d'entreprise.

Un règlement d'administration publique déterminera les conditions d'organisation et de fonctionnement du service conféré par les dispositions précédentes à la Caisse nationale des retraites et notamment les formes du recours à exercer contre les chefs d'entreprise débiteurs ou les sociétés d'assurances et les syndicats de garantie, ainsi que les conditions dans lesquelles les victimes d'accidents ou leurs ayants droit seront admis à réclamer à la caisse le payement de leurs indemnités.

Les décisions judiciaires n'emporteront hypothèque que si elles sont rendues au profit de la caisse des retraites exerçant son recours contre les chefs d'entreprise ou les compagnies d'assurances.

Art. 27 : Les compagnies d'assurances mutuelles ou à primes fixes contre les accidents, françaises ou étrangères, sont soumises à la surveillance et au contrôle de l'État et astreintes à constituer des réserves ou des cautionnements dans les conditions déterminées par un règlement d'administration publique.

Le montant des réserves ou cautionnements sera affecté par privilège au payement des pensions et indemnités.

Les syndicats de garantie seront soumis à la même surveillance et un règlement d'administration publique déterminera les conditions de leur création et de leur fonctionnement.

Les frais de toute nature résultant de la surveillance et du contrôle seront couverts au moyen de contributions proportionnelles au montant des réserves ou cautionnements, et fixés annuellement, pour chaque compagnie ou association, par arrêté du ministre du Commerce.

Art. 28 : Le versement du capital représentatif des pensions alloués en vertu de la présente loi ne peut être exigé des débiteurs.

Toutefois, les débiteurs, qui désireront se libérer en une fois, pourront verser le capital représentatif de ces pensions à la Caisse nationale des retraites qui établira à cet effet, dans les six mois de la promulgation de la présente loi, un tarif tenant compte de la mortalité des victimes d'accidents et de leurs ayants droit.

Lorsqu'un chef d'entreprise cesse son industrie, soit volontairement, soit par décès, liquidation judiciaire ou faillite, soit par cession d'établissement, le capital représentatif des pensions à sa charge devient exigible de plein droit et sera versé à la Caisse nationale des retraites. Ce capital sera déterminé, au jour de son exigibilité, d'après le tarif visé au paragraphe précédent.

Toutefois, le chef d'entreprise ou ses ayants droit peuvent être exonérés du versement de ce capital, s'ils fournissent des garanties qui seront à déterminer par un règlement d'administration publique.

TITRE V

Dispositions générales

Art. 29 : Les procès-verbaux, certificats, actes de notoriété, significations, jugements et autres faits ou rendus en vertu ou pour l'exécution de la présente loi, sont délivrés gratuitement, visés pour timbre et enregistrés gratis lorsqu'il y a lieu à la formalité de l'enregistrement.

Dans les six mois de la promulgation de la présente loi, un décret déterminera les émoluments des greffiers de justice de paix pour leur assistance et la rédaction des actes de notoriété, procès-verbaux, certificats, significations, jugements, envois de lettres recommandées, extraits, dépôts de la minute d'enquête au greffe, et pour tous les actes nécessités par l'application de la présente loi, ainsi que les frais de transport auprès des victimes et d'enquête sur place.

Art. 30 : Toute convention contraire à la présente loi est nulle de plein droit.

Art. 31 : Les chefs d'entreprise sont tenus sous peine d'une amende d'un à quinze francs (1 à 15 fr.), de faire afficher dans chaque atelier la présente loi et les règlements d'administration relatifs à son exécution.

En cas de récidive dans la même année, l'amende sera de seize à cent francs (16 à 100 fr.).

Les infractions aux dispositions des articles 11 et 31 pourront être constatées par les inspecteurs du travail.

Art. 32 : Il n'est point dérogé aux lois, ordonnances et règlements concernant les pensions des ouvriers, apprentis et journaliers appartenant aux ateliers de la Marine et celles des ouvriers immatriculés des manufactures d'armes dépendant du ministère de la Guerre.

Art. 33 : La présente loi ne sera applicable que trois mois après la publication officielle des décrets d'administration publique qui doivent en régler l'exécution.

Art. 34 : Un règlement d'administration publique déterminera les conditions dans lesquelles la présente loi pourra être appliquée à l'Algérie et aux colonies.

La présente loi, délibérée et adoptée par le Sénat et la Chambre des Députés, sera exécutée comme loi de l'État.

Fait à Paris, le 9 avril 1898.

FÉLIX FAURE

Par le président de la République

Le ministre du Commerce,
de l'Industrie, des Postes et des Télégraphes
Henry Boucher

Le ministre de l'Intérieur
Louis Barthou

Le ministre des Travaux publics
A. Turrel

Le Garde des Sceaux, ministre de la Justice et des Cultes
V. Milliard

TABLE DES MATIÈRES

HISTOIRE DE LA MÉDECINE
AUX ÉDITIONS L'HARMATTAN

Dernières parutions

LA NEUROCHIRURGIE EN AUVERGNE
Quarante années fondatrices (1953-1993)
Jacques Chabannes
Préface de François Resche
A partir de 1950 la neurochirurgie connait un véritable essor et s'organise au sein des structures hospitalières des grandes villes. Jacques Chabannes nous présente la période fondatrice de la neurochirurgie à Clermont-Ferrand, ainsi que ses principaux acteurs. Un témoignage unique puisque l'auteur a rencontré ces premiers neurochirurgiens, a été formé par eux et à contribué lui-même à l'essor de cette spécialité, tant sur le plan national qu'international.
(Coll. Médecine à travers les siècles, 124 p., 14 euros)
ISBN : 978-2-343-14768-0, EAN EBOOK : 9782140087899

LA MÉDECINE TRADITIONNELLE À MADAGASCAR
Pierrette Ravaonirina Mbola Morel
Préface de Louis Mansaré Marikandia
La médecine traditionnelle dispose d'un environnement magique et fascinant, relaté dans cet ouvrage à travers de multiples expériences de terrain, incluant sources orales et iconographie. Le lecteur est invité à découvrir les méthodes employées par les tradipraticiens, dont le but commun est de faire découvrir la santé à leurs semblables. Il est question ici d'interroger le rôle et le devenir de cette pratique en tant que système de soins dans le cadre d'une multithérapie, pour donner aux patients le choix d'une rencontre entre tradition et modernité.
(504 p., 45 euros)
ISBN : 978-2-343-12728-6, EAN EBOOK : 9782140045561

ADN, DENTS ET MALADIES
Xavier Riaud
Préface du Docteur Jean Granat
Une dent est imputrescible et résiste même à un certain degré de carbonisation. Son ADN constitue un élément précieux d'investigation, même des siècles après la mort d'un individu, qui renseigne notamment sur une filiation, une identification, un empoisonnement ou la chronobiologie puisqu'il a été démontré qu'en chaque homme sommeille un homme de Néandertal. Mais, étonnamment, cet ADN dentaire peut rapporter une maladie dont aurait été atteinte une personne des siècles auparavant. De cette façon, les chercheurs ont pu affiner leurs connaissances sur le point d'émergence d'une maladie, son développement et son essor.
(Coll. Médecine à travers les siècles, 114 p., 13,5 euros)
ISBN : 978-2-343-16834-0, EAN EBOOK : 9782140113925

TEST DE BENDER ET STYLO NUMÉRIQUE
Sous la direction de Philippe Wallon
Le test de Bender, peu pratiqué en France, est le dessin le plus diffusé dans le monde après le « bonhomme ». Il est adapté au tout jeune enfant, dès la maternelle. Il renseigne sur l'organisation perceptuelle, l'aptitude à dessiner des formes géométriques (9 figures) et l'anticipation. Neutre émotionnellement, il peut être utilisé dès la première rencontre avec un enfant, même fragile. Notre recherche (Paris, 2014) con rme la cotation classique (Koppitz), comme évaluation du niveau.
(288 p., 39 euros)
ISBN : 978-2-343-15870-9, EAN EBOOK : 9782140108495

PUISQUE JE PASSAIS PAR LÀ...

De la psychiatrie de secteur à la réhabilitation polaire

Patrick Alary

Quarante-deux ans « en psychiatrie ». Un produit du hasard devenu une nécessité. Une vie professionnelle au service d'une souffrance que beaucoup ne veulent pas (plus ?) voir. Des rencontres, des confrontations, des combats, des projets, des compagnonnages, une histoire d'engagements, individuel et collectifs au service de l'autre, souffrant... La volonté de s'impliquer. La défense d'une clinique positive, médicale mais spécifique et qui n'ignore rien des différentes dimensions de la psyché humaine, bio-psycho-sociale.

(Coll. Psycho-Logiques, 396 p., 39 euros)

ISBN : 978-2-343-16301-7, EAN EBOOK : 9782140107962

DE LA CHIROPRAXIE

Méthode et profession à part entière

Chantal Jolliot

Préface de Pierre Erny

On considère la richesse du parcours de la chiropraxie, d'une situation isolée à la fin du XIXe siècle à la situation contemporaine d'une méthode thérapeutique et d'une profession bien développées. Une adaptation soutenue jusqu'à aujourd'hui a façonné l'identité de l'une et de l'autre, c'est-à-dire un ensemble de traits qui leur sont propres, des notions et une terminologie innovantes, les fondements théoriques et la pratique raisonnée d'une méthode dont les retentissements correspondent aux préoccupations actuelles pour le respect de l'équilibre de la personne dans son cadre naturel. Cette dynamique qui s'inscrit dans l'histoire des méthodes de santé, des idées et des sociétés confère à la chiropraxie un rôle d'importance dans toutes les régions du monde.

(138 p., 15,5 euros)

ISBN : 978-2-343-15968-3, EAN EBOOK : 9782140106996

UNE ÉCONOMIE POLITIQUE DE L'HÔPITAL - CONTRE PROCUSTE -

Philippe Mossé

Préface de Martin Hirsch

L'hôpital public français connait des bouleversements dont les tenants et les aboutissants font davantage l'objet de controverses que d'analyses. C'est que la régulation actuelle prend les allures d'une rationalisation sans fin. Dès lors, les moyens de cette rationalisation sont souvent perçus comme des carcans ou, pire, comme des gadgets importés du monde marchand. Pourtant, l'ouvrage montre que, sous certaines conditions, des marges de manoeuvre existent qui éloigneraient le mirage de l'hôpital-entreprise tout en évitant les affres de la bureaucratie. Il en est ainsi de la contractualisation, de l'expérimentation ou de l'évaluation. De leur appropriation et de leur adaptation par l'ensemble des acteurs du système de santé dépend l'avenir de l'hôpital.

(Coll. Questions contemporaines, 186 p., 19,5 euros)

ISBN : 978-2-343-16008-5, EAN EBOOK : 9782140105951

MÉDECINE TRADITIONNELLE ET SAVOIRS THÉRAPEUTIQUES ENDOGÈNES

Amos Roger Kanaa

La médecine traditionnelle doit-elle se moderniser pour avoir une autorité scientifique ? L'auteur disqualifie les préjugés sur la médecine traditionnelle africaine qu'il présente comme le moyen de reconstituer le composé humain dégradé par un « trop de science ». Le livre s'ouvre sur la nécessité de restaurer les essences de la forêt. Ce retour à la nature illustre la remise en question des procédés scientifiques de soins et d'alimentation qui devraient recourir à la médecine traditionnelle pour trouver le substrat des excipients.

(Coll. Harmattan Cameroun, 172 p., 18 euros)

ISBN : 978-2-343-16156-3, EAN EBOOK : 9782140105876

EPIDEMIOLOGICAL, DIAGNOSTIC AND THERAPEUTIC SPECIFICITIES OF GYNAECOLOGICAL, BREAST AND UROLOGICAL CANCERS IN CAMEROON

Under the supervision of Jean Yomi - Preface by Mama Fouda André

This contribution is to highlight the essential specificities of epidemiology, semiology and clinical signs of cancer pathology in Cameroon. He particularly describes and insists on the limit and lack of some means and methods of diagnostic, extension assessment and treatment of tumours. Therefore, the major aim of this publication is to promote corrective measures, starting normally from the scientific aspects, followed and supported by economics, technologies and planification needs improvement.

(166 p., 18 euros)

ISBN : 978-2-343-15915-7, EAN EBOOK : 9782140103155

MORT DE LA CLINIQUE

Analyse de la fracture du système de santé

Michel Derrière Bass

Une médecine sans clinique est-elle encore humaine ? C'est la question posée par Michel Bass devant la crise profonde que traverse notre actuel système de santé. Procédures, protocoles, recommandations, traçabilité, evidence based medicine, gestion du risque, télémédecine, robotisation, transhumanisme : la médecine est désormais envahie par la technoscience d'une part, mais également par le marché et le management, au risque de se perdre.

(Coll. Psychanalyse et civilisations, 264 p., 27 euros)

ISBN : 978-2-343-15314-8, EAN EBOOK : 9782140100437

LIVE SURGERY

Alerte sur une pratique médicale dangereuse

Philippe Liverneaux

Une « Live Surgery » est une chirurgie en direct. Ainsi, pendant un congrès de chirurgie, une opération est retransmise sur grand écran. Tout en opérant, le chirurgien répond aux questions de la salle. Les opérations chirurgicales ont toujours attiré un public avide de sensations fortes et inspiré de nombreux artistes. Aujourd'hui, des sociétés savantes ferment les yeux sur la « Live Surgery », malgré des complications voire des morts en direct. Cet essai a pour but de lancer une alerte sur les risques encourus par les patients au cours d'une telle pratique. Faut-il interdire ou règlementer la « Live Surgery »?

(Coll. Ethique et pratique médicale, 110 p., 13 euros)

ISBN : 978-2-343-15466-4, EAN EBOOK : 9782140097454

HISTOIRE DE LA RELATION MÉDECIN-MALADE

Analyse autour des concepts d'information, de consentement et d'autonomie du patient

Sous la direction de Élodie Petitjean et Olivier Petitjean - Préfaces de Stéphanie Hennette-Vauchez et de François Bricaire

Le présent livre épluche la jurisprudence et recueille de nombreux témoignages pour prendre le lecteur par la main et le faire voyager au travers des siècles, du Moyen Âge jusqu'à aujourd'hui, avec quelques étapes marquantes, notamment : les grands procès fondateurs de la responsabilité médicale, la pleine autonomie existe-t-elle ?, le patient souhaite-t-il toujours être informé ?, le refus de consentir, le malade psychiatrique, le sujet dément, la protection du volontaire lors des essais cliniques, les préjudices subis, quelle information donner ?, comment et sous quelle forme ?

(Coll. Ethique et pratique médicale, 1080 p., 70 euros)

ISBN : 978-2-343-15238-7, EAN EBOOK : 9782140097447

LES SARCOMES OSSEUX CHEZ L'ENFANT

Une longue histoire

Michel A. Germain

Préambule du Professeur Georges Casanova - Préface du Professeur Dominique Poitout

À travers une approche historique précise qui rappelle qui est Ewing, le découvreur d'un type de sarcome infantile, et quels sont les différents éléments et autres acteurs intervenus dans la thérapeutique de cette pathologie. L'auteur s'attarde ici sur les transplants autologues de fibula vascularisée qu'il a utilisés précocement. Dans une analyse critique et historienne des procédés chirurgicaux fréquemment utilisés, il expose sa technique propre tant pour les membres que pour la mandibule. Xavier Riaud

(Coll. Médecine à travers les siècles, 172 p., 18 euros)

ISBN : 978-2-343-15315-5, EAN EBOOK : 9782140095504

INDUSTRIE PHARMACEUTIQUE : QUEL AVENIR ?

L'exemple de l'Algérie

Lillia Arezki

Préface de Thierry Garcin

Le marché du médicament est un enjeu économique, sociétal et éthique majeur dans l'industrie, mais la mondialisation contraint les firmes pharmaceutiques à rechercher de nouveaux marchés. Cependant, ce secteur situé au coeur des innovations technologiques est soumis à des règles strictes ; les stratégies d'implantation dans ces nouveaux marchés doivent donc être finement définies, notamment dans les pays émergents. Cette étude apporte des éléments de réponse en prenant le cas particulier de l'Algérie, pays monoculture ayant les hydrocarbures pour seule réelle ressource.

(Coll. Raisonance, 170 p., 18 euros)

ISBN : 978-2-343-15299-8, EAN EBOOK : 9782140095351

LES MOTS DE LA PHARMACIE

Une histoire linguistique de la pharmacie

Tithnara Sun

La place du pharmacien doit se discuter en considérant l'histoire de ses activités. Les conceptions attachées au médicament au cours des derniers millénaires sont accessibles par le vocabulaire fondamental de la pharmacie, par les mots désignant le médicament ainsi que le lieu, l'art ou la science, et le professionnel qui lui sont associés. Dans la perspective des enjeux de la définition de la pharmacie, cet ouvrage analyse ce vocabulaire dans plusieurs langues, son histoire et son interprétation.

(Coll. Acteurs de la Science, 304 p., 30 euros)

ISBN : 978-2-343-15202-8, EAN EBOOK : 9782140095016

L'INFORMATION DU PATIENT EN MÉDECINE NUCLÉAIRE

Dire et comprendre

Jean-Marc Israël

Lorsqu'un malade bénéficie d'un examen d'imagerie médicale, il semble indispensable qu'il en connaisse le résultat. Comment aborder le patient, que lui dire, et qui peut ou doit lui parler ? Cette version particulière du colloque singulier, de la rencontre malade-médecin, impose une réflexion qui aborde aussi bien les notions légales ou réglementaires qu'un regard sur la psychologie du patient, les angoisses éventuelles des soignants ou les nécessités médico-économiques qui s'imposent au monde de la santé.

(Coll. Ethique et pratique médicale, 104 p., 12,5 euros)

ISBN : 978-2-343-14795-6, EAN EBOOK : 9782140094293

VOYAGE À TRAVERS LA PSYCHIATRIE STÉPHANOISE 1975-2015

De l'envie de changer le monde à l'imagerie cérébrale

Gilles Damas Froissart

Voici un panorama des idées, des techniques, et des conceptions des soins. Il met en perspective le passage du modèle asilaire à la prise en charge de la personne ; et examine l'évolution de la pédopsychiatrie publique et associative dans ses réussites et les déchirements. L'auteur interroge également l'avenir de la discipline et ses enjeux : comment réguler l'augmentation des demandeurs aux urgences psychiatriques ? Quelle place accorder à la psychiatrie médicolégale ? Comment soigner les nouvelles pathologies addictives et avec quels moyens financiers ? Quelle place accorder à la psychanalyse dans la formation des psychiatres ?

(Coll. Ethique et pratique médicale, 212 p., 21,5 euros)

ISBN : 978-2-343-14797-0, EAN EBOOK : 9782140092244

Structures éditoriales du groupe L'Harmattan

L'Harmattan Italie
Via degli Artisti, 15
10124 Torino
harmattan.italia@gmail.com

L'Harmattan Hongrie
Kossuth l. u. 14-16.
1053 Budapest
harmattan@harmattan.hu

L'Harmattan Sénégal
10 VDN en face Mermoz
BP 45034 Dakar-Fann
senharmattan@gmail.com

L'Harmattan Cameroun
TSINGA/FECAFOOT
BP 11486 Yaoundé
inkoukam@gmail.com

L'Harmattan Burkina Faso
Achille Somé – tengnule@hotmail.fr

L'Harmattan Guinée
Almamya, rue KA 028 OKB Agency
BP 3470 Conakry
harmattanguinee@yahoo.fr

L'Harmattan RDC
185, avenue Nyangwe
Commune de Lingwala – Kinshasa
matangilamusadila@yahoo.fr

L'Harmattan Congo
67, boulevard Denis-Sassou-N'Guesso
BP 2874 Brazzaville
harmattan.congo@yahoo.fr

L'Harmattan Mali
Sirakoro-Meguetana V31
Bamako
syllaka@yahoo.fr

L'Harmattan Togo
Djidjole – Lomé
Maison Amela
face EPP BATOME
ddamela@aol.com

L'Harmattan Côte d'Ivoire
Résidence Karl – Cité des Arts
Abidjan-Cocody
03 BP 1588 Abidjan
espace_harmattan.ci@hotmail.fr

L'Harmattan Algérie
22, rue Moulay-Mohamed
31000 Oran
info2@harmattan-algerie.com

L'Harmattan Maroc
5, rue Ferrane-Kouicha, Talaâ-Elkbira
Chrableyine, Fès-Médine
30000 Fès
harmattan.maroc@gmail.com

Nos librairies en France

Librairie internationale
16, rue des Écoles – 75005 Paris
librairie.internationale@harmattan.fr
01 40 46 79 11
www.librairieharmattan.com

Librairie l'Espace Harmattan
21 bis, rue des Écoles – 75005 Paris
librairie.espace@harmattan.fr
01 43 29 49 42

Lib. sciences humaines & histoire
21, rue des Écoles – 75005 Paris
librairie.sh@harmattan.fr
01 46 34 13 71
www.librairieharmattansh.com

Lib. Méditerranée & Moyen-Orient
7, rue des Carmes – 75005 Paris
librairie.mediterranee@harmattan.fr
01 43 29 71 15

Librairie Le Lucernaire
53, rue Notre-Dame-des-Champs – 75006 Paris
librairie@lucernaire.fr
01 42 22 67 13

www.ingramcontent.com/pod-product-compliance
Lightning Source LLC
LaVergne TN
LVHW011310061026
849535LV00005B/1484